南水北调 2022 年
新闻精选集

水利部南水北调工程管理司　编

中国水利水电出版社
www.waterpub.com.cn
·北京·

内 容 提 要

　　本书主要收集整理了2022年度各级各类新闻媒体关于南水北调工程的宣传报道文稿，详细介绍了2022年度南水北调工程建设和运行管理过程中发生的重要事件、产生的重大影响。本书主要内容分为三个部分，即中央媒体报道、行业媒体报道和地方媒体报道。

　　本书语言生动，内容翔实，可供水利工作者、新闻工作者以及社会大众阅读使用。

图书在版编目（CIP）数据

　　南水北调2022年新闻精选集 / 水利部南水北调工程
管理司编. -- 北京：中国水利水电出版社，2023.7
　　ISBN 978-7-5226-1653-7

　　Ⅰ．①南… Ⅱ．①水… Ⅲ．①新闻报道－作品集－中
国－当代 Ⅳ．①I253

　　中国国家版本馆CIP数据核字(2023)第134243号

书　　名	南水北调 2022 年新闻精选集 NANSHUI BEIDIAO 2022 NIAN XINWEN JINGXUANJI
作　　者	水利部南水北调工程管理司　编
出版发行	中国水利水电出版社 （北京市海淀区玉渊潭南路 1 号 D 座　100038） 网址：www. waterpub. com. cn E - mail：sales@mwr. gov. cn 电话：(010) 68545888（营销中心）
经　　售	北京科水图书销售有限公司 电话：(010) 68545874、63202643 全国各地新华书店和相关出版物销售网点
排　　版	中国水利水电出版社微机排版中心
印　　刷	清淞永业（天津）印刷有限公司
规　　格	170mm×240mm　16 开本　19 印张　321 千字
版　　次	2023 年 7 月第 1 版　2023 年 7 月第 1 次印刷
印　　数	0001—1300 册
定　　价	**118.00 元**

　　凡购买我社图书，如有缺页、倒页、脱页的，本社营销中心负责调换

《南水北调 2022 年新闻精选集》

编 辑 人 员 名 单

编　　审：李　勇

主　　编：袁其田

副 主 编：高立军　　陈文艳

编　　辑：袁凯凯　单晨晨　连嘉欣　沈子恒　张　颜
　　　　　杨乐乐　吴志钢　高定能　王子尧　原　雨
　　　　　曹　阳　徐苏瑜　杨罗朋　宋晨宇　王晓惠
　　　　　王新欣

前言

　　2022 年是党的二十大胜利召开之年，也是我国水利发展史上具有里程碑意义的一年。习近平总书记多次就水利工作作出重要讲话指示批示，为做好水利工作指明了前进方向、提供了根本遵循。一年来，水利部党组紧紧围绕贯彻落实习近平总书记关于治水的重要论述和在 2014 年 3 月 14 日中央财经领导小组第五次会议、2021 年 5 月 14 日推进南水北调后续工程高质量发展座谈会上的重要讲话精神，聚焦推进新阶段南水北调工程高质量发展中心任务，凝心聚力，担当作为，全面做好南水北调各项工作，确保了工程安全、供水安全、水质安全，南水北调综合效益不断提升。

　　东、中线一期工程全面通水 8 年多来，工程运行安全平稳，供水水质稳定达标，经受住了冰期输水、汛期暴雨洪水、大流量输水等重大考验。截至 2022 年 12 月 31 日，工程累计调水 594.25 亿立方米，其中中线工程调水 535.19 亿立方米，东线工程调水 55.56 亿立方米，东线北延应急工程调水 3.50 亿立方米，受水区直接受益人口超 1.76 亿人，惠及沿线 40 多座大中城市，有效提升了受水区城市供水保证率，改变了北方地区供水格局，推动了滹沱河、白洋淀等一大批河湖重现生机，河湖生态环境显著改善，华北地区浅层地下水水位实现止跌回升，助力京杭大运河 2022 年实现百年来首次全线水流贯通。2022 年 7 月 7 日，南水北调中线后续引江补汉工程开工建设，拉开了南水北调后续工程建设的帷幕。

为讲好南水北调故事，传播南水北调声音，塑造南水北调品牌形象，2022年，中央和地方各级各类媒体认真贯彻落实全国宣传思想工作会议精神，聚焦南水北调工程，开展了一系列形式多样、内容丰富的宣传报道，充分彰显了南水北调"国之大事、世纪工程、民心工程"的重要地位。

为充分展示2022年南水北调宣传工作成果，系统梳理总结南水北调宣传报道成果和经验，为做好下一步南水北调宣传工作提供参考和借鉴，特收集整理2022年度中央主要媒体、水利行业媒体及沿线省（直辖市）有关新闻媒体的报道内容并编印成册，供关心、支持、参与南水北调工程的人们更好地了解一年来南水北调的最新进展和成效，更加深刻全面地认识南水北调工程的重大意义；同时，也希望社会各界的读者通过阅读本书，更加理解、支持南水北调工作，共同为推进南水北调事业高质量发展营造更加和谐的环境。

本书在编辑过程中，得到了有关媒体和记者的支持与帮助，在此特致以诚挚的感谢。

编者

2023 年 7 月

目录

前言

中 央 媒 体 报 道

行 业 媒 体 报 道

地 方 媒 体 报 道

南水北调工程将全面建立河长制体系

水利部部长李国英6日谈及2022年水利重点工作时表示，将全面建立南水北调工程河长制体系。同时，强化南水北调工程沿线水资源保护，强化安全调度管理，加大东线一期北延应急供水工程调水力度，更好地满足华北部分地区生活、生产、生态用水需求。

南水北调东、中线工程上一年度调水97.28亿立方米，累计调水498.7亿立方米，东线各监测断面水质稳定在Ⅲ类及以上、中线水质稳定在Ⅱ类及以上。

（刘诗平　新华社　2022年1月6日）

调水量累计突破500亿立方米！
南水北调冰期输水为冬奥护航

2022年1月7日23时，南水北调东、中线工程自2014年12月全面通水以来，累计调水量突破500亿立方米。中国南水北调集团负责人表示，已进入冰期输水的南水北调中线工程，将为北京2022年冬奥会和冬残奥会成功举办提供安全的水资源保障。同时，南水北调后续工程规划建设今年将会有新突破。

调水量累计突破500亿立方米

截至7日23时，南水北调东、中线工程累计调水500亿立方米。其中，中线累计调水入河南、河北、天津、北京447.12亿立方米，东线累计调水入山东52.88亿立方米。

源源不断流向北方的"南水",已令1.4亿人受益,改变了北方地区的供水格局,40多座大中型城市的经济发展格局因调水得到优化。同时,改善了受水区的河湖生态环境。

水利部部长李国英在2022年全国水利工作会议上表示,南水北调东、中线2020—2021年度调水97.28亿立方米,东线各监测断面水质稳定在Ⅲ类及以上、中线水质稳定在Ⅱ类及以上。2022年,将全面建立南水北调工程河长制体系。

中国南水北调集团董事长蒋旭光表示,南水北调集团将认真执行水利部下达的2021—2022年度调水计划,持续提升调度能力、完善调度手段,把握调水时机,加大向北方地区年度供水和生态补水,力争调水量实现新突破。

冰期输水为冬奥护航

目前,南水北调中线的"南水"已成为北京城市自来水厂的主力水源,国家体育场、国家速滑馆和首都体育馆等重要场馆都已经用上了"南水"。

"我们正全力以赴为北京2022年冬奥会和冬残奥会的成功举办提供水资源保障,做好冰期输水工作,为办成一届简约、安全、精彩的冬奥盛会贡献力量。"蒋旭光说。

据介绍,目前正值南水北调中线工程冰期输水的关键时期。南水北调集团落实各项防御措施,做好冰冻灾害应急预案,加强工程保温防寒、巡查值守,提升工程冰期输水能力,确保工程安全、供水安全、水质安全。

后续工程规划建设将有突破

李国英在谈及2022年全国水利重点工作时说,加快国家水网建设。科学有序推进南水北调东、中线后续工程高质量发展,深入开展西线工程前期论证。

"我们今年将在南水北调后续工程规划建设上有作为、有突破,积极配合水利部、国家发展改革委等有关部委,高质量推进南水北调后续工程,加快完善国家水网主骨架、大动脉。"蒋旭光说,同时将不断延展水网布局,积极参与区域水网、地方水网建设。

据了解，引江补汉工程是推进南水北调后续工程高质量发展的首个拟开工项目。作为南水北调中线工程的后续水源，引江补汉工程对充分发挥中线一期工程输水潜力、增强汉江流域水资源调配能力、进一步提高北方受水区的供水稳定性具有重要作用，是"十四五"期间构建国家水网的重要一步。同时，加快推进南水北调东线二期工程，同样是构建国家水网的重要环节。

蒋旭光表示，2022年南水北调集团将全力做好引江补汉工程机构组建、资金筹措、人员配置、施工组织、关键施工技术研究等各方面准备，基础设施、管理设施与工程建设同步谋划，全面做足做好开工准备。同时，积极推动东线二期工程规划完善报批等各项前期工作。

（刘诗平　新华社　2022年1月7日）

500亿立方米南水为冬奥护航
南水北调工程未来可期

截至1月7日23时，南水北调东、中线工程累计调水量突破500亿立方米。500亿立方米"南水"连通长江、黄河、淮河、海河，为1.4亿人送来甘甜，优化了夏汛冬枯、北缺南丰的水资源格局，润泽了"干渴"的华北大地，让沿线河湖重现生机，也为国家重大战略实施和经济社会发展提供了坚强保障。

润泽京津冀　南水北调为冬奥护航

南水北调东、中线一期工程建成通水之前，由于华北地区水资源过度开采使用和持续干旱，北京、天津、石家庄、济南以及多个城市发生供水危机，特别是天津市不得不多次引黄应急，烟台、威海等城市被迫限时限量供水，人民群众饮水安全受到严重威胁。截至1月7日23时，南水北调东、中线一期工程累计调水 500 亿立方米，其中中线一期工程累计调水 447.12 亿立方米，东线一期工程累计调水入山东 52.88 亿立方米。500 亿立方米"南水"源源不断地流向北方，极大地改变了受水区供水格局。南水北调工程开工以来，沿线省市配套工程与主体工程同步实施，地方消纳能力逐步提升，"南水"通过上百个水厂和上万条管线组成的毛细血管，流进千家万户。北京、天津、石家庄等北方大中城市基本摆脱缺水制约，"南水"已成为京津冀地区诸多城市供水的生命线。

南水北调工程极大提高了京津冀地区的水资源安全保障程度，有力保障了首都功能和国家重大活动。首都北京是第一个双奥之城，中国南水北调集团正全力以赴为北京 2022 年冬奥会和冬残奥会的成功举办提供水资源保障。南水北调水目前已经成为北京城市自来水厂的主力水源，国家体育场、国家速滑馆和首都体育馆等重要场馆都已经用上了"南水"。在北京冬奥会赛时，我们不但将和世界各地运动员一同喝上、用上放心的"南水"，也期待运动员在"南水"浇筑的冰雪之上，展现"更快、更高、更强"的奥林匹克精神，打造一场精彩、非凡、卓越的奥林匹克盛事。

冰期保供水　南水北调重任扛在肩

入冬以来，中国南水北调集团全面开展各类设备设施检查养护，及早落实应急抢险队伍，备齐备足相关物资装备，加强应急演练，提高应急处置能力，加快汛期水毁工程修复，保障工程具备冰期输水运行条件，加强冰情预报预警，预判水温变化趋势，及时发布预警，为及时应对提供科学依据。在沿线设置 4 个固定气象观测站，加强气象预测、冰情监测预警，强化属地联动，及时预测、预警、信息共享，不断筑牢预警防线。完成相关设备设施布设及维保，布设拦冰索 104 道、融扰冰设备 295 套、排冰闸 15 座，并完成 35kV 供电线路检修、备用柴油发电机组试运行，不断筑牢设备防线。充分做好冰期输水调度准备，明确了输水调度方式，制定了冰期突发事件应急调度策略，与地方建立密切沟通联络机制，不断筑牢调度防线。设立 4 支应急抢险保障队伍，备足抢险物资，做好冰冻灾害应急预案修订，不断筑牢应急防线。按照"以防为主、以抢为辅"的原则，不断加大工程保温防寒、巡查值守、监督检查、问题查改等措施力度，不断提升工程冰期输水能力、降低安全风险、确保工程安全稳定运行。

展望新一年 南水北调再踏新征程

1月4日，中国南水北调集团召开党组会，总结2021年主要工作成果，分析面临的形势和任务，谋划部署2022年重点工作。集团党组书记、董事长蒋旭光指出，深入实施高质量发展、绿色发展战略，全面落实绿色、共享、开放、廉洁办奥理念，全力以赴、精益求精完成首都保供水各项任务，以高度政治责任感做好冰期输水工作，切实发挥好南水北调这一"世纪工程"的大国重器作用，为建设青山绿水蓝天的美丽中国注入南水北调力量，为办成一届简约、安全、精彩的冬奥盛会贡献南水北调力量。

中国南水北调集团今年将加快完善"四横三纵、南北调配、东西互济"的国家水网主骨架、大动脉，同时，不断延展水网布局，积极参与区域水网、地方水网建设，助力形成"系统完备、安全可靠，集约高效、绿色智能，循环通畅、调控有序"的国家水网。

引江补汉工程是推进南水北调后续工程高质量发展首个拟开工项目，2022年，中国南水北调集团将全力做好引江补汉工程机构组建、资金筹措、人员配置、施工组织、关键施工技术研究等各方面准备，基础设施、管理设施与工程建设同步谋划，全面做足做好开工准备，同时积极推动东线二期工程规划完善报批等各项前期工作。

中国南水北调集团还将着力加强工程运行管理体系建设，筑牢安全底线，确保工程安全、供水安全、水质安全；充分发挥工程的生态修复作用，为实现水利部《关于复苏河湖生态环境的指导意见》提出的"到2025年，大运河、滹沱河、永定河等重点河流力争实现全线过流"的目标积极提供支撑；聚焦主责主业，以国家水网建设为核心，积极拓展水务、新能源等涉水相关主业，不断做强做优做大集团公司和国有资本，努力实现国有资产保值增值；着力加强科技创新体系建设，搭建南水北调科技创新平台，推进高端智库建设，提升技术标准水平，推进数字孪生南水北调建设，加快形成集团级数字技术赋能平台。

（史诗 《科技日报》 2022年1月8日）

南水北调东中线一期工程累计调水
总量达 500 亿立方米

　　据水利部消息，截至 2022 年 1 月 7 日，南水北调东中线一期工程累计调水量达 500 亿立方米，其中东线调水 52.88 亿立方米，中线调水 447.12 亿立方米，为优化水资源配置、保障群众饮水安全、复苏河湖生态环境、畅通南北经济循环、助力国家重大战略实施、推进经济社会高质量发展提供了可靠的水资源支撑。

　　2021 年以来，南水北调工程经受了寒潮和极端强降雨冲击，以及新冠肺炎疫情影响等风险考验，工程运行安全平稳，圆满完成年度调水任务，其中中线工程年度总调水量达 90.54 亿立方米，创历史新高，连续两个调水年度供水量超过规划多年平均供水量。

　　南水北调东中线一期工程通水以来，惠及沿线河南、河北、北京、天津、江苏、安徽、山东 7 省市 40 多座大中城市、280 多个县（市、区），直接受益人口超 1.4 亿人，工程已成为沿线城市供水生命线。东线干线水质稳定达到地表水Ⅲ类标准，中线干线水质稳定在Ⅱ类标准及以上，沿线群众饮用水质量显著改善。工程累计向北方 50 多条河流生态补水超 76 亿立方米，沿线河湖生态环境有效复苏，推动了滹沱河、瀑河、南拒马河、大清河、白洋淀等一大批河湖重现生机，永定河实现 1996 年来 865 公里河道首次全线通水。

　　　　　　　　　　（初梓瑞　人民网　2022 年 1 月 9 日）

南水北调新进展：引江补汉工程
加快做好开工准备

　　南水北调后续工程首个拟开工项目——引江补汉工程，计划年内开工建设，目前正在加快做好开工准备。

　　中国南水北调集团公司董事长蒋旭光近日表示，南水北调集团公司正在全面落实引江补汉工程机构组建、人员配置、施工组织、关键技术研究等基础工作，为开工建设做好充足准备。

南水北调中线工程陶岔渠首，上游通过引水渠与丹江口水库相连，
下游与南水北调中线干渠连接

引江补汉工程是从长江引水至汉江的大型输水工程，是推进南水北调后续工程首个拟开工项目。作为南水北调中线工程的后续水源，引江补汉工程对充分发挥中线工程输水潜力、增强汉江流域水资源调配能力、进一步提高北方受水区的供水稳定性有着重要作用，是"十四五"期间构建国家水网的重要一步。

水利部副部长刘伟平近日在南水北调集团公司 2022 年工作会议上强调，当前南水北调集团公司要把引江补汉工程开工建设作为推进南水北调后续工程高质量发展的重点工作，加快做好开工准备。

截至 6 日 8 时，南水北调中线工程已累计调水入河南、河北、天津、北京 452.38 亿立方米。南水北调东、中线工程自 2014 年 12 月全面通水以来，累计调水量已经超过 500 亿立方米。

南水北调中线工程冰期输水平稳运行，为正在举行的北京冬奥会提供了安全的水资源保障。目前，北京城区日供水量超过七成是南水北调的水。同时，南水北调工程加大对受水区生态补水力度，提升水环境质量，有效改善生态补水辐射区域的水环境。

南水北调中线位于京冀交界处的明渠和北拒马河暗渠节制闸，北拒马河暗渠
节制闸是进入北京的南水从明渠转入暗涵的交接点

（刘诗平　新华社　2022年2月6日）

南水北调东中线一期工程受水区
地下水止跌回升

　　水利部会同国家发展改革委、财政部、自然资源部组织开展的最新评估结果显示，截至2020年底，南水北调东中线一期工程受水区城区地下水压采量超过30亿立方米，地下水水位止跌回升，浅层地下水总体达到采补平衡。

　　南水北调东中线一期工程受水区涉及北京、天津、河北、江苏、山东、河南6省市，区域面积23万平方公里，人口密集，经济发达，水资源供需矛盾十分突出。2013年，国务院批复《南水北调东中线一期工程受水区地下水压采总体方案》，明确到2020年压减城区地下水超采量22亿立方米，基本实现城区地下水采补平衡。

　　最新评估结果显示，自南水北调东中线一期工程通水至2020年底，受水区城区累计压减地下水开采量 30.17 亿立方米，完成总体方案近期目标的 136.5％，城区超采量基本得到压减，6 省市均完成近期压采量目标。通过实施生态补水等举措，南水北调受水区补水河湖沿线有水河长和水面面积分别较补水前增加 967 公里和 348 平方公里，补水河道周边 10 公里范围内浅层地下水水位同比上升 0.42 米，地下水储量得到有效补充，河湖生态环境复苏效果明显。

（吉蕾蕾 《经济日报》 2022 年 2 月 8 日）

地下水水位止跌回升　南水北调工程受水区地下水压采实现阶段性目标

南水北调中线工程陶岔渠首枢纽工程（水利部供图）

记者从水利部获悉，2 月 8 日，水利部会同国家发展改革委、财政部、自然资源部组织开展的最新评估结果显示，截至 2020 年底，南水北调东中线一期工程受水区城区地下水压采量已超 30 亿立方米，地下水水位止跌回升，浅层地下水总体达到采补平衡。

中国南水北调集团有限公司党组书记、董事长蒋旭光表示，南水北调东中线一期工程受水区涉及海河流域、淮河流域和黄河流域内的北京、天津、河北、江苏、山东、河南等6省（市），区域面积23万平方公里，人口密集，经济发达，水资源供需矛盾突出。

2013年国务院批复的《南水北调东中线一期工程受水区地下水压采总体方案》（以下简称《总体方案》）明确提出，到2020年压减城区地下水超采量22亿立方米，基本实现城区地下水采补平衡；到2025年，压减非城区地下水超采量18亿立方米，非城区地下水超采问题得到缓解，地下水年压采总量达到40亿立方米。

最新评估结果显示，自南水北调东中线一期工程通水至2020年底，受水区城区累计压减地下水开采量30.17亿立方米，完成《总体方案》近期目标的136.5%，城区超采量基本得到压减，6省市均完成近期压采量目标。其中，北京4.46亿立方米，天津1.23亿立方米，河北14.91亿立方米，河南5.06亿立方米，山东2.84亿立方米，江苏1.67亿立方米。通过城乡供水一体化等措施，农村地区地下水压采也取得一定成效。受水区地下水开采量大幅下降，由2014年的228亿立方米减少到2020年的154亿立方米，减少74亿立方米。

受水区水位总体止跌回升。根据国家地下水监测工程中受水区地下水监测站数据，2018至2020年，6省市受水区浅层地下水水位基本保持稳定。2020年末受水区浅层地下水水位平均埋深10.99米，较2019年末上升0.30米，其中北京上升0.23米，天津上升0.38米，河北上升0.17米，江苏上升0.68米，山东上升0.69米，河南上升0.56米。

2020年，天津、河北、山东、河南受水区深层地下水水位平均上升1.94米，其中天津上升2.51米，河北上升1.61米，山东上升0.69米，河南上升0.73米。

此外，地下水开采井管理进一步规范。受水区6省市按照"先通后关"的原则，稳步推进地下水开采井封填工作，加大超采区城镇自备井、农灌机井关停力度，对城区公共供水管网覆盖范围内的地下水开采井进行了封填。截至2020年底，受水区累计关停机井71724眼，其中城区38508眼（北京1631眼、天津3751眼、河北16592眼、河南10260眼、山东4085眼、江苏2189眼）。对确因特殊用途需要保留使用或者封存备用的自备井进行登记、建档、在线监测等，提升了监管水平。

2018 年以来，南水北调中线一期工程持续向白洋淀进行生态补水，
白洋淀重现生机（水利部供图）

蒋旭光介绍道，南水北调东中线一期工程沿线河湖生态环境逐步复苏。2018 年以来，通过实施生态补水等举措，南水北调受水区补水河湖沿线有水河长和水面面积分别较补水前增加 967 公里和 348 平方公里，补水河道周边 10 公里范围内浅层地下水水位同比上升 0.42 米，地下水储量得到有效补充，河湖生态环境复苏效果明显。

（余璐　人民网　2022 年 2 月 8 日）

压采量超 30 亿立方米　南水北调东中线一期工程受水区地下水水位止跌回升

记者 8 日从水利部获悉，水利部会同国家发展改革委、财政部、自然资源部组织开展的最新评估结果显示，截至 2020 年底，南水北调东中线一期工程受水区城区地下水压采量已超 30 亿立方米，地下水水位止跌回升，浅层地下水总体达到采补平衡。

南水北调东中线一期工程受水区涉及海河流域、淮河流域和黄河流域内的北京、天津、河北、江苏、山东、河南等6省（市），区域面积23万平方公里，人口密集，经济发达，水资源供需矛盾十分突出。

南水北调工程通水以前，受水区长期依靠超采地下水维持经济社会高速发展，过度开采地下水，导致区域地下水水位持续下降，部分含水层疏干或枯竭，引发生态系统退化、地质灾害、海（咸）水入侵等一系列生态环境地质问题，严重制约经济社会可持续发展，危及国家粮食安全、生态安全和供水安全。

超额完成近期压采目标

2013年，国务院批复《南水北调东中线一期工程受水区地下水压采总体方案》（以下简称《总体方案》），明确近期、远期压采目标，即：到2020年压减城区地下水超采量22亿立方米，基本实现城区地下水采补平衡；到2025年，压减非城区地下水超采量18亿立方米，非城区地下水超采问题得到缓解，地下水年压采总量达到40亿立方米。

最新评估结果显示，自南水北调东中线一期工程通水至2020年底，受水区城区累计压减地下水开采量30.17亿立方米，完成《总体方案》近期目标的136.5%，城区超采量基本得到压减，6省（市）均完成近期压采量目标。其中，北京4.46亿立方米，天津1.23亿立方米，河北14.91亿立方米，河南5.06亿立方米，山东2.84亿立方米，江苏1.67亿立方米。通过城乡供水一体化等措施，农村地区地下水压采也取得一定成效。受水区地下水开采量大幅下降，由2014年的228亿立方米减少到2020年的154亿立方米，减少74亿立方米。

受水区水位总体止跌回升

根据国家地下水监测工程中受水区地下水监测站数据，2018年至2020年，6省市受水区浅层地下水水位基本保持稳定。2020年末受水区浅层地下水水位平均埋深10.99米，较2019年末上升0.30米，其中北京上升0.23米，天津上升 0.38 米，河北上升 0.17 米，江苏上升 0.68 米，山东上升 0.69 米，河南上升 0.56 米。

2020 年，天津、河北、山东、河南受水区深层地下水水位平均上升 1.94 米，其中天津上升 2.51 米，河北上升 1.61 米，山东上升 0.69 米，河南上升 0.73 米。

地下水开采井管理进一步规范

受水区 6 省市按照"先通后关"的原则，稳步推进地下水开采井封填工作，加大超采区城镇自备井、农灌机井关停力度，对城区公共供水管网覆盖范围内的地下水开采井进行了封填。截至 2020 年底，受水区累计关停机井 71724 眼，其中城区 38508 眼（北京 1631 眼、天津 3751 眼、河北 16592 眼、河南 10260 眼、山东 4085 眼、江苏 2189 眼）。对确因特殊用途需要保留使用或者封存备用的自备井进行登记、建档、在线监测等，提升了监管水平。

沿线河湖生态环境逐步复苏

2018 年以来，通过实施生态补水等举措，南水北调受水区补水河湖沿线有水河长和水面面积分别较补水前增加 967 公里和 348 平方公里，补水河道周边 10 公里范围内浅层地下水水位同比上升 0.42 米，地下水储量得到有效补充，河湖生态环境复苏效果明显。

（张艳玲　中国网　2022 年 2 月 8 日）

南水北调东中线一期受水区地下水水位回升

近日，水利部会同国家发展改革委、财政部、自然资源部组织开展的最新评估结果显示：自工程通水至 2020 年底，南水北调东中线一期工程受水区城区地下水压采量超 30 亿立方米，农村地区地下水压采也取得一定成效。

南水北调东中线一期工程受水区涉及海河流域、淮河流域和黄河流域内的北京、天津、河北、江苏、山东、河南等 6 省市，区域面积 23 万平方公里。2018 年至 2020 年，6 省市受水区浅层地下水水位基本保持稳定。2020 年，天津、河北、山东、河南受水区深层地下水水位平均上升 1.94 米。

6 省市受水区加大超采区城镇自备井、农灌机井关停力度，对城区公共供水管网覆盖范围内的地下水开采井进行封填。截至 2020 年底，受水区累计关停机井 71724 眼。2018 年以来，通过实施生态补水等举措，南水北调受水区补水河湖沿线有水河长和水面面积，分别较补水前增加 967 公里和 348 平方公里，补水河道周边 10 公里范围内浅层地下水水位同比上升 0.42 米，地下水储量得到有效补充，河湖生态环境复苏效果明显。

（王浩　许安强　《人民日报》　2022 年 2 月 9 日）

确保一渠清水润北方　河南为南水北调立法

一渠清水润北方。南水北调通水 7 年来，北京城区七成以上、天津市主城区供水、郑州中心城区 90％以上居民生活用水为南水北调水。为确保"一泓清水永续北送"，河南省从 3 月 1 日起正式实施《河南省南水北调饮用水水

南水北调渠首（人民网　霍亚平　摄）

源保护条例》（以下简称《条例》），实行最严格的生态环境保护制度。条例出台的背景及意义和亮点有哪些？就此，本网采访了河南省人大常委会有关负责人。

解读1：为何立法？

扛稳送水、保生态重大政治责任

守护好一泓清水，就是守护华北多个城市发展的"生命线"。

截至2月21日，南水北调中线工程全线累计供水438.17亿立方米，其中，累计向河南省供水154.07亿立方米（含生态补水32.83亿立方米）。供水范围覆盖河南11个省辖市市区、43个县（市）城区、101个乡镇，直接受益人口2600万人，供水水质始终保持在Ⅱ类及以上标准。

河南省人大常委会副主任李公乐介绍，河南作为南水北调中线工程的核心水源地和渠首所在地，境内输水总干渠长达731公里，承担着向华北地区提供优质水资源、保障首都生态安全和水安全的重大政治责任。

同时，目前，南水北调已经成为河南省城乡居民的主水源，发挥着不可替代的作用，是引领河南省经济社会高质量发展的战略支撑。

南水北调渠首（人民网　霍亚平　摄）

此外，南水北调通水7年多，取得了重大的政治效益、经济效益和社会效益，但在后续工程规划建设、生态保护、工程管理等方面仍需要在法规层面明确相关标准，才能更好对接国家"十四五"规划和南水北调后续工程高质量发展规划。

正因如此，进一步加强南水北调饮用水水源保护，制定一部专门法规十分必要。

河南省委、省人大常委会、省政府高度重视南水北调饮用水水源保护立法工作。2021年5月14日，河南省人大常委会启动南水北调饮用水水源保护相关立法工作，采取多种措施，加快立法步伐。

2022年1月8日，河南省十三届人民代表大会第六次会议高票通过《条例》。

解读2：何为最严？

禁养范围扩大到准保护区

在丹江口水库河南省辖区内实现网箱养殖清零的情况下，《条例》结合河南实际，制定了更加严格的饮用水水源保护措施，如丹江口水库河南省辖区内，将禁止围网和网箱养殖的范围由《水污染防治法》规定的饮用水水源一级保护区扩大到准保护区。

关于水源保护，《条例》立足使命担当，加大对南水北调饮用水水源保护的力度，确保水质稳定达标。

此外，依据《水污染防治法》的规定，在丹江口库区划定饮用水水源一级、二级保护区和准保护区具体范围由省人民政府商长江流域管理机构划定并公布；在输水沿线总干渠及其调蓄工程划定一级保护区、二级保护区规定调蓄工程在必要时可以划定准保护区。同时还明确规定一级保护区水质达到国家Ⅱ类标准，二级保护区达到Ⅲ类标准，流入一、二级保护区的水质应当达到一、二级保护区的水质标准。

在法律责任方面，《条例》有着严格的要求。

如保护区内禁止设置化工原料、危险废物和易溶性、有毒有害废弃物的暂存及转运站，若违反，报经有批准权的人民政府批准，责令停业或者关闭，处十万元以上一百万元以下的罚款，并没收违法所得。

放生、游泳、垂钓等行为，在保护区内也是严格禁止的。

《条例》规定，组织进行游泳、垂钓的，责令停止违法行为，处二万元以上十万元以下的罚款；个人进行游泳、垂钓的，责令停止违法行为，处二百元以上五百元以下的罚款。

组织进行放生的，责令停止违法行为，处二万元以上十万元以下的罚款；个人进行放生的，责令停止违法行为，处五千元以上二万元以下的罚款。

解读3：如何保护？

在发展中保护　设立南水北调饮用水水源保护发展基金

为了切实践行"绿水青山就是金山银山"理念，确保水质长期稳定达标，《条例》设置了生态保护一章，对在水源准保护区上游的汇水区以及其他需要保护的区域作出规定。

《条例》坚持山水林田湖草沙一体化保护和系统化治理，针对存在的问题，规定了加强水源涵养林建设、因地制宜退耕还林还草还湿、小流域综合治理、矿山生态环境治理修复等。

《条例》要求各级人民政府加快饮用水水源保护范围内特别是农村地区的垃圾、污水管网和处理设施建设，并保障日常运行。

《条例》提出，饮用水水源保护区范围内的各级人民政府应当因地制宜、科学合理确定农村污水治理模式，加快污水处理设施建设，实现农村生活污水管控、治理全覆盖。此外，鼓励和支持社会资本参与农村污水处理设施的建设、管理和运营。

"在保护中发展、在发展中保护"。河南省人大常委会法工委主任王新民介绍，《条例》还有一个亮点就是协调水源保护和民生保障的关系。为了南水北调大局，淅川县累计移民36.7万人，工业、农业、畜牧业发展受到很大影响；汇水区及总干渠沿线人民群众作出了巨大贡献。

《条例》规定，南水北调饮用水水源保护应当处理好保护和发展、修复和利用的关系，坚持绿色发展理念，遵循在保护中发展、在发展中保护的方针，统筹水源保护、经济发展和民生保障的关系。同时，《条例》规定各级政府要加大对水源保护的投入，形成稳定增长的财政投入机制。

根据《条例》，省人民政府应当建立健全生态保护补偿机制，设立南水北调饮用水水源保护发展基金，用于水源地的水源保护、经济发展和民生保障。

（张毅力　人民网　2022年2月28日）

南 水 千 里 润 民 心

随着天气逐渐变暖，河北省石家庄市滹沱河湿地公园又迎来了成群的红嘴鸥。而曾经的滹沱河河道，由于天气干旱，常年断流，沿线更是黄沙四起、垃圾成堆，路过的人无不掩鼻。

"滹沱河现在已经成为很多游客的网红打卡地。"河北省石家庄市滹沱河建管中心副主任李克伦介绍，滹沱河的变化不仅是生态补水带来的生态变迁，也是进一步发挥南水北调工程综合效益，推进华北河湖生态系统复苏的显著成果。

2018年以来，南水北调东、中线一期工程自觉肩负起华北地区地下水超采综合治理的主力军作用，向沿线河流、湖泊、湿地进行生态补水，滹沱河、滏阳河、七里河等河道恢复了河畅、水清、鱼游、蛙鸣的勃勃生机，"有河皆干，有水皆污"的状态成为过往。在南水的滋养下，河北省地下水位下降趋势得到有效遏制，补水河道周边两公里范围内地下水水位平均回升0.33米。

专家表示，南水北调工程不是一般意义上的水利工程，它承担了供水与探索解决生态问题的双重责任。

截至2022年3月15日，南水北调东、中线一期工程已累计调水突破500亿立方米，向北方地区生态补水超80亿立方米，受益人口达1.4亿人，40多座大中型城市的经济发展格局因调水得到优化。

在北京，南水占主城区自来水供水量的73%，自来水的硬度从每升380毫克下降到每升120毫克至130毫克，中心城区供水安全系数由1.0提升至1.2；在天津，14个行政区居民供水100%为南水，南水已成为天津供水的"生命线"；在河南，受水区37个市县全部通水，郑州中心城区自来水八成以上为南水，夏季用水高峰期群众告别了半夜接水；在河北，石家庄、廊坊等80个市县区用上南水，特别是黑龙港地区500多万人告别了高氟水、苦咸水……

如今，南水北调东、中线一期工程一张改善生态环境的有形之网已经形成。以中线一期工程为例，为促进水源地水质保护，丹江口水库周边所有城镇均实现了污水处理厂和垃圾填埋场全覆盖，污水和垃圾实现全面收集和集中处理；陕西、湖北、河南三省累计治理水土流失面积1.78万平方公里，整体植被覆盖率明显提升，汉江沿岸水生态环境显著改善。

　　"持续稳定的效益发挥是推进南水北调后续工程高质量发展的重要前提和保障。"水利部南水北调工程管理司司长李鹏程表示，围绕建设世界一流工程的目标，下一步将以优化水资源配置、保障群众饮水安全、复苏河湖生态环境、畅通南北经济循环为重点，加快构建国家水网主骨架和大动脉，为全面建设社会主义现代化国家提供有力的水安全保障。

（吉蕾蕾　《经济日报》　2022 年 3 月 19 日）

当好南水北调"守井人"

　　氨氮 2.1 毫克/升，总磷 0.15 毫克/升，化学需氧量 12 毫克/升……3 月 15 日，葛洲坝水务丹江口公司监测中心显示屏上滚动着厂区污水处理后出水水质的最新数据，每 2 个小时生成一次，直接传送到生态环境部污染源监控中心。

　　葛洲坝水务丹江口公司服务着汉江左岸居民近 18 万人口，承担着丹江口坝区近 90% 的生活污水和工业水处理，自 2016 年开始运营以来，水厂出水水质远优于一级 A 标准。站在厂区门口，可以看到清亮澄澈的汉江水。

　　湖北十堰市是南水北调中线控制性工程丹江口大坝所在地和核心水源区，被亲切地称为"北方的水井"。多年来，该市坚持把生态作为首要功能，把保"一库清水永续北送"作为十堰的首要担当，守住山头、管好斧头、护好源头，走出一条具有水源区特色的生态优先绿色发展之路。

　　"真没想到，我的小孙女也能像我小时候一样，在清澈的犟河边玩耍。"十堰市民杨志金常领着小孙女来到犟河边散步。犟河、神定河、泗河、官山河、剑河是流经十堰城区的 5 条内源纳污河，2012 年前全部属于劣 V 类水体。从数据上看，五河年入库总量不到丹江口水库蓄水量的 1%。

　　入库水量不足 1%，十堰为此付出了百分之百的努力。9 年来，十堰累计筹措资金 220 余亿元，大力实施截污、控污、清污、减污、治污、管污六大工程。累计整治排污口 1400 多个，建成城市地下综合管廊 53.3 公里、污水管网 2570 公里，治理小流域 385 条，完成河道清淤 138 公里；建成生态跌水坝 16 座，建设生态河道 130 公里，逐步使"五河"全部"消劣"。

累计建成污水处理和水质净化厂 114 座、污水收集管网 2570 公里、城市黑臭水体整治完成率 100%⋯⋯十堰还建立市县乡村四级污水处理系统，在全国率先探索 PPP 等模式，引入碧水源、深港环保、北京排水集团等多家第三方治水权威公司驻扎十堰治污。目前十堰已汇集膜工艺、人工快渗工艺、红菌技术等 27 项先进污水处理技术。十堰市"五河"治理技术组组长、十堰市环科所所长、高级工程师畅军庆说，十堰已成为全国名副其实的污水处理技术"博物馆"。

在年均 95 亿立方米的汉江水北上的同时，十堰市的产业也正沿着绿色方向转型发展。近年来，"生态红线"成为十堰调整优化经济结构的倒逼机制。该市集中力量培育以汽车为主导的先进制造业，发展大旅游、大健康、大生态产业，并壮大数字经济、新型材料、智能装备、清洁能源、现代服务"五新"产业。同时，关停并转改高污染、高耗能企业 560 家，永久减少税收 22 亿元；拒批有环境风险的项目 120 个，涉及投资额 260 亿元。

车，强化汽车产业主导地位，在巩固"中国商用车之都"的基础上，加快产业转型升级，以新能源、智能网联等先进技术为引领，加快汽车新能源化、智能化、专用化、轻量化发展。

农，深入实施"61"产业强农计划，全市茶叶和丹江库区柑橘纳入全国特色农产品优势区，创建 6 个省级特优区，武当道茶荣获"中国第一文化名茶"，"武当蜜橘""丹江鲌鱼""马头山羊""郧阳红薯粉""房陵黄酒""武当道地中药材"等特色农产品知名度大幅提高。

旅，抢抓鄂西生态文化旅游圈建设机遇，以武当山为龙头，打造全域生态区、全域水源区、全域风景区，旅游产业风生水起。2020 年十堰共接待游客 8600 万人次，实现旅游综合收入 890 亿元。

多年监测数据显示，丹江口水库常年稳定保持在 Ⅱ 类及以上水质，109 项指标有 106 项达到 Ⅰ 类，确保了一库净水持续北送。"未来 5 年，十堰将突出生态立市，推动'两山'实践走在全国前列。"十堰市委书记胡亚波说，十堰市将坚持"治污、降碳、添绿、留白"，持续打好污染防治攻坚战，巩固提升生态环境质量，确保丹江口库区水质稳定保持在 Ⅱ 类以上，地表水 Ⅰ～Ⅲ 类水体比例达到 100%。

（柳洁 董庆森 《经济日报》 2022 年 3 月 20 日）

南水北调东线加大向冀津供水

南水北调东线北延应急供水工程 25 日正式启动向河北和天津的年度调水工作。其中，入河北境内约 1.45 亿立方米，入天津境内约 0.46 亿立方米，比原计划大幅增加。

3月25日14时，位于山东省武城县的六五河节制闸开启，南水北调东线北延应急供水工程启动向冀津调水（水利部供图）

此次调水，标志着南水北调东线北延应急供水工程进入常态化供水新阶段。中国南水北调集团有限公司相关负责人表示，调水计划持续至 5 月 31 日，并将根据实际情况延长调水时间、增加调水量。加上同期实施的南水北调东线山东北段调水，此次总的调水量将超过 2.42 亿立方米，南水北调东线效益逐步提升。

华北地区水资源短缺严重，水资源供需矛盾突出。南水北调东线北延应急供水工程的建设运行，充分利用南水北调东线供水能力，加大向北方供水力度，是充分发挥南水北调工程效益的有效探索。

工程通过向河北、天津供水，置换农业用地下水，缓解地下水超采状况；视情况向衡水湖、南运河等河湖湿地补水，改善生态环境；可为向天津市、沧州市城市生活应急供水创造条件。

水利部相关负责人表示，为发挥北延应急供水工程综合效益，水利部组织南水北调集团、相关流域管理机构、沿线地方水行政主管部门进行研究，利用本年度南水北调东线来水好这一有利时机，加大北延应急供水工程调水。工程供水线路长、时间紧、任务重，相关地方和单位要按照责任分工和具体工作安排，主动做好各项工作。

（刘诗平　新华社　2022 年 3 月 25 日）

泽润津冀　南水北调东线北延应急供水工程加大供水正式启动

记者从中国南水北调集团获悉，3 月 25 日，位于山东省武城县的六五河节制闸缓缓开启，南水北调东线一期工程北延应急供水工程（以下简称"东线北延应急供水工程"）加大供水正式启动，标志着东线北延应急供水工程进入了常态化供水的新阶段。

为缓解津冀地区严峻的缺水形势，有力支撑华北地区地下水超采综合治理，加快复苏河湖生态环境，水利部组织中国南水北调集团、相关流域机构、沿线地方水行政主管部门共同认真研究，决定在东线北延应急供水工程 2021—2022 年度水量调度计划的基础上加大调水量，充分发挥东线北延应急供水工程综合效益。

中国南水北调集团有限公司党组书记、董事长蒋旭光表示，华北地区是我国水资源最为紧缺的地区之一，地下水累计亏空量达 1800 亿立方米左右，超采区面积达到 18 万平方公里，占华北地区平原区总面积的 60%。东线北延应急供水工程供水范围内的河北省、天津市水资源供需矛盾十分突出，经济社会发展长期以过度开采地下水、挤占生态用水为代价，导致区域水生态与环境恶化，湖泊、湿地面积萎缩，自 20 世纪 50 年代以来减少 50% 以上。

据了解，东线北延应急供水工程 2021—2022 年度向黄河以北供水 1.83 亿立方米，其中入河北境内约 1.45 亿立方米，入天津境内约 0.46 亿立方米，比原有计划大幅增加。调水计划持续至 5 月 31 日，并将根据工情、水雨情等实际情况，相机延长调水时间、增加调水量。加上同期实施的东线一期鲁北段调水，此次总的调水量将超过 2.42 亿立方米。工程向河北、天津供水，置换农业用地下水，缓解华北地下水超采状况；相机向衡水湖、南运河、南大港、北大港等河湖湿地补水，改善生态环境；还将为向天津市、沧州市城市生活应急供水创造条件。

"当前，正值第三十五届'中国水周'，东线北延应急供水工程加大供水是对今年活动主题'推进地下水超采综合治理 复苏河湖生态环境'的生动诠释。"蒋旭光介绍道，东线北延应急供水工程推动了南水北调"四横三纵"布局又向前迈进了一步，在雄安新区建设、京津冀协同发展的水安全保障"关键节点"上将起到重要作用。

蒋旭光谈到，东线北延应急供水工程在南水北调东线一期工程的基础上，利用地方及引黄渠道等工程，扩大延伸实现向河北和天津供水。该工程的建设和投入运行是贯彻"节水优先、空间均衡、系统治理、两手发力"的"十六字"治水思路、着眼于解决华北地区地下水超采问题、扩大南水北调东线一期工程综合效益、探索推进南水北调东线二期工程的一项重大实践。

"下一步，中国南水北调集团将提高做好加大供水工作的使命感、责任感、紧迫感，切实履行好工程调度运行的主体责任，精心组织、科学调度、积极协调，确保安全平稳完成本次加大供水任务，促进南水北调东线工程综合效益持续发挥。"蒋旭光说。

（余璐　人民网　2022 年 3 月 25 日）

南水北调东线北延应急供水工程向
津冀供水 1.83 亿 m³

3 月 25 日 14 时，位于山东省德州市武城县的六五河节制闸缓缓开启，南水北调东线一期工程北延应急供水工程（以下简称"东线北延应急供水工程"）正式启动向河北、天津年度调水工作。

根据水利部组织制定的供水实施方案，此次调水计划通过北延应急供水工程向黄河以北供水 1.83 亿 m³，其中入河北境内约 1.45 亿 m³，入天津境内约 0.46 亿 m³，比原有计划大幅增加。调水计划持续至 5 月 31 日，并将根据工情、水雨情等实际情况，相机延长调水时间，增加调水量。加上同期实施的东线一期鲁北段调水，此次总的调水量将超过 2.42 亿 m³。

山东省德州市武城县的六五河节制闸开启，开始向天津、
河北调水（水利部供图）

工程通过向河北、天津供水，置换农业用地下水，缓解地下水超采状况；相机向衡水湖、南运河、南大港、北大港等河湖湿地补水，改善生态环境；还可为向天津市、沧州市城市生活应急供水创造条件。东线北延应急供水工程进一步推动完善了南水北调工程"四横三纵"的布局，将为有关国家重大战略的实施提供有效的水安全保障。

水利部组织中国南水北调集团、相关流域管理机构、沿线地方水行政主管部门集体研究，科学利用本年度东线来水好这一有利时机，加大东线北延应急供水工程调水。结合引黄水、当地水库水，实现穿黄工程出口至天津十一堡节制闸约 500 公里河段全线贯通，与独流减河水面相接。

为做好此次东线北延应急供水工程加大供水工作，水利部于 3 月 24 日专门组织召开"加大东线北延应急供水工作启动会"。水利部副部长魏山忠、刘伟平出席会议，对做好加大供水工作作出安排部署并提出明确要求，强调东线北延应急供水工程供水线路长、时间紧、任务重，各地各单位要提高政治

站位，按照责任分工和具体工作安排，主动做好各项工作。在水利部统一指导下，中国南水北调集团提前制定加大供水实施方案，对调水目标、原则、线路、水量、时间和任务分工等进行了明确。

此次调水，标志着东线北延应急供水工程进入了常态化供水的新阶段。当前，正值第三十五届"中国水周"，东线北延应急供水工程加大供水是对本届"中国水周"活动主题——"推进地下水超采综合治理 复苏河湖生态环境"的生动诠释。

水利部将进一步实现多调水、调好水的目标，充分发挥南水北调工程综合效益，进一步提高受水区群众的获得感、幸福感和安全感。

（张艳玲 中国网 2022年3月25日）

南水北调东线北延应急供水工程

计划向黄河以北供水1.83亿立方米

25日14时，位于山东省德州市武城县的六五河节制闸缓缓开启，南水北调东线北延应急供水工程正式启动向河北、天津年度调水工作。此次调水，标志着北延应急供水工程进入常态化供水新阶段。本次计划通过北延应急供水工程向黄河以北供水1.83亿立方米，其中入河北境内约1.45亿立方米，入天津境内约0.46亿立方米，比原有计划大幅增加。调水计划将持续至5月31日，并根据工情、水雨情等实际情况，相机延长调水时间，增加调水量。

（王浩 《人民日报》 2022年3月26日）

南水北调东线北延应急供水工程
加大向津冀供水

记者从水利部、中国南水北调集团有限公司获悉，3月25日14时，位于山东省德州市武城县的六五河节制闸缓缓开启，南水北调东线一期工程北延应急供水工程（以下简称"东线北延应急供水工程"）正式启动向河北、天津年度调水工作。

此次调水是水利部落实党中央、国务院关于持续推进华北地区地下水超采综合治理、河湖生态环境复苏决策部署，确保南水北调东线工程成为优化水资源配置、保障群众饮水安全、复苏河湖生态环境、畅通南北经济循环的生命线，发挥南水北调工程国家骨干水网作用，进一步发挥东线一期工程效益的具体体现。水利部组织中国南水北调集团有限公司等单位制定供水实施方案，计划通过东线北延应急供水工程向黄河以北供水 1.83 亿立方米，其中入河北境内约 1.45 亿立方米，入天津境内约 0.46 亿立方米，比原有计划大幅增加。调水计划持续至 5 月 31 日，并将根据工情、水雨情等实际情况适时延长调水时间，增加调水量。加上同期实施的东线一期鲁北段调水，此次总调水量将超过 2.42 亿立方米，南水北调东线工程效益将逐步提升。

华北地区是我国水资源短缺最严重的地区之一，水资源供需矛盾十分突出，经济社会发展长期以过度开采地下水、挤占生态用水为代价，导致区域水生态与环境恶化，湖泊、湿地面积萎缩。东线北延应急供水工程充分利用东线一期工程供水能力，加大向北方供水力度，通过向河北、天津供水，置换农业用地下水，缓解地下水超采状况；适时向衡水湖、南运河、南大港、北大港等河湖湿地补水，改善生态环境；还可为向天津市、沧州市城市生活应急供水创造条件，进一步推动完善南水北调工程"四横三纵"布局，为有关国家重大战略实施提供有效的水安全保障。

为充分发挥东线北延应急供水工程综合效益，水利部组织中国南水北调集团、相关流域管理机构、沿线地方水行政主管部门科学利用本年度东线来水好的有利时机，加大调水。此次调水，标志着东线北延应急供水工程进入常态化供水新阶段，水利部将继续通过科学管理、精准调度，进一步实现多调水、调好水的目标，充分发挥南水北调工程综合效益，进一步提高受水区群众的获得感、幸福感和安全感。

（陈晨 《光明日报》 2022 年 3 月 26 日）

南水北调东线北延工程年度调水正式启动

3月25日14时，位于山东省德州市武城县的六五河节制闸缓缓开启，南水北调东线一期工程北延应急供水工程（以下简称"东线北延应急供水工程"）正式启动向河北、天津年度调水工作。

根据水利部组织中国南水北调集团公司等单位制定的供水实施方案，计划通过北延应急供水工程向黄河以北供水 1.83 亿 m³，其中入河北境内约 1.45 亿 m³，入天津境内约 0.46 亿 m³，比原有计划大幅增加。调水计划持续至5月31日，并将根据工情、水雨情等实际情况，相机延长调水时间，增加调水量。加上同期实施的东线一期鲁北段调水，此次总的调水量将超过 2.42 亿 m³。

华北地区是我国水资源短缺最严重的地区之一，水资源供需矛盾十分突出，经济社会发展长期以过度开采地下水、挤占生态用水为代价，导致区域水生态与环境恶化，湖泊、湿地面积萎缩。东线北延应急供水工程的建设运行，充分利用东线一期工程供水能力，加大向北方供水力度，缓解华北地区地下水超采，改善沿线河湖湿地生态环境。工程通过向河北、天津供水，置换农业用地下水，缓解地下水超采状况；相机向衡水湖、南运河、南大港、北大港等河湖湿地补水，改善生态环境；还可为向天津市、沧州市城市生活应急供水创造条件。

据悉，为做好此次东线北延应急供水工程加大供水工作，水利部24日专门组织召开"加大东线北延应急供水工作启动会"，对做好加大供水工作作出安排部署并提出明确要求。中国南水北调集团多次召开会议专题研究。经与山东、河北、天津有关单位以及黄河水利委员会、海河水利委员会多次沟通协商，提前制定加大供水实施方案，对调水目标、原则、线路、水量、时间和任务分工等进行了明确。

此次调水，标志着东线北延应急供水工程进入了常态化供水的新阶段。水利部表示，下一步将通过科学管理、精准调度，进一步实现多调水、调好水的目标，充分发挥南水北调工程综合效益，进一步提高受水区群众的获得感、幸福感和安全感。

（班娟娟　经济参考网　2022年3月28日）

水利部：确保完成南水北调东线一期工程
北延今年应急供水任务

水利部党组书记、部长李国英3月28日主持召开专题办公会议，研究南水北调东线一期工程北延应急供水工作。他强调，要锚定目标、加强统筹、实化措施，确保圆满完成南水北调东线一期工程北延今年应急供水任务。

会议指出，要坚持问题导向、目标导向、效用导向，按照置换沿线超采地下水、回补重点超采区地下水、复苏河湖生态环境、实现京杭大运河全线通水的目标，充分发挥南水北调东线工程优化水资源配置、保障群众饮水安全、畅通南北经济循环的生命线作用，全力以赴做好南水北调东线一期工程北延应急供水工作。

会议要求，要优化调度方案，精准调度措施，统筹本地水、南水北调水、黄河水、再生水，逐水源算清水量账、路径账、过程账，逐河段落实调控措施。要加强通水前后地表水、地下水运动监测，动态跟踪分析径流演进和地下水变化情况。要做好河道清理整治工作，充分发挥河湖长制作用，畅通调水通道。要科学合理制定水价形成机制，根据多水源筹集调度实际，实事求是统筹制定差别化水价，建立良性运行机制。各有关地方和单位要严格落实责任，加强协调联动，不折不扣完成应急供水目标任务。

（新华网 2022年3月30日）

南水北调 功在当代利在千秋
（新时代画卷）

习近平总书记强调，南水北调工程是重大战略性基础设施，功在当代，利在千秋。要从守护生命线的政治高度，切实维护南水北调工程安全、供水安全、水质安全。

南水北调东、中线一期工程自2014年12月全面通水以来，目前累计调水量突破510亿立方米。工程的实施改变了广大北方地区的供水格局，优化了

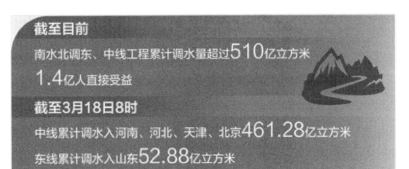

截至目前

南水北调东、中线工程累计调水量超过510亿立方米

1.4亿人直接受益

截至3月18日8时

中线累计调水入河南、河北、天津、北京461.28亿立方米

东线累计调水入山东52.88亿立方米

数据来源：水利部

南水北调中线工程水源地湖北省丹江口库区风貌（范昊天　杨道三　摄）

南水北调东线工程山东段济宁市邓楼泵站，工作人员在主厂房
电机层检查设备运行情况（肖家鑫　黄雪梅　摄）

北京市南水北调团城湖调节池春景
团城湖调节池连接南水北调来水和密云水库两大水源，是京西
重要供水枢纽（团城湖管理处爱国主义教育基地供图）

河南省南水北调中线渠首生态环境监测中心工作人员在淅川县
水库取样监测水质（朱佩娴　杨振辉　摄）

南水北调中线工程天津市干线外环河出口闸（靳博　蒲永河　摄）

南水北调中线工程河北段石家庄市干渠风貌（张腾扬　张晓峰　摄）

南水北调东线工程源头江苏省江都水利枢纽概貌（姚雪青　郁兴　摄）

40 多座大中型城市的经济发展格局，1.4 亿人直接受益，同时推动复苏受水区河湖生态环境，发挥了巨大的经济、社会和生态效益。

据水利部相关负责人介绍，今年将科学有序推进南水北调东、中线后续工程高质量发展，深入开展西线工程前期论证，加快构建国家水网主骨架和大动脉。

（《人民日报》　2022 年 4 月 10 日）

京杭大运河启动全线贯通补水

京杭大运河 2022 年全线贯通补水 14 日正式启动，在南水北调东线北延工程供水基础上，岳城水库开闸，潘庄引黄渠首加大流量，向京杭大运河黄河以北河段补水，今年将实现京杭大运河全线通水目标。记者从水利部了解到，此次贯通补水将统筹多方水源，向京杭大运河黄河以北 707 公里河段进行补水，实现京杭大运河全线通水，置换沿线约 60 万亩耕地地下水灌溉用水。与 2021 年同期相比，预计有水河长增加约 112 公里，水面面积预计增加 9.5 平方公里。

受历史演变、人类活动和气候变化等因素影响，20 世纪上半叶京杭大运河出现断流。本次补水以京杭大运河黄河以北河段作为主要贯通线路，涉及北京、天津、河北、山东四省市，流经 8 个地级行政区，预计可提供补水量 5.15 亿立方米。

（刘诗平　新华网　2022 年 4 月 14 日）

京杭大运河全线贯通补水行动正式启动
预计补水 5.15 亿立方米

记者从水利部获悉，4 月 14 日，在南水北调东线一期北延工程供水基础上，岳城水库开闸，潘庄引黄渠首加大流量，向京杭大运河黄河以北河段补水，标志着京杭大运河 2022 年全线贯通补水行动正式启动。

京杭大运河历史悠久、工程浩大、受益广泛，是活态遗产，是我国江河水系的重要组成部分。作为世界上开凿时间较早、沿用时间最久、规模最大的一条人工运河，京杭大运河具有防洪排涝、输水供水、内河航运、生态景观等功能。然而受历史演变、人类活动和气候变化影响，20 世纪初大运河出现断流。大运河黄河以北段存在水资源严重短缺，河道断流，水生态损害、水环境污染等突出问题。

"为了保护好、传承好、利用好大运河这一祖先留给我们的宝贵遗产，水利部启动京杭大运河 2022 年全线贯通补水行动。"水利部相关负责人介绍，本次补水，以京杭大运河黄河以北河段作为主要贯通线路，北起北京市东便门，经通惠河、北运河至天津市三岔河口，南起山东省聊城市位山闸，经小运河、卫运河、南运河至天津市三岔河口，涉及北京、天津、河北、山东四省市，流经 8 个地级行政区。预计可提供补水量 5.15 亿立方米，其中入京杭大运河水量 4.66 亿立方米，从京杭大运河卫运河段引走向衡水湖生态补水 1.0 亿立方米，从南运河段引走灌溉水量 1.27 亿立方米。

补水路径分为四条，其中：南水北调东线一期北延工程经小运河、六分干、七一河、六五河为南运河补水，补水量 1.83 亿立方米，全部入京杭大运河；岳城水库经漳河向卫运河、南运河补水，补水量 2.0 亿立方米，入京杭大运河 1.62 亿立方米；潘庄引黄经潘庄引黄渠首、潘庄总干渠、马颊河、沙杨河、头屯干渠、漳卫新河倒虹吸，向南运河补水，补水量 0.3 亿立方米，入京杭大运河 0.24 亿立方米；密云水库经京密引水渠、温榆河等向北运河补水，补水量 0.3 亿立方米，入京杭大运河 0.25 亿立方米。再生水及其他水源补水 0.72 亿立方米，全部入京杭大运河。

各补水水源同时为途经的温榆河、漳河、隋唐运河、卫千干渠、潘庄总干渠、七一河、六五河等河流补水，补水线路总长约 1230 公里（含贯通补水河长 707 公里），涉及沿线 41 个存在地下水超采问题的县，面积达 2.97 万平方公里。

记者了解到，根据水利部联合北京、天津、河北、山东四省市人民政府制定的补水方案，此次贯通补水行动于 4—5 月实施。目标是：统筹南水北调东线一期北延工程供水、四省市本地水、引黄水、再生水及雨洪水等多水源，向黄河以北 707 公里河段进行补水，实现京杭大运河全线通水，置换沿线约 60 万亩耕地地下水灌溉用水。与 2021 年同期相比，预期有水河长增加约 112 公里，水面面积预计增加 9.5 平方公里，补水河道周边地下水水位回升或保持稳定，水生态系统得到恢复改善，将为实现"十四五"大运河主要河段基本有水、进一步推动实现京杭大运河全年有水积累经验。

"本次补水水源构成多、补水线路长、涉及范围广、影响面大，是一个系统工程。"水利部相关负责人指出，为确保补水行动计划安全顺利实施，水利部、四省市人民政府要求有关部门和单位、沿线地方政府抓实抓细抓好各项重点任务的落实。

一是加强河道清理整治。充分发挥各级河长湖长作用，加强补水沿线输水河道排查，完成河道内垃圾、障碍物、违章建筑清理任务；对河道内有工程施工、过流条件不好的河段，要协调解决河道施工阻水问题，提高河道过流能力。

二是抓好水量联合调度。综合考虑来水蓄水情况、补水河道过流能力，统筹补水进程、河道水位、沿线引水和防洪要求，切实保障河段水流贯通。

三是实施水源置换和地下水回补。利用好补水契机，加大农业水源置换力度，置换地下水开采量，有效回补地下水。

四是加强动态跟踪监测。实施大运河及补水路径沿线水量、水位、水质、水生态等全要素全过程监测，确保完整控制水量变化过程。

五是加大管水护水力度。加强巡护管理，强化水量监管，保障生产人员安全以及沿河居民、建筑物安全。

（余璐　人民网　2022 年 4 月 14 日）

水利部：将统筹多个水源进行补水，
实现京杭大运河全线通水

4 月 13 日，水利部组织召开京杭大运河 2022 年全线贯通补水行动启动会，安排部署京杭大运河全线贯通补水工作。水利部副部长魏山忠出席会议并讲话，总工程师仲志余主持会议。

魏山忠指出，大运河是活态遗产，具有防洪排涝、输水供水、内河航运、生态景观等功能，更承载了中华民族优秀传统文化价值，传承着中华民族的悠久历史和文明。此次京杭大运河贯通补水是水利部推进华北地区河湖生态环境复苏和地下水超采综合治理的重大举措，也是水利部和沿线地方人民政府为民办实事、推进水利高质量发展的重要行动。

魏山忠强调，这次补水水源构成多、补水线路长、涉及范围广、影响面大，是一个系统工程，要抓实抓细抓好各项重点任务的落实。一要加强河道清理整治。充分发挥各级河长湖长作用，加强补水沿线输水河道排查，完成河道内垃圾、障碍物、违章建筑清理任务；对河道内有工程施工、过流条件不好的河段，要协调解决河道施工阻水问题，提高河道过流能力。二要抓好水量联合调度。综合考虑来水蓄水情况、补水河道过流能力，统筹补水进程、河道水位、沿线引水和防洪要求，切实保障河段水流贯通。三要实施水源置换和地下水回补。利用好补水契机，加大农业水源置换力度，置换地下水开采量，有效回补地下水。四要加强动态跟踪监测。实施大运河及补水路径沿线水量、水位、水质、水生态等全要素全过程监测，确保完整控制水量变化过程。五要加大管水护水力度。加强巡护管理，强化水量监管，保障生产人员安全以及沿河居民、建筑物安全。

此次京杭大运河贯通补水由水利部会同北京、天津、河北、山东四省

（市）人民政府于4—5月实施。总体目标是统筹南水北调东线一期北延工程供水、四省（市）本地水、引黄水、再生水及雨洪水等多水源，向黄河以北的京杭大运河707公里河段补水，实现京杭大运河全线通水，置换沿线约60万亩耕地地下水灌溉用水，补水河道周边地下水水位回升或保持稳定，水生态系统得到恢复改善，为实现"十四五"大运河主要河段基本有水、进一步推动实现京杭大运河全年有水积累经验。

（中国日报网　2022年4月14日）

京杭大运河全线贯通补水行动启动

14日，河北邯郸岳城水库开闸，山东德州潘庄引黄渠首加大流量，向京杭大运河黄河以北河段补水，标志着京杭大运河2022年全线贯通补水行动正式启动。

根据水利部联合北京、天津、河北、山东4省市人民政府制定的补水方案，此次统筹南水北调东线北延应急供水工程供水、4省市本地水、引黄水、再生水及雨洪水等多水源，向黄河以北707公里河段进行补水，实现京杭大运河全线通水，将置换沿线约60万亩耕地的地下水灌溉用水。与2021年同期相比，预期有水河长增加约112公里，水面面积预计增加9.5平方公里，补水河道周边地下水水位将回升或保持稳定，水生态系统将得到恢复改善，将为实现"十四五"时期大运河主要河段基本有水、进一步推动实现京杭大运河全年有水积累经验。

据悉，本次补水以京杭大运河黄河以北河段作为主要贯通线路，北起北京市东便门，经通惠河、北运河至天津市三岔河口；南起山东省聊城市位山闸，经小运河、卫运河、南运河至天津市三岔河口，流经8个地级行政区。预计可提供补水量5.15亿立方米，其中入京杭大运河水量4.66亿立方米。

（王浩　《人民日报》　2022年4月15日）

京杭大运河全线贯通补水行动启动

预计补水 5.15 亿立方米

记者陈晨从水利部获悉，14 日，在南水北调东线一期北延工程供水基础上，岳城水库开闸，潘庄引黄渠首加大流量，向京杭大运河黄河以北河段补水，标志着京杭大运河 2022 年全线贯通补水行动正式启动。

此次补水工作是充分发挥南水北调工程综合效益、改善大运河河道水系资源条件、恢复大运河生机活力、推进华北地区河湖生态环境复苏和地下水超采综合治理的具体行动，由水利部会同北京、天津、河北、山东四省市人民政府于 4—5 月实施。此次贯通补水的目标是，统筹南水北调东线一期北延工程供水、四省市本地水、引黄水、再生水及雨洪水等多水源，向黄河以北 707 公里河段进行补水，实现京杭大运河全线通水，置换沿线约 60 万亩耕地地下水灌溉用水。与 2021 年同期相比，预期有水河长增加约 112 公里，水面面积预计增加 9.5 平方公里，补水河道周边地下水水位回升或保持稳定，水生态系统得到恢复改善。

京杭大运河历史悠久、工程浩大，是活态遗产，具有防洪排涝、输水供水、内河航运、生态景观等功能，但受历史演变、人类活动和气候变化影响，20 世纪初大运河出现断流。大运河黄河以北段存在水资源严重短缺、河道断流、水生态损害、水环境污染等突出问题。

本次补水，以京杭大运河黄河以北河段作为主要贯通线路，北起北京市东便门，经通惠河、北运河至天津市三岔河口，南起山东省聊城市位山闸，经小运河、卫运河、南运河至天津市三岔河口，预计可提供补水量 5.15 亿立方米。由于补水水源构成多、补水线路长、涉及范围广、影响面大，为确保补水行动计划安全顺利实施，水利部和北京、天津、河北、山东四省市人民政府要求有关部门和单位、沿线地方政府加强河道清理整治，完成河道内垃圾、障碍物、违章建筑清理任务，对河道内有工程施工、过流条件不好的河段，要协调解决河道施工阻水问题，提高河道过流能力；抓好水量联合调度，统筹补水进程、河道水位、沿线引水和防洪要求，切实保障河段水流贯通；利用好补水契机，加大农业水源置换力度，置换地下水开采量，有效回补地下水；实施大运河及补水路径沿线水量、水位、水质、水生态等全要素全过程监测，确保完整控制水量变化过程；加强巡护管理，强化水量监管，保障生产人员安全以及沿河居民、建筑物安全。

（陈晨 《光明日报》 2022 年 4 月 15 日）

南水北调工程累计调水超 530 亿立方米

记者 14 日从中国南水北调集团有限公司了解到，截至 5 月 13 日，南水北调东线和中线工程累计调水量达到 531 亿立方米。其中，为沿线 50 多条河流实施生态补水 85 亿立方米，为受水区压减地下水超采量 50 多亿立方米。

南水北调工程自 2014 年全面建成通水以来，南水已成为京津等 40 多座大中城市 280 多个县市区超过 1.4 亿人的主力水源。

去年 5 月 14 日，推进南水北调后续工程高质量发展座谈会在河南省南阳市召开。南水北调集团董事长蒋旭光表示，一年来，南水北调集团扎实推进后续工程高质量发展，加快构建国家水网主骨架、大动脉。

引江补汉工程是南水北调后续工程首个拟开工重大项目，对发挥南水北调中线输水潜力、增强汉江流域水资源调配能力、提高北方受水区的供水稳定性有着重要作用。

蒋旭光说，南水北调集团把引江补汉工程开工建设作为重中之重，全力以赴推进项目法人组建、前置要件办理、审批手续办理、招标准备、重大关键技术攻关等开工准备工作。目前，各项工作正按既定节点目标紧锣密鼓推进，确保年内尽早开工。

水利部部长李国英在 5 月 13 日召开的深入推进南水北调后续工程高质量发展工作座谈会上说，要加快推进南水北调后续工程规划建设，重点推进中线引江补汉工程前期工作，深化东线后续工程可研论证，推进西线工程规划，积极配合总体规划修编工作。

（刘诗平 新华社 2022 年 5 月 14 日）

水利部：推进南水北调后续工程高质量发展实现良好开局

5月13日，水利部召开了深入推进南水北调后续工程高质量发展工作座谈会。水利部党组书记、部长李国英在会上表示，水利部会同有关部门、地方和单位，大力推进南水北调后续工程高质量发展工作，优化东中线一期工程运用方案，构建中线工程风险防御体系，组织开展重大专题研究，深化后续工程规划设计，取得了阶段性进展，实现了良好开局。

会议指出，水利部立足全面建设社会主义现代化国家新征程，锚定全面提升国家水安全保障能力的目标，继续扎实做好推进南水北调后续工程高质量发展各项水利工作，充分发挥南水北调工程优化水资源配置、保障群众饮水安全、复苏河湖生态环境、畅通南北经济循环的生命线作用。

李国英强调，一是要科学推进南水北调后续工程高质量发展，加快构建"系统完备、安全可靠，集约高效、绿色智能，循环通畅、调控有序"的国家水网，实现水利基础设施网络经济效益、社会效益、生态效益、安全效益相统一。

二是要深入分析致险要素、承险要素、防险要素，建立完善安全风险防控体系和快速反应防控机制，及时消除安全隐患，确保南水北调工程安全、供水安全、水质安全。

三是要提升东中线一期工程供水效率和效益，优化水资源配置和调度，扩大东线一期工程北延供水范围和规模，置换超采地下水，增加河湖生态补水；优化调度丹江口水库，增加中线工程可供水量，提高总干渠输水效率。

四是要加快推进后续工程规划建设，重点推进中线引江补汉工程前期工作，深化东线后续工程可研论证，推进西线工程规划，积极配合总体规划修编工作。

五是要完善项目法人治理结构，深化建设、运营、价格、投融资等体制机制改革，充分调动各方积极性。

六是要建设数字孪生南水北调工程，建立覆盖引调水工程重要节点的数字化场景，提升南水北调工程调配运管的数字化、网络化、智能化水平。

（余璐　人民网　2022年5月14日）

南水北调助力京杭大运河实现近百年来首次全线通水

记者从中国南水北调集团获悉，截至 5 月 13 日，南水北调东中线一期工程累计调水 531 亿立方米。东线一期北延工程自 3 月 25 日启动本年度供水以来，已累计向黄河以北供水 1.23 亿立方米，全面助力京杭大运河实现近百年来首次全线通水。

京杭大运河（水利部供图）

据了解，水利部已于 4 月 14 日启动京杭大运河 2022 年全线贯通补水行动，4 月 28 日京杭大运河实现近百年来首次全线通水。此次补水行动将持续到 5 月底，预计可提供补水量 5.15 亿立方米，其中入京杭大运河水量 4.66 亿立方米。京杭大运河全线通水后，有水河长增加约 112 公里，水面面积预计增加 9.5 平方公里，补水河道周边地下水水位回升或保持稳定，水生态系统得到恢复改善。

2021 年 5 月 14 日，推进南水北调后续工程高质量发展座谈会在河南南阳召开。中国南水北调集团董事长蒋旭光表示，绿色是南水北调工程的底色，是推进南水北调后续工程高质量发展的必然要求。这一年来，中国南水北调集团牢固树立绿色发展理念，充分尊重自然、顺应自然、保护自然。着力发挥南水北调工程"优化水资源配置、保障群众饮水安全、复苏河湖生态环境、畅通南北经济循环"的生命线作用。

蒋旭光介绍，在建设绿色工程方面，一是积极探索治污工作新模式，强化水源区和工程沿线水资源保护，同时认真组织开展后续工程环境影响评价，处理好发展和保护、利用和修复的关系；二是加大生态补水力度，充分发挥工程生态效益，2021年实施生态补水近20亿立方米，是年度计划的3倍多，瀑河、南拒马河、大清河、永定河、白洋淀等一大批河湖重现生机，华北地区浅层地下水水位持续回升。今年东线北延应急供水工程计划供水1.83亿立方米，为京杭大运河全线通水提供了有力支撑。

优化河湖生态系统离不开国家水网的构建。近日，中央财经委员会第十一次会议明确提出，要加强交通、能源、水利等网络型基础设施建设，把联网、补网、强链作为建设的重点，着力提升网络效益。加快构建国家水网主骨架和大动脉。

作为国家水网建设中的国家队、主力军，一年来，中国南水北调集团主动加强与沿线地方合作，积极推动建设区域水网、地方水网，为建设"系统完备、安全可靠、集约高效、绿色智能、循环通畅、调控有序"的国家水网宏伟目标贡献国资央企力量。

"下一步，中国南水北调集团将更大激发企业活力和内生动力，围绕联网、补网、强链科学布局相关产业，坚持创新驱动，实现经济效益、社会效益、生态效益、安全效益相统一，服务国家重大战略、支持经济社会发展，为全面建设社会主义现代化国家做出新的更大贡献。"蒋旭光说。

（余璐　人民网　2022年5月14日）

南水北调东中线调水量突破五百三十亿立方米

四十多座大中城市一亿多人受惠

记者从水利部获悉：目前南水北调东线和中线工程累计调水量达到531亿立方米，已成为北京、天津等40多座大中城市280多个县市区1.4亿多人的主力水源。南水北调东中线工程累计为沿线 50 多条河流实施生态补水 85 亿立方米，为受水区压减地下水超采量 50 多亿立方米，全面助力京杭大运河近百年来首次全线水流贯通。

据介绍，水利部科学推进南水北调后续工程高质量发展，加快构建"系统完备、安全可靠，集约高效、绿色智能，循环通畅、调控有序"的国家水网，实现水利基础设施网络的经济效益、社会效益、生态效益、安全效益相统一。在优化东中线一期工程运用方案上，提升东中线一期工程供水效率和效益，优化水资源配置和调度，扩大东线一期工程北延供水范围和规模，置换超采地下水，增加河湖生态补水；优化调度丹江口水库，增加中线工程可供水量，提高总干渠输水效率。在加快推进后续工程规划建设上，重点推进中线引江补汉工程前期工作，深化东线后续工程可研论证，推进西线工程规划，积极配合总体规划修编工作。此外，水利部提出要完善项目法人治理结构，深化建设、运营、价格、投融资等体制机制改革，充分调动各方积极性；建设数字孪生南水北调工程，建立覆盖引调水工程重要节点的数字化场景，提升南水北调工程调配运管的数字化、网络化、智能化水平。

水利部部长李国英表示，要锚定全面提升国家水安全保障能力的目标，继续扎实做好推进南水北调后续工程高质量发展各项水利工作，充分发挥南水北调工程优化水资源配置、保障群众饮水安全、复苏河湖生态环境、畅通南北经济循环的生命线作用。

（王浩 《人民日报》 2022 年 5 月 16 日）

南水北调工程累计调水超 530 亿立方米

记者从水利部获悉，目前南水北调东线和中线工程累计调水量达到 531 亿立方米，已成为北京、天津等 40 多座大中城市 280 多个县市区 1.4 亿多人的主力水源。南水北调东中线工程累计为沿线 50 多条河流实施生态补水 85 亿立方米，为受水区压减地下水超采量 50 多亿立方米，全面助力京杭大运河近百年来首次全线水流贯通。

水利部科学推进南水北调后续工程高质量发展，加快构建"系统完备、安全可靠，集约高效、绿色智能，循环通畅、调控有序"的国家水网。在优化东中线一期工程运用方案上，提升东中线一期工程供水效率和效益，扩大东线一期工程北延供水范围和规模；优化调度丹江口水库，增加中线工程可供水量，提高总干渠输水效率。在加快推进后续工程规划建设上，重点推进中线引江补汉工程前期工作，深化东线后续工程可研论证，推进西线工程规划，积极配合总体规划修编工作。

（王浩　《人民日报·海外版》　2022 年 5 月 16 日）

京杭千里大运河
汩汩清水荡碧波（新时代画卷）

习近平总书记指出："千百年来，运河滋养两岸城市和人民，是运河两岸人民的致富河、幸福河。希望大家共同保护好大运河，使运河永远造福人民。"

盈盈一水连南北，悠悠流淌贯古今。4 月 28 日，经过多水源生态补水，部分河道长期断流的京杭大运河，百年来首次全线通水。清水复流、碧波荡漾、杨柳拂岸，古运河展新颜、焕生机。

千里运河，逶迤穿行，沟通江南水乡、齐鲁大地、燕赵沃野，串联钱塘江、长江、淮河、黄河、海河五大水系。从历史时光里的舳舻千里、渔火延绵，到现实图景里的物阜民丰、水清岸绿，这条始建于春秋时期的人工运河，至今仍发挥着防洪排涝、输水供水、内河航运等功能，是润泽百姓的水脉、运输物资的动脉、传承历史的文脉。

长期以来，受气候变化、人类活动、经济社会变迁、黄河淤泥等影响，京杭大运河黄河以北段一些河道断流，水资源短缺、水环境污染、水生态损害等问题持续困扰。保护好、传承好、利用好大运河这一祖先留给我们的宝贵遗产，势在必行，迫在眉睫。

党的十八大以来，党中央高度重视京杭大运河保护治理。今年 4 月 14 日起，水利部会同北京、天津、河北、山东开展京杭大运河 2022 年全线贯通补水工作，利用南水北调东线北延工程供水、引黄水、本地水、再生水及雨洪水等水源，向京杭大运河黄河以北 707 公里河段进行补水，计划补水量达 5.15 亿立方米。截至 5 月 6 日 8 时，已累计补水 41419 万立方米，约完成计划补水量的 80.4%。

汩汩清水"解渴"运河。生态补水途经之处，水流下渗，回补地下水。河北、天津部分地区从大运河引水，灌溉农田，可置换地下水用水，促进华北地下水水位恢复。此外，生态补水还将有效改善运河水资源条件，促进周边生态环境复苏。

复流更要长流，保护治理要久久为功。"十四五"时期，京杭大运河要实现主要河段基本有水目标。完善河道水资源条件、提升防洪排涝能力、加强岸线保护、助力绿色航运发展，让京杭大运河不仅成为有水的河，更成为美丽的河、幸福的河。

（王浩 《人民日报》 2022 年 5 月 18 日）

一渠清水润北方
河南省多方聚力打造南水北调法治文化带

一渠清水永续北送，离不开法治作保障。5 月 18 日，记者从河南省司法厅获悉，近年来，河南省因地制宜、联动聚力，倾力打造南水北调法治文化带，普及依法护水知识，满足沿线群众法治需求，加强移民村依法治理，为推动南水北调后续工程高质量发展贡献了法治力量。

加强顶层设计构筑全国法治文化新高地

法治文化建设，功在当代，利在千秋。

"七五"普法期间，河南省形成了以"一黄一红"为主的优秀法治文化阵地。"一黄"指河南省围绕黄河流域生态保护和高质量发展，将黄河文化、法治文化、传统文化及民俗文化等有机融合，精心打造了横贯 8 个省辖市、4

个省直管县（市）的全国法治宣传教育基地"河南黄河法治文化带"，被评为第二批全国法治宣传教育基地、2019 年全国普法依法治理十大创新案例。"一红"指河南省深入挖掘红色法治文化资源，"鄂豫皖苏区税务总局旧址"被命名为"全国税收普法教育示范基地"，"鄂豫皖苏区首府革命博物馆"被命名为第三批全国法治宣传教育基地。

据省司法厅相关负责人介绍，"八五"普法期间，河南省将着力打造"南水北调法治文化带"，与"一黄一红"一起构建起河南省的法治文化阵地集群，在更高起点上构筑全国法治文化新高地。目前，"南水北调法治文化带"建设已被列入《河南省法治社会建设实施方案（2021—2025 年）》和河南省"八五"普法规划。

南水北调法治文化带建设，是发挥法治固根本、稳预期、利长远保障作用，服务南水北调后续工程高质量发展的重要举措，也是河南省贯彻落实"八五"普法规划、构筑全国法治文化新高地的具体行动，意义重大。如何以法治文化为基调，谱写好南水北调沿线的法治乐章？

大家一致认为，建设南水北调法治文化带，要坚持高标准定位、高起点谋划，主动对接南水北调后续工程高质量发展战略，在深入调查研究的基础上，科学编制《南水北调法治文化带建设规划》，加强顶层设计，明确任务书、时间表、路线图。要坚持共商规划、共建设施、共享成效的原则，加强司法行政与水利部门、南水北调主管部门、沿线党委政府之间的联系配合，调动各地各部门的主观能动性，建立长效合作机制，形成协调联动、各展所长、齐头并进的良好发展态势，打造法治建设全国知名品牌。

各地多方探索共谱南水北调法治乐章

南水北调中线工程穿过河南南阳、平顶山、许昌、郑州、焦作、新乡、安阳、鹤壁 8 个省辖市、21 个县（市、区）。近年来，围绕这一渠清水，沿渠城市和受水区以水为魂、以文为脉，因地制宜，在深入挖掘南水北调沿线的红色法治文化、传统法律文化丰富资源的基础上，进行了各具特色的探索尝试。

焦作市是南水北调中线工程唯一穿越中心城区的城市。焦作市司法局相关负责人介绍，南水北调法治宣传教育基地依托国家方志馆南水北调分馆，紧邻南水北调中线总干渠，共设置主题标识牌 2 块、法治宣传栏 12 块、法治教育景观小品 8 个，旨在向公众宣传《河南省南水北调饮用水水源保护条例》等法律法规，增强沿线公众爱水护水节水意识，共同守护好一渠清水。

淅川县是南水北调渠首所在地和核心水源区，淅川县司法局抓住美丽乡村建设的大好机遇，将法治文化与红色文化、移民文化相结合，计划依托汤山湿地公园建设南水北调渠首法治公园，通过浮雕、标识牌、文化石等公园设施，让广大游客在旅游休闲中接受法治熏陶。邓州市以南水北调沿线文渠镇、九龙镇、张村镇等为龙头，打造"一渠两岸"省级和国家级民主法治示范村（社区）和法治乡镇，加大乡村法治文化广场等法治文化阵地建设力度。

鹤壁市在南水北调工程沿线景区、乡镇（街道）和村庄依托公园、广场等场所，打造了一大批法治文化阵地。淇河倒虹吸工程是南水北调中线工程上一座大型渠穿河交叉建筑物，被教育部确定为全国中小学生研学实践教育基地，作为保护生态水资源和学习防溺水知识的重要窗口，承担着"讲好南水北调人故事，普及水知识"的重要职责。

因地制宜法治护航群众幸福生活

郏县白庙乡马湾新村是国家 3A 级景区。走进马湾新村，首先映入眼帘的是刻在巨石上的一行大字——"丹江缘·马湾移民小镇"。

2010 年 8 月，南水北调中线工程丹江口库区淅川县盛湾镇马湾村、王沟村、马沟村 388 户 1672 人来到马湾新村扎根。10 余年来，马湾新村发生巨大变化。2020 年，全村人均年收入超过 1.7 万元。

幸福生活离不开法治护航。早在 2012 年，马湾新村就获得省级"民主法治村"荣誉称号。郏县司法局为保障移民群众尽快适应当地工作和生活，建立了马湾移民新村法律顾问工作室，便捷的法律服务增强了群众的获得感、幸福感、安全感。

"四议两公开"工作法发源于邓州，并走向全国，2010 年、2013 年、2019 年该工作法先后 3 次被写入中央一号文件，并被写入《中国共产党农村基层组织工作条例》。在南水北调中线工程中，邓州市库区共需移民 16.5 万人，涉及 7 个县（市、区）89 个移民新村，在移民住房招标、建设、监理、验收、维护等方面，该市一律按照"四议两公开"工作法程序进行，做到依法搬迁、和谐搬迁、平安搬迁、文明搬迁。

南水北调一渠清水，为北方送去甘甜的同时，也为沿途群众送去了美丽风景和幸福生活。因地制宜打造各具特色的法治文化风景线，建设南水北调法治文化带，必将以法之名，为群众的幸福生活提供坚强法治保障。

（彭华　央广网　2022 年 5 月 18 日）

南水北调能否破解新难题

夏日的北京密云水库碧水浩渺，群鸟翔翔。

从丹江口奔涌而来的南水在此蓄积，成为这座北京"大水缸"的主流。密云水库从 2014 年底蓄水量不足 9 亿立方米，增至目前 30 亿立方米，首都供水保障的家底更加殷实。

南水北调中线穿黄工程，是中线关键性控制性工程，
穿黄隧洞全长 4250 米（资料图片）

南水北调这项超级工程，习近平总书记十分重视、念兹在兹，2020 年以来，先后到南水北调东线源头、中线渠首考察。一年前，习近平总书记考察中线陶岔渠首后主持召开座谈会，强调南水北调工程事关战略全局、事关长

远发展、事关人民福祉，要从守护生命线的政治高度，切实维护南水北调工程安全、供水安全、水质安全。

今天，75%的北京人、95%以上的天津人喝上"南水"。喝水问题解决了，缺水问题却依然存在。

南水来了，受水区缺水形势为何依然严峻？

在位于北京市海淀区的中国南水北调集团中线有限公司总调度中心，记者看到陶岔渠首闸实时出水情况，清澈的江水正源源不断流淌，一路向北。工作人员告诉记者，出水口流量达每秒400立方米，相当于1秒就能灌满一个25米长的标准泳池！

数据显示，2014年全面建成通水的东、中线一期工程，总投资达3082亿元，惠及河南、河北、北京、天津、江苏、安徽、山东等7省市沿线40多座大中城市、280多个县（区、市），累计调水530多亿立方米，受益人口超1.4亿，间接受益2亿多人。

用之不觉，失之难存。水利部南水北调司副司长、一级巡视员袁其田说，南水缓解了华北大地严重缺水状况，有效保障沿线群众饮水安全、复苏了河湖生态环境，但黄淮海流域及南水北调东、中线受水区缺水形势依然严峻。

南水北调东线、中线一期主体工程投入建设始于20年前，规划设计始于20世纪。几十年来，受水区经济社会发展日新月异，一座座新城拔地而起，城镇化、工业化发展迅猛，人口更密集，经济更发达，水资源供需矛盾也越来越突出——以占全国15%的国土面积和6.9%的水资源量，承载了36.5%的人口、34%的国民生产总值、34%的工业增加值和33%的农业增加值。水资源与经济社会发展布局极不匹配。

"水资源时空分布极不均衡，水资源开发利用方式和水资源演变的趋势加剧了我国水土资源不匹配的基本格局。"中国工程院院士、流域水循环模拟与调控国家重点实验室主任王浩说，一方面，受气候变化和人类活动影响，我国北方地区水资源量剧烈衰减。根据第三次全国水资源调查评价，2001—2016年时段较1956—1979年时段，黄河流域水资源总量衰减了12%，海河流域水资源总量衰减35%。

另一方面，自20世纪90年代以来，"北粮南运"成为我国粮食生产贸易的基本格局，而粮食生产是高耗水产业，北方很多地区以透支水资源潜力维持粮食生产能力。据测算，"北粮南运"的粮食每年从北方带到南方的"水"

达 500 亿～600 亿立方米。这意味着，缺水的北方在把"水"源源不断送回丰水的南方。

发展是硬道理，水则是硬约束。在京津所在的海河流域，由于经济社会快速发展和人口不断增加，流域水资源严重超载，华北地区不得不长期依靠超采地下水维持经济社会高速发展。由于过度使用地表水、大量超采地下水，这里一度出现"有河皆干、有水皆污、地面沉降、海水入侵"等严重的水生态环境问题。

"华北地区地下水超采历史欠账太多，已经产生了直观的、可见的危害。"王浩说，根据测算，浅层与深层相加，华北地区地下水"亏空"总量约 1600 亿立方米，其中有 500 多亿立方米的深层超采水是不可恢复的，这会严重影响区域长远的水安全保障能力。

通俗讲，目前华北平原已形成"大漏斗"，吞噬着天上地下来的水。"抽水容易补水难。"水利部南水北调规划设计管理局副局长李志竑说，尽管北调而来的长江水不停地弥补着华北"亏空"的河渠、湖泊，但要实现采补平衡、地下水水位回升，任务漫长艰巨。

地下水回升和人们生产生活越来越需要南水。"由于水质优良、供水保障率高，工程沿线受水区对南水的需求与日俱增。"中国南水北调集团有限公司董事长蒋旭光说，规划之初，南水北调只作为北方地区的补充水源，现在的南水已跃升为许多大中型城市的主力水源。

需求猛增，水源区的水够调吗？根据测算，河流天然来水有丰有枯，从平均年份数据上看，经过合理调度，长江下游来水可以保证东线工程调出量，丹江口水库来水量基本满足中线工程平均调出量。在北京师范大学教授许新宜看来，华北地区缺水也是有限度的，"随着我国人口峰值的出现和经济社会的高质量发展，对水资源的刚性需求在达到峰值（称之为'水达峰'）后自然会逐步降低。"

需要警觉的是，随着人们对保障优质水源的要求日益强烈，水源区汉江生态经济带的建设，也对汉江流域水资源的保障能力提出了新的要求。

记者了解到，为保障工程效益的进一步发挥，目前积极推进的中线后续水源工程正是为了增大中线供水规模，提升极端情况下中线工程的保障能力。

如何既开源又节流，让一渠清水永续向北？

水是命脉，也是国脉，水资源格局决定着经济发展格局。早在 1952 年毛泽东同志在视察黄河时就提出，"南方水多，北方水少，如有可能，借点水来也是可以的。"

经过半个多世纪论证、勘测、规划、设计、建设，2013年11月15日，南水北调东线一期工程从江都水利枢纽出发，以京杭大运河为干线，用世界最大规模的泵站群"托举"长江水北上流入江苏、天津；2014年12月12日，南水北调中线一期工程从丹江口水库陶岔渠首闸引水入渠，由世界最大的渡槽群"护送"南水千里奔流到华北大地。

南水北调工程既要保证水量，又要保证水质。习近平总书记多次强调，"一定要确保一江清水向北流"，这就是南水北调工程的新使命、新担当。

"水质是南水北调的品牌。"中国南水北调集团环保移民部环境保护处处长姚宛艳说，为保证水质安全，在2000年南水北调工程进入总体规划论证阶段时，国务院就定下了"先节水后调水、先治污后通水、先环保后用水"的原则。江苏关停了沿线化工企业800多家，山东建立了治理、截污、导流、回用、整治一体化治污体系。

实时、连续的自动监测站也对水质预警预报发挥了非常重要的作用。目前，中线干线工程建设了陶岔、姜沟、团城湖等13个水质自动监测站，可对输水水质进行在线监测和预警。

水质怎么样？北京南城居民早就发现，他们的饮用水水碱比以前少多了，口感也变得清甜了。他们不知道的是，全面通水以来，南水北调东线输水干线水质持续稳定保持在地表水水质Ⅲ类以上，中线源头丹江口水库水质95%达到Ⅰ类水，干线水质连续多年优于Ⅱ类标准。比如，进津的南水水质常规监测24项指标保持在地表水Ⅱ类标准及以上；北京市自来水硬度由原来的每升380毫克下降到120毫克；河北黑龙港地区告别饮用苦咸水、高氟水历史。

一渠清水，改变了一方水土。南水北调不止是一条调水线，更是一条诠释"生态文明"的发展线。

"绿色始终是南水北调工程的底色。"蒋旭光说。《南水北调工程总体规划》提出，南水北调的根本目标是改善和修复黄淮海平原和胶东地区的生态环境。一方面积极探索治污工作新模式，强化水源区和工程沿线水资源保护，处理好发展和保护、利用和修复的关系；一方面加大生态补水力度。去年实施生态补水近20亿立方米，是年度计划的3倍多，永定河、白洋淀等一大批河湖重现生机，华北地区浅层地下水水位持续回升。今年东线北延应急供水工程计划供水 1.83 亿立方米，全面助力京杭大运河近百年来首次全线水流贯通。

千里南水，来之不易。习近平总书记多次强调，"不能一边加大调水、一边随意浪费水""把节水作为受水区的根本出路"。

南水北调工程沿线各地坚持"先节水、后调水"，以水定城、以水定产，用水不再"任性"。比如，天津精打细算用水，把水细分五种：地表水、地下水、外调水、再生水和淡化海水，实现差别定价、优水优用；河北则在全国率先启动水资源税改革，"三高"行业用水税率从高设定，以税收杠杆促节水。

"华北地区未来要不断提升水资源对经济社会的承载能力，必须从'开源'和'节流'两个方向发力。"王浩说，"开源"主要是增加水资源供给，"节流"则是要优化发展结构和质量、深度节水，持续加强用水管理，全面建设节水型社会，提升水资源利用效率。

北"渴"缓解了，华北地区水资源从"极度紧缺"转变为"紧平衡"，但北方水资源安全却容不得喘口气。

水利部长江水利委员会长江科学院水资源研究所所长许继军说，从区域战略层面看，一方面，工程所具备的促进、保护和改善华北地区生态环境的作用日益凸显，华北地区生态环境复苏对南水北调的需求也将越来越大；另一方面，随着京津冀协同发展、雄安新区建设、长江经济带、黄河流域生态保护和高质量发展等国家重大战略的相继实施，南水北调工程承载起了促进南北经济协同高质量发展、推动黄淮海流域生态保护修复等新使命。

20 年来，我国经济总量、产业结构、城镇化水平等显著提升，综合国力、国内外形势、生态环境保护要求等都发生巨大变化。王浩说，南水北调总体规划迫切需要根据新的形势，做出相应的调整，确保拿出来的规划设计方案经得起历史和实践检验。

如何确保工程持续高质量运行、后续工程建设有序推进？

南水北调东中线一期工程建成通水以来，已安全、平稳、持续运行 2700多天。有个问题不可回避：工程至今从未停水检修过，重负的工程也需要"体检"。

"东线的沿线有洪泽湖、骆马湖等多个湖泊作为调蓄水库，工程检修有着天然时机，而中线是一根'直肠子'，沿线没有配套的调蓄水库，要全面检修只能停水。"李志竑告诉记者，按照规划，中线每年要相机停水检修，之所以未能实施，就是因为南水已成为很多大中型城市的主力水源，甚至是唯一水源。一旦停水，有些受水区将面临断水。

现实不允许中线工程轻易断水，而如此大的工程需要停水检修，这是对世纪工程的又一项考验。中国南水北调集团中线公司副总经理田勇说，既要确保工程安全又不能停水检修，我们只能边干边摸索，目前重点在监测、检测上下功夫，探索创新检修方式，比如运用水下机器人等科技手段。

在对工程系统开展安全评估后，工程技术人员发现，汛期、冰期等特殊时期的风险防范是中线干渠安全的最大风险点。中国南水北调集团质量安全部安全监管处副处长宁青说，2021年中线沿线出现大范围超历史记录的暴雨洪水过程，郑州郭家嘴水库出现决口溃坝风险，"一旦溃坝，将直接冲断中线干渠，不仅影响沿线供水，更会威胁总干渠安全"。

尽管危机最终解除，但也敲响了受水区备用水源安全的警钟。袁其田认为，加强沿线市县本地水库与中线干渠的双向联通、新建调蓄水库是满足工程停水检修、应对突发事故的重要途径，也是保证中线干线长久发挥作用的关键举措。作为中线后续工程，目前，按照"先用已建水库，再论证并新建水库"的原则，中线工程风险防御体系正加速构建。

水运关乎国运。习近平总书记指出，要审时度势、科学布局，准确把握东线、中线、西线三条线路的各自特点，加强顶层设计，优化战略安排，统筹指导和推进后续工程建设。

南水北调规划为东、中、西三线，分别从长江下游、中游、上游向北方地区调水。这三条干线，就像三条巨大的"水脉"，把长江、黄河、海河、淮河相连互通，形成了"四横三纵、南北调配、东西互济"的供水新格局。中国南水北调集团战略投资部资本运营处处长张杰平介绍，工程规划共三线八期，目前建成运行的东、中线一期只是其中的两线两期，后续工程规划设计和建设工作任重道远。

未来南水北调工程将如何推进？

"十四五"规划纲要明确提出，推动南水北调东中线后续工程建设，深化南水北调西线工程方案比选论证。目前，南水北调工程正在推进东、中线后续工程规划建设，同时开展西线工程规划方案比选论证等前期工作。

水利部部长李国英说，在优化东中线一期工程运用方案上，提升东中线一期工程供水效率和效益，优化水资源配置和调度，扩大东线一期工程北延供水范围和规模，置换超采地下水，增加河湖生态补水；优化调度丹江口水库，增加中线工程可供水量，提高总干渠输水效率。在加快推进后续工程规划建设上，重点推进中线引江补汉工程前期工作，深化东线后续工程可研论证，推进西线工程规划，积极配合总体规划修编工作。

作为南水北调后续工程首个拟开工项目，引江补汉工程是从长江引水至汉江的大型输水工程，也是"十四五"期间构建国家水网的重要一步。据测算，工程建成后，中线工程年度北调水量将超 115 亿立方米。

"当前南水北调后续工程最大的挑战是西线工程的规划论证。"在王浩看来，西线工程调水线路海拔高、覆盖范围广，应在紧密服务国家重大发展战略上、在国土开发利用保护的大格局上做好全局谋划和整体布局。

李国英表示，下一步，水利部将继续深入学习贯彻习近平总书记 2021 年5 月 14 日在推进南水北调后续工程高质量发展座谈会上的重要讲话精神，锚定全面提升国家水安全保障能力的目标，继续扎实做好推进南水北调后续工程高质量发展各项水利工作，充分发挥南水北调工程优化水资源配置、保障群众饮水安全、复苏河湖生态环境、畅通南北经济循环的生命线作用。

水脉通南北，国运正复兴。正如习近平总书记所说："水网建设起来，会是中华民族在治水历程中又一个世纪画卷，会载入千秋史册。"

（徐涵　吉蕾蕾　《经济日报》　2022 年 5 月 23 日）

南水北调东线北延工程完成年度供水

记者 6 月 1 日从中国南水北调集团有限公司了解到，南水北调东线北延应急供水工程 2021—2022 年度供水任务顺利完成，共向黄河以北调水 1.89亿立方米，超计划 3.3%。

5 月 31 日 20 时，位于山东省武城县的六五河节制闸关闭，宣告南水北调东线北延工程本年度调水结束。

南水北调集团董事长蒋旭光表示，本次调水增加了向黄河以北地区供水，为华北地区地下水压采和生态环境修复提供宝贵水源，同时为京杭大运河百

东线北延应急供水工程六五河节制闸（南水北调集团供图）

年来首次实现全线水流贯通提供了有力支撑。

南水北调东线北延工程本次调水于 3 月 25 日正式启动，主要向冀津调水。监测显示，本次调水水质稳定在Ⅲ类以上，部分时间达到Ⅱ类。

东线北延应急供水工程沿线（南水北调集团供图）

"南水北调集团全力做好此次供水工作，提前准备，加强协调，优化调度运行，强化安全管理，确保北延工程加大调水和大运河全线贯通补水顺利实施。"南水北调集团质量安全部主任李开杰说。

作为京杭大运河 2022 年全线贯通补水行动的重要水源之一，南水北调东线北延工程本次共向南运河补水 1.59 亿立方米。

包括北延工程在内的南水北调东线，是京杭大运河保护与传承的重要载体，输水线路中利用了超过 1000 公里的大运河河道。通过调水和生态补水，为大运河的保护、传承与利用提供了良好的水资源保障。

（刘诗平　新华社　2022 年 6 月 1 日）

"天河"北流　水清民富

——南水北调中线河南段转型发展侧记

六月，石榴花开似火。河南省淅川县九重镇张河村石榴园里，64 岁的张行国和管护工一起，修枝、套袋、浇水……

"既保增收，又保水质，这漫山遍野的石榴立了功。"张行国说。

张河村是南水北调中线之水出库流经的第一村。过去，辣椒种植是当地富民支柱产业。随着南水北调中线工程开工建设，确保水质安全成为重中之重，必须彻底解决辣椒种植中施化肥、用农药引发的土壤污染、水质氨氮成分超标等问题。

为保障一渠清水安全北上，经过多方考察，村里决定引进一家农业龙头公司，整村流转土地，调整种植结构，统一施用有机肥料……"辣椒村"转型成了"石榴村"。

"土地流转种上石榴后，农民实现了'一地生三金'。"张河村党支部书记张家祥给记者算起了收入账：一是土地承包金，每亩每年 800 元；二是"反租倒包"金，村民从企业手里"反包"果园，负责除草、修剪、采摘等，每亩每年可获最高用工费 720 元；三是果园种植收入提成，每种出 1 斤优质果，最高可提成 1 元钱。

这样一来，当地石榴产业越做越大，种植面积达到 1.8 万亩。由于"反租倒包"的果园实现了大丰收，张行国还被公司聘为片区负责人，月工资 3500 元。

张河村的变迁，是南水北调中线河南段转型发展的一个例子。

2014年12月12日，南水北调中线一期工程正式通水，有力改变了我国北方地区的供水格局。来自河南省水利厅的数据显示，截至2021年底，该工程累计向河南全省供水150.54亿立方米，其中生态补水30亿立方米，优质丹江水惠及11个省辖市市区、43个县城区和101个乡镇的2600万人。

作为该工程最大受水区，河南坚持走生态优先、绿色发展之路，干渠沿线城市群高质量发展谱写出新篇章。

位于渠首的淅川县，超9成国土划入水源红线。为保一库清水永续北送，当地在花大力气治污的同时，先后在南水北调丹江沿线建成32个精品生态观光示范园，让6.5万渠首农民端上"生态碗"，带动1.2万贫困户脱贫，且户均年增收近2万元。淅川所在的南阳市更是立足生态优势，大力发展有机农业，成功走出一条水清民富的绿色协调发展之路。

借助南水北调中线工程，许昌市"以水为媒"，在保障居民饮用水之余，统筹各类水资源，规划连通了82公里环城河道、5个城市湖泊和4片滨水林海，昔日的"干渴之城"成为清流潺潺的"水润之城"。当地以生态优先倒逼传统产业升级、地方经济提速，建成了长江以北最大的再生资源回收利用基地。

地处豫北的安阳，当年因缺水而修建红旗渠的故事广为人知。如今，借力南水北调生态补水，不但使超采的地下水得到补偿，水位回升，实现了河清岸美，而且还打造了多个近水、亲水、乐水的场所，成为市民休闲游玩的好去处。

"天河"北流，润泽广袤。中国南水北调集团中线有限公司相关负责人表示，对于河南乃至沿线相关省市而言，中线供水为地方经济社会发展提供了坚实支撑，未来必将进一步造福沿线亿万群众。

（张兴军　新华社　2022年6月13日）

南水北调工程开展防汛抢险综合应急演练

6月24日，水利部、河北省政府、南水北调集团联合组织在南水北调中线工程河北段沙河（北）倒虹吸工程开展防汛抢险综合应急演练。

本次演练所在地沙河（北）渠道倒虹吸工程是南水北调中线一期工程大型河渠交叉建筑物之一，演练针对工程沿线发生流域性洪水的可能性，模拟沿线周边山区洪水下泄导致供电和通信中断、管身段下游出现冲坑并持续向管身靠近、倒虹吸进口上游左岸出现管涌等场景。

在综合应急演练指挥机构的统一调度下，各参演单位先后进行了倒虹吸管身冲刷破坏抢险演练、河道疏通演练、人员撤离演练、裹头冲刷防护演练、无人机飞行巡查演练、管涌抢险演练、涝水抽排演练、水质监测演练、应急抢险设备操作演示。通过实战演练，增强了属地协同配合，提高了应急抢险队伍的快速反应能力、抢险处置能力，工程防汛抢险实战水平进一步提升。

南水北调工程自 2014 年全面建成通水以来，已累计调水 540 多亿立方米，受益人口超 1.4 亿人。确保工程安全度汛责任重于泰山。今年我国气象水文年景总体偏差，南水北调工程沿线已进入主汛期，海河流域子牙河、大清河、北三河预测发生流域性较大洪水。水利部、沿线地方政府、南水北调集团坚持人民至上、生命至上，立足于"防大汛、抗大洪、抢大险"，打好防汛主动仗。

截至目前，汛前小型水库基本完成除险加固主体工程建设或空库运行，交叉河道清理整治工作基本完成，涉及今年中线工程安全度汛的 21 个项目主体工程建设已全部完成，具备安全度汛条件。

（蒋菡 《工人日报》 2022 年 6 月 28 日）

推进南水北调后续工程高质量发展

——写在引江补汉工程开工建设之际

7 日，引江补汉工程正式开工。

从长江三峡水库库区取水，穿山引水 194.8 公里，抵达丹江口水库下游的汉江安乐河口，引江补汉工程连接起三峡工程与南水北调工程两大"国之重器"，进一步打通长江向北方输水通道。

引江补汉工程开工，标志着南水北调后续工程建设拉开帷幕，国家水网建设迈出重要一步。

引江补汉工程开工：南水北调后续工程建设启幕

7日上午10时28分，丹江口水库下游约5公里处的汉江右岸安乐河口，工地上的挖掘机、渣土车等大型机械开始穿梭轰鸣。

这是7月7日拍摄的引江补汉工程开工现场（新华社记者　伍志尊　摄）

由中国南水北调集团负责建设运营的引江补汉工程，是南水北调后续工程的首个开工项目，可研批复静态总投资582.35亿元，设计施工总工期9年。

"引江补汉工程是南水北调中线工程的后续水源，从长江三峡库区引水入汉江，输水线路总长194.8公里，其中输水隧洞长194.3公里，为有压单洞自流输水。"南水北调集团董事长蒋旭光说，工程建成后，将增加南水北调中线工程北调水量，同时可向汉江中下游、引汉济渭工程及沿线补水。

引江补汉工程由输水总干线工程和汉江影响河段综合整治工程组成。由于引江补汉工程的出水口在丹江口水库坝下，三峡库区的水并非直接北调，而是通过提高汉江流域的水资源调配能力，增加中线北调水量。汉江影响河

这是 7 月 7 日拍摄的引江补汉工程隧洞出口（新华社记者 伍志尊 摄）

段综合整治工程，主要便是对丹江口水库坝下约 5 公里河段进行整治。

对于引江补汉工程，中国工程院院士、长江设计集团有限公司董事长钮新强列举了 6 个"最"：我国在建长度最长的有压引调水隧洞；我国在建洞径最大的长距离引调水隧洞，等效洞径 10.2 米；我国在建引流量最大的长距离有压引调水隧洞，最大引水流量 212 立方米每秒；我国在建一次性投入超大直径隧道掘进机施工最多的隧洞；我国在建单洞开挖工程量最大的引调水隧洞；我国在建综合难度最大的长距离引调水隧洞，最大埋深 1182 米。

"工程输水总干线沿线地质条件复杂，施工难度大，是我国调水工程建设极具挑战性的项目之一，工程将促进我国重大基础设施技术创新能力的提升。"钮新强说。

"工程区地处山区，沟壑纵横，山高林密，工程野外勘测克服了许多难以想象的困难，最终找到了最佳线路通道，最大限度地避开了极易导致隧洞灾害的强岩溶区和规模巨大断裂带。"长江设计集团高级工程师贾建红说。

引江补汉工程项目法人南水北调集团江汉水网建设开发有限公司董事长高必华表示，为应对这些工程技术难题，南水北调集团江汉水网公司开展了广泛的工程调研，积极组织科研攻关，加强技术装备研究，加强超前地质预报研究，为提前处理风险隐患提供保障，开展灌浆材料和工艺研究，化解大埋深、高水压带来的风险，推进安全建设。

水利部南水北调工程管理司司长李勇表示，水利部将督促指导项目法人建立完善质量管理体系，保证工程建设质量，深入推行施工过程标准化管理，切实把引江补汉工程建成安全、放心、优质工程。

这是在湖北省宜昌市秭归县拍摄的三峡水利枢纽工程
（2022年6月8日摄，无人机照片）（新华社发　王罡　摄）

"大水盆"联手"大水缸"：连接三峡工程与南水北调工程两大"国之重器"

引江补汉工程为何此时开工建设？钮新强告诉记者，南水北调中线工程通水以来，取得了显著的经济、社会和生态效益。随着京津冀协同发展、雄安新区建设、中原城市群发展等的推进，以及华北地区地下水超采综合治理持续深入开展，受水区供水水源结构不尽合理、区域水资源统筹调配能力相对不足的矛盾将进一步凸显。

与此同时，受上游来水形势变化及汉江流域用水需求增长的影响，南水北调中线一期工程稳定供水的能力亟待提升。引江补汉工程作为南水北调中线工程后续水源，将连通三峡水库"大水缸"和丹江口水库"大水盆"，把三峡工程与南水北调工程两大"国之重器"紧密相连。

长江三峡水库是我国的战略水源地，也是长江流域的"大水缸"，多年平均入库水量超 4000 亿立方米，正常蓄水位 175 米相应库容 393 亿立方米，防洪库容 221.5 亿立方米，水量充沛且稳定。

这是湖北省丹江口市丹江口水库景色（2021 年 5 月 20 日摄，
无人机照片）（新华社记者　才扬　摄）

丹江口水库是汉江流域的控制性骨干工程，是我国跨流域调水工程的重要水源地，更是汉江流域的"大水盆"，多年平均入库水量达 374 亿立方米，总库容 295 亿立方米，正常蓄水位 170 米以下调节库容 161.2 亿立方米，是南水北调中线一期工程的唯一水源地。

"引江补汉工程实施后，中线北调水量可由一期工程规划的多年平均 95 亿立方米增加至 115.1 亿立方米。两大水库联合构成我国重要的战略水源地，可连通长江、汉江流域与华北地区，加快构建国家水网主骨架和大动脉，进一步优化我国水资源配置格局。"李勇说。

与此同时，引江补汉工程还将为引汉济渭实现远期调水规模创造条件。汉江上游引汉济渭工程年均引水量可由近期的 10 亿立方米增加至 15 亿立方米，有效保障关中平原供水安全。

此外，引江补汉工程实施后，每年可向汉江中下游补水 6.1 亿立方米，工程输水沿线补水 3 亿立方米，大幅提高汉江流域及区域水资源调配能力。

在河北省石家庄市正定县以北的于家庄村附近，南水北调中线干渠与高铁、公路交织（2021 年 5 月 24 日摄，无人机照片）（新华社记者　才扬　摄）

生态优先，人水和谐：打造绿色调水工程"名片"

在引江补汉工程建设过程中，如何减少对环境的影响？蒋旭光表示，南水北调集团将积极采取各种措施，减缓或消除对生态环境的不利影响，力争把这一工程打造成绿色调水工程的"名片"。

在规划设计阶段，已明确输水总干线以隧洞形式下穿自然保护区、森林公园等生态敏感区，尽可能减少对生态敏感区的影响。同时，研究提出优化施工方式、生境修复、优化调度、水环境治理等各种环境保护措施。

在工程建设阶段，建立生态环境管理体系，将严格执行环境保护措施与主体工程同时设计、同时施工、同时投产使用的环境保护制度，并对各项环保措施的有效性开展跟踪监测，推进各项生态环境保护举措落实。

钮新强认为，引江补汉工程建成后，有利于进一步发挥南水北调中线工

建设中的引汉济渭工程黄金峡水利枢纽（2022 年 4 月 19 日摄，
无人机照片）（新华社记者　邵瑞　摄）

程的效益，增加北调水量，提高中线受水区供水保障能力，缓解京津冀等华北平原水资源短缺与经济社会发展、生态环境保护之间的矛盾。

"引江补汉工程建成后，每年可向汉江补水 6.1 亿立方米，将改善汉江水资源条件，缓解汉江中下游面临的生态环境压力。"水利部长江水利委员会副主任胡甲均说。

水利部规划计划司司长张祥伟表示，引江补汉工程是南水北调后续工程的首个开工项目，南水北调工程下一步将继续深化东线、西线工程前期工作，推动工程开工建设。通过南水北调后续工程规划建设，进一步打通南北输水通道，筑牢国家水网主骨架、大动脉，全面增强国家水资源宏观配置调度的能力和水平。

据了解，按照党中央、国务院决策部署，在推进南水北调后续工程高质量发展领导小组的统一领导下，经各方深入研究论证，南水北调后续规划建设总体思路进一步明确。有关方面正在稳步推进相关工作落实，加快构建国家水网主骨架和大动脉，为全面建设社会主义现代化国家提供坚实的水安全保障。

（刘诗平　李思远　新华社　2022 年 7 月 7 日）

南水北调后续工程首个项目引江补汉工程开工

《经济参考报》记者从水利部获悉，7月7日，在湖北省丹江口市三官殿街道，备受瞩目的引江补汉工程正式拉开建设帷幕。引江补汉工程是南水北调后续工程首个开工项目，是全面推进南水北调后续工程高质量发展、加快构建国家水网主骨架和大动脉的重要标志性工程。工程全长194.8千米，施工总工期9年，静态总投资582.35亿元。据测算，工程建成后，南水北调中线多年平均北调水量将由95亿立方米增加至115.1亿立方米。

2014年12月，南水北调东、中线一期工程实现全面通水。七年多来，累计调水540多亿立方米，受益人口超1.4亿人。

与此同时，水源区汉江生态经济带的建设，也对汉江流域水资源的保障能力提出了新的要求。专家指出，一旦遭遇汉江特枯年份，丹江口水库来水量少，在不影响汉江中下游基本用水的前提下，难以充分满足向北方调水的需求。

面对新形势新任务，"开源"摆上了推进南水北调后续工程高质量发展的重要议事日程。"通过实施引江补汉工程，连通南水北调与三峡工程两大国之重器，对保障国家水安全、促进经济社会发展、服务构建新发展格局将发挥重要作用。"水利部南水北调工程管理司司长李勇表示，实施引江补汉工程，将进一步打通长江向北方输水新通道，完善国家骨干水网格局，为汉江流域和京津冀豫地区提供更好的水源保障，实现南北两利。

"引江补汉工程的开工，标志着南水北调后续工程建设拉开序幕，国家水网的主骨架、主动脉将更加坚实、强劲。"水利部规划计划司司长张祥伟表示，下一步将深化东线后续工程可研论证，推进西线工程规划，积极配合总体规划修编工作。

重大水利工程具有吸纳投资大、产业链条长、创造就业多的优势。业内认为，在织密国家水网的同时，以引江补汉工程为代表的一批重大水利工程近期陆续开工，在提振信心、稳定社会预期和稳增长促就业惠民生方面发挥着积极作用。

随着以引江补汉为代表的多项重大水利工程陆续开工，水利基础设施建设步伐不断加速，一张"系统完备、安全可靠，集约高效、绿色智能，循环通畅、调控有序"的国家水网正徐徐展开。

（班娟娟 《经济参考报》 2022年7月8日）

南水北调后续工程首个项目引江补汉工程开工建设

江水汩汩润北方

南水北调后续工程重大项目引江补汉工程于 7 月 7 日开工建设。工程建成后，烟波浩渺的三峡水库将和南水北调工程"牵手"，国家水网将进一步织密。南水北调中线水源将更加充沛，输水潜力进一步得到挖掘，多年平均北调水量可从原设计的 95 亿立方米提高到 115.1 亿立方米。汩汩江水将更好润泽北方大地。

在丹江口大坝下游汉江右岸安乐河口，南水北调后续工程首个项目——引江补汉工程于 7 月 7 日开工建设。

据了解，工程建成后，烟波浩渺的三峡水库将和南水北调工程"牵手"，国家水网将进一步织密。南水北调中线水源将更加充沛，输水潜力进一步得到挖掘，多年平均北调水量可从原设计的 95 亿立方米提高到 115.1 亿立方米。汩汩江水将更好润泽北方大地。

联网补网，国家水网"主骨架"更坚实

千里输水线，世纪调水梦。50 多年论证，数十万名建设者 10 多年攻坚，7 年多安全稳定运行，如今南水北调东中线一期工程累计调水 540 多亿立方米，让超 1.4 亿人受惠。

"中线工程已由规划之初的补充水源成为主力水源，受水区对'南水'依赖度不断提高。实施京津冀协同发展战略、建设雄安新区等对水资源保障提出更高要求。科学推进后续工程规划建设，势在必行。"水利部规划计划司长张祥伟说。

引江补汉工程开工建设，将在水资源版图上画下浓墨重彩的一笔。大江大河间，一条近 195 公里的输水隧洞，出三峡，穿群山，连江汉，抵达南水北调中线水源地丹江口水库坝下汉江，长江干流将接入南水北调中线工程。

为何实施引江补汉工程？

看用水需求，"受水区对'南水'的需求量逐渐增加。"水利部南水北调

工程管理司司长李勇介绍，北京已3个年度、天津已连续5个年度加大分配水量，河南、河北两省年度正常用水量均达到规划分配水量的七成，且年度用水量呈逐年增加趋势。

看水源供给，丹江口水库的供水保证率较低。"一旦汉江遇上特枯年份，丹江口水库将'独木难支'，不仅难以满足北方调水需求，还会影响汉江中下游的基本用水。"李勇表示。

"将三峡水库和丹江口水库相连，实现了南水北调中线的起点由汉江前移到长江干流，打通长江、汉江流域与京津冀豫地区的输水大通道，完善国家骨干水网格局，将为汉江流域和京津冀豫地区提供更好的水源保障。"中国南水北调集团办公室主任井书光说。

引江补汉工程会不会对三峡水库产生影响？

"三峡水库多年平均入库水量超4000亿立方米，引江补汉工程年调水量39亿立方米，不到入库水量的1%。三峡水库有充沛且稳定的水量支撑工程持久运行。"水利部水利水电规划设计总院副院长李原园分析。

引江补汉工程的开工，标志着南水北调后续工程建设拉开序幕，国家水网"主骨架"将更加坚实。

"南水北调工程规划提出构建'四横三纵、南北调配、东西互济'的格局，沟通长江、淮河、黄河、海河水系。与规划目标相比，目前仅东中线一期工程建成运行，需要继续补网联网，进一步提升调配水资源的能力。"井书光介绍。

水利部提出，接下来将深化东线后续工程可研论证，推进西线工程规划，积极配合总体规划修编工作，不断发挥南水北调工程优化水资源配置、保障群众饮水安全、复苏河湖生态环境、畅通南北经济循环的生命线作用。

科学论证取水规模，最大限度减少对生态环境的影响

尊重客观规律，科学审慎论证方案，引江补汉工程从立项到开展初步设计，从规模论证到勘测设计，各项前期工作扎实推进。

哪条路线安全?

向大地深处要数据。寂静群山中,深孔钻机轰鸣。2020 年 7 月 9 日,在湖北省襄阳市保康县,首个超 1000 米深钻孔顺利完工。"大家伙儿白天黑夜连轴转,就是想以最快速度把样本从地下深处取出。"长江设计集团副总工宋志忠说。

在前方,白天野外勘测,夜晚编写报告,风雨无阻攀山岭……工作人员采用常规钻探、复合定向钻探、大地电磁等技术,对 8000 多平方千米的工程区进行了全面"体检"。完成所有线路 1∶10000 地质测绘面积 2255 平方千米,完成所有线路 1∶10000 平、剖面图绘制工作,最终 3000 多页的地质报告出炉。

在后方,规划、水工、施工、环境等专业人员开展规模论证、工程布局研究、深埋大直径隧洞施工方案研究、环境影响评价等工作。绘制图纸 1600 多张,编写技术报告 150 多本,超 2000 万字。

"大家齐心协力,在短时间内找到最佳线路通道,努力避开了极易导致隧道灾害的强岩溶区和断裂带。"宋志忠说。

工程取水规模设定多少合适?

"既要考虑长江流域水资源承载能力、长江干支流水工程调节作用,也要满足流域内城市群的发展需要,同时兼顾对三峡库区、下游地区和其他引调水工程的影响,可谓是在多重条件下求最优解。"长江设计集团水利规划院供水与灌溉部主任王磊说。

王磊和团队完成了三峡坝址上游 30 多座大型水库和 10 多项跨流域调水工程的联合调节计算,构建了三峡—丹江口水库—北方受水区水资源优化配置度模型,对 2300 多旬的水文数据进行了模拟分析。

聚焦生态环境的关键要素,5 年时间,长江水利委员会长江水资源保护科学研究所开展 20 余次 240 个断面(点位)的外业环境监测,联合 10 余家高校、科研院所共同推进。6 月 9 日,生态环境部批复《引江补汉工程环境影响报告书》。

可行性研究报告、取水许可、洪水影响评价……一项项报告通过审查,科学严谨的前期工作为工程建设提供坚实支撑。"正是坚持尊重客观规律、规划统筹引领，才确保工程顺利开工，这为实施重大跨流域调水工程积累了新的宝贵经验。"张祥伟说。

发挥综合效益，让大江大河连上大水网

引江补汉工程开工建设，将充分发挥综合效益，助力经济社会高质量发展。

有力促进扩投资稳就业。"工程设计总施工期9年，初步估算需要水泥230万吨左右，粉煤灰80万吨，钢材250万吨，调配大型工程机械3800台，带动上下游企业60余家。此外，工程用工人数保持在5300余人。"中国南水北调集团质量安全部主任李开杰介绍。

连日来，以引江补汉工程为代表的一大批重大水利工程开工，充分发挥吸纳投资大、产业链条长、创造就业多的优势。水利部今年要确保新开工重大水利工程30项以上，完成水利建设投资8000亿元以上，这将为稳定宏观经济大盘发挥重要作用。

有效提升水资源配置能力。"引江补汉工程实施后，中线工程可调水量增多，不仅提升了受水区的水安全保障能力，还可以通过置换用水、相机补水等方式，有效缓解华北地区地下水超采问题，有力恢复受水区生态环境。"水利部南水北调司副司长袁其田介绍。

促进国家水网互联互通。"大江大河连上大水网，引江补汉将实现长江、汉江与华北平原水资源协同，打通南北水资源配置的大动脉。"井书光说，"引江补汉工程还将实现与南水北调东中线、引汉济渭、鄂北地区水资源配置工程等协调联动，促进水资源循环畅通。"

构建国家水网主骨架和大动脉的步伐加快。水利部加强组织领导，抓紧工程规划设计，水利基础设施建设全面提速。"到2025年，建设一批国家水网骨干工程，有序实施省市县水网建设，充分发挥水资源配置、城乡供水、防洪排涝、水生态保护等功能。"张祥伟说。

（王浩　范昊天　《人民日报》　2022年7月8日）

国之重器"牵手"，筑牢国家水网主骨架

——写在引江补汉工程开工建设之际

7月7日在引江补汉工程开工现场拍摄的施工机械

（新华社记者　伍志尊　摄）

7月7日，湖北省丹江口市，备受瞩目的引江补汉工程拉开建设帷幕。

作为南水北调后续工程首个开工项目，引江补汉工程是全面推进南水北调后续工程高质量发展、加快构建国家水网主骨架和大动脉的重要标志性工程。这一工程将连通南水北调与三峡工程两大"国之重器"。据测算，工程建成后，南水北调中线多年平均北调水量将由95亿立方米增加至115.1亿立方米。

"大水缸"连通"大水盆"，实现南北两利

2014年12月，南水北调中线一期工程通水，标志着南水北调东、中线一期工程实现全面通水。7年多来，南水北调东、中线工程累计调水540多亿立方米，沿线40多座大中城市280多个县（市、区）用上南水，受益人口超1.4亿。

当北方大地被甘甜的南水润泽时，人们可曾想过这样一个问题：水源地是否有充足的水，能让南水如此源源不断、"不舍昼夜"地北上？专家指出，一旦遭遇汉江特枯年份，丹江口水库来水量少，在不影响汉江中下游基本用水的前提下，难以充分满足向北方调水的需求。

开源，摆上了推进南水北调后续工程高质量发展的重要议事日程。从哪里开源？人们将目光投向了位于长江干流的三峡水库。

如果将多年平均入库水量达374亿立方米、总库容339亿立方米、调节库容190.5亿立方米的丹江口水库比作汉江流域的"大水盆"，那么，多年平均入库水量超4000亿立方米、总库容450亿立方米、调节库容221.5亿立方米的三峡水库则是长江流域的"大水缸"，而且是个水量充沛且稳定的"大水缸"。

"大水缸"与"大水盆"连通，将产生怎样的效果？"通过实施引江补汉工程，连通南水北调与三峡工程两大国之重器，对保障国家水安全、促进经济社会发展、服务构建新发展格局将发挥重要作用。"水利部南水北调司司长李勇指出，实施引江补汉工程，将进一步打通长江向北方输水新通道，为汉江流域和京津冀豫地区提供更好的水源保障，实现南北两利。

在开工现场，中国工程院院士、长江设计集团董事长钮新强表示，引江补汉工程将南水北调工程与三峡工程两大"国之重器"紧密相连，将提高南水北调中线工程供水保证率，缓解汉江流域水资源供需矛盾问题，改善汉江流域区域水资源调配能力减弱和汉江中下游水生态环境问题。

现场实勘周密论证，前期可行性研究力求最优解

开工一项工程，并非易事。地质条件怎么样？哪些难题要突破？工程路线怎么选？都要在前期科学周密论证。具体到引江补汉工程，线路长、埋深大，沿线山高谷深，断层褶皱发育，软质岩及可溶岩广泛分布，地形地质条件十分复杂，岩爆、岩溶、软岩大变形等工程地质问题突出，都是工程开展前期可行性研究过程中面临的现实挑战。

地质勘察、规模论证、线路比选……钮新强带领团队忙碌起来，综合考虑地形地质、取水条件、社会环境等因素，力求找到最优解决方案。

在野外现场，勘察工作紧锣密鼓，尽快将获取的基础成果送达后方，以便迅速开展分析研判。在后方，规划、水工、施工等多领域专业人员加班加点进行工程规模论证、工程布局研究，将需要重点勘察内容及时告知现场作业人员。

山间田野里、茂密丛林间，上千位工程师采用航测、常规钻探、复合定向钻探、大地电磁等手段，对工程区8000多平方千米进行全面"体检"，为最大限度避开极易导致隧洞灾害的强岩溶区和规模巨大断裂带，寻找最佳线

路打下了坚实基础。

通过技术、经济综合比选，方案定了！引江补汉工程从长江三峡水库库区左岸龙潭溪取水，经湖北省宜昌市、襄阳市和十堰市，输水至丹江口水库大坝下游汉江右岸安乐河口，采用有压单洞自流输水，是我国在建综合难度最大的长距离引调水隧洞工程。

与此同时，水利部规划计划司等部门也细化工程用地预审、项目环评、可研批复、开工时间等项目推进全链条的关键节点，明确责任分工、工作措施和时间表、路线图，实现台账管理，精准推进项目前期工作。"引江补汉工程是深入贯彻落实党中央、国务院决策部署的重要项目。在依法合规的前提下，我们要加强协同，紧盯开工目标不放松，推进工程顺利立项建设。"水利部规划计划司司长张祥伟说。

织密国家水网，助力稳增长促就业惠民生

规划东、中、西线与长江、黄河、淮河、海河连接，共同编织"四横三纵、南北调配、东西互济"大水网的南水北调工程，是国家水网的重要组成部分。但与规划目标相比，目前南水北调仅东、中线一期工程建成运行，需要继续联网补网，进一步提升调配南水水资源的能力。

"引江补汉工程的开工，标志着南水北调后续工程建设拉开序幕，国家水网的主骨架、主动脉将更加坚实、强劲。"张祥伟表示，下一步将深化东线后续工程可研论证，推进西线工程规划，积极配合总体规划修编工作。充分发挥南水北调工程优化水资源配置、保障群众饮水安全、复苏河湖生态环境、畅通南北经济循环的生命线作用。

在织密国家水网的同时，作为一项重大水利工程，引江补汉工程开工建设是今年以来我国水利建设全面提速的一个缩影。据了解，引江补汉工程全长 194.8 千米，施工总工期 9 年，静态总投资 582.35 亿元。重大水利工程具有吸纳投资大、产业链条长、创造就业多的优势，研究表明，重大水利工程每投资 1000 亿元，可带动 GDP 增长 0.15 个百分点，新增就业岗位 49 万个。以引江补汉工程为代表的一批重大水利工程近期陆续开工，在提振信心、稳定社会预期和稳增长促就业惠民生方面发挥了积极作用。

随着水利基础设施建设步伐不断加速，一张"系统完备、安全可靠，集

约高效、绿色智能，循环通畅、调控有序"的国家水网画卷正徐徐展开。

（陈晨　张锐　夏静　《光明日报》　2022年7月8日）

总投资 582.35 亿元　南水北调后续工程中线
引江补汉工程开工

　　7月7日，南水北调后续工程中线引江补汉工程开工动员大会在湖北十堰丹江口市举行，标志着南水北调后续工程建设正式拉开序幕。

　　作为南水北调后续工程首个开工项目，引江补汉工程是全面推进南水北调后续工程高质量发展、加快构建国家水网主骨架和大动脉的重要标志性工程。该工程静态总投资 582.35 亿元，设计施工总工期 108 个月，由中国南水北调集团负责建设运营。

　　据介绍，引江补汉工程从长江三峡库区引水入汉江，沿线由南向北依次穿越宜昌市夷陵区、襄阳市保康县、谷城县和十堰市丹江口市。输水线路总长 194.8 千米，为有压单洞自流输水，多年平均调水量为 39 亿立方米，设计引水流量 170 立方米每秒。

开工动员大会现场（央广网记者　朱娜　摄）

开工动员大会现场（央广网记者　朱娜　摄）

引江补汉工程开工建设现场（央广网记者　朱娜　摄）

据了解，该工程实施后，将增加中线一期工程北调水量，通过充分利用现有中线一期总干渠输水能力，中线北调水量可由一期工程规划的多年平均95亿立方米增加至115.1亿立方米。

同时引江补汉工程实施后将向汉江中下游补水6.1亿立方米，工程输水沿线补水 3 亿立方米，有力推动汉江流域生态经济带建设。

引江补汉工程隧洞出口（央广网发　张健波　摄）

该工程还可向引汉济渭工程及沿线补水，汉江上游引汉济渭工程年均引水量可由近期的 10 亿立方米增加至 15 亿立方米，有效保障关中平原供水安全。

据介绍，引江补汉工程输水总干线采用有压单洞自流输水，沿线地质条件复杂，施工难度大，是我国调水工程建设极具挑战性的项目之一，该工程将促进我国重大基础设施技术创新能力的提升。

引江补汉工程开工建设现场（央广网发　张健波　摄）

全国人大代表、中国工程院院士、长江设计集团董事长钮新强参加开工仪式后激动地表示，引江补汉工程将南水北调工程与三峡工程两大"国之重器"紧密相连，进一步打通长江向北方输水通道，促进中线工程效益发挥，提高中线工程供水保证率，缓解汉江流域水资源供需矛盾问题，改善汉江流域区域水资源调配能力减弱和汉江中下游水生态环境问题。

同时，引江补汉工程连通长江、汉江流域与华北地区，完善水网格局，对保障国家水安全、促进经济社会发展、服务构建新发展格局将发挥重要作用。

（朱娜　央广网　2022 年 7 月 8 日）

引江补汉：连通南水北调与三峡工程

7 月 7 日，湖北省丹江口市三官殿街道，备受瞩目的引江补汉工程在这里拉开建设帷幕。

引江补汉工程是南水北调后续工程首个开工项目，是全面推进南水北调后续工程高质量发展、加快构建国家水网主骨架和大动脉的重要标志性工程。工程全长 194.8 千米，施工总工期 9 年，静态总投资 582.35 亿元。据测算，工程建成后，南水北调中线多年平均北调水量将由 95 亿立方米增加至 115.1 亿立方米。

"大水缸"联手"大水盆"为南水北调"开源"

"南方水多，北方水少，如有可能，借点水来也是可以的。"——这是毛泽东同志在 1952 年提出的伟大构想。

历经半个多世纪的论证、勘测、规划、设计、建设，2014 年 12 月，南水北调东、中线一期工程实现全面通水。7 年多来，累计调水 540 多亿立方米，受益人口超 1.4 亿。

北上的一渠清水，极大地缓解了北方受水地区供用水矛盾，也在悄然改变着当地的用水格局。原本规划设计作为补充水源的中线工程已成为受水区的主力水源，以北京为例，人们每喝的 10 杯水中，就有约 7 杯来自南方。

与此同时，水源区汉江生态经济带的建设，也对汉江流域水资源的保障能力提出了新要求。专家指出，一旦遭遇汉江特枯年份，丹江口水库来水量少，在不影响汉江中下游基本用水的前提下，难以充分满足向北方调水的需求。

面对新形势新任务，"开源"摆上了推进南水北调后续工程高质量发展的重要议事日程。人们将目光投向了位于长江干流的三峡水库。

如果将多年平均入库水量达 374 亿立方米、总库容 339 亿立方米、调节库容 190.5 亿立方米的丹江口水库比作汉江流域的"大水盆"，那么，多年平均入库水量超 4000 亿立方米、总库容 450 亿立方米、调节库容 221.5 亿立方米的三峡水库则可看作是长江流域的"大水缸"，而且是一个水量充沛且稳定的"大水缸"。

"通过实施引江补汉工程，连通南水北调与三峡工程两大'国之重器'，对保障国家水安全、促进经济社会发展、服务构建新发展格局将发挥重要作用。"水利部南水北调司司长李勇说。

织密国家水网　多方协作寻求最优解

历经 90 天奋斗，一个千米钻孔诞生，深 1105.1 米……今年 5 月，引江补汉工程勘查现场再传捷报。该钻孔是引江补汉工程勘查现场打出的第四个千米深孔，其深度在中国水利水电行业排名第二。

线路长、埋深大，沿线山高谷深，断层褶皱发育，软质岩及可溶岩广泛分布，地形地质条件十分复杂，岩爆、岩溶、软岩大变形等工程地质问题突出，是引江补汉工程开展前期可行性研究过程中面临的现实挑战。

中国工程院院士、长江设计集团董事长钮新强带领团队，开展地质勘查、规模论证、线路比选等工作，综合考虑地形地质、取水条件、社会环境等因素，力求找到最优解决方案。

前后方并肩作战，上千位工程师采用航测、常规钻探、复合定向钻探、大地电磁等传统与高科技手段，对工程区 8000 多平方千米（相当于 1.5 个上海市面积）进行了全面"体检"，为最大限度地避开极易导致隧洞灾害的强岩溶区和规模巨大断裂带，寻找最佳线路打下了坚实基础。

通过技术、经济综合权衡，引江补汉工程从长江三峡水库库区左岸龙潭溪取水，经湖北省宜昌市、襄阳市和十堰市，输水至丹江口水库大坝下游汉江右岸安乐河口，采用有压单洞自流输水，是我国在建综合难度最大的长距离引调水隧洞工程。

"引江补汉工程的开工，标志着南水北调后续工程建设拉开序幕，国家水网的主骨架、主动脉将更加坚实、强劲。"水利部规划计划司司长张祥伟说，下一步将深化东线后续工程可研论证，推进西线工程规划，充分发挥南水北调工程优化水资源配置、保障群众饮水安全、复苏河湖生态环境、畅通南北经济循环的生命线作用。

（付丽丽 《科技日报》 2022年7月8日）

修复山水林田湖草沙
从源头保障南水北调东线水质安全

南水北调东线江苏洪泽站（视觉中国供图）

保护和修复工程将有力保障南水北调东线水质安全，整体改善区域生态系统质量，进一步筑牢江苏湖网地区生态安全基底，培育和丰富生物多样性，提升生态服务功能和生态系统质量，增强生态系统固碳增汇能力，增加生态产品供给。

近日，江苏申报的"江苏南水北调东线湖网地区山水林田湖草沙一体化保护和修复工程"（以下简称保护和修复工程）成功入选"十四五"期间第二批山水林田湖草沙一体化保护和修复工程。

据悉，保护和修复工程区处于国家"三区四带"生态安全格局的长江重点生态区，既是连通长江和黄河两大重点生态区的重要生态廊道，又是海岸带的重要生态安全屏障。

科学研判，三大隐患影响水质

江苏是南水北调东线工程源头区，东线工程江苏段长达 404 公里，涉及长江、淮河、沂沭泗三大水系。从 2013 年南水北调东线工程开始投运以来，从长江和主要湖泊累计调水出省 54 亿立方米，惠及沿线 175 个县（市、区）、22.6 万平方公里，为京津冀协同发展、雄安新区建设、北京冬奥会提供了优质水资源保障。

南水北调，成败在水质。水质好坏，关键看源头。南水北调东线水质，总体维持在地表Ⅲ类水，存在部分断面水质在汛期不能稳定达标的现象。

如何守护华北地区供水生命线？从 2021 年开始，江苏在保护和修复工程区内开展水系、生态本底评价、生物多样性、矿山地质环境等 12 项调查，发现了影响水质的三大隐患。

第一，近 20 年，洪泽湖、骆马湖、高邮湖面积共减少 71.93 平方公里，有效调蓄库容减少了约 1.45 亿立方米；圈圩养殖的无序发展等造成水系不畅、湖泊湿地萎缩。

第二，集中连片耕地减少、农田破碎化，导致农田环境容量变小；主要河湖周边氮、磷易流失的农田面积约 20 平方公里。氮、磷排入周边河湖，进而加重河湖水体富营养化。

第三，保护和修复工程区内共有历史遗留矿山 341 处，矿山开采，导致山体和植被破坏，造成水土流失，地表水、地下水受到不同程度污染，进而影响河流水质。

明确目标，夯实生态安全基底

江苏省自然资源厅相关负责人表示，针对三大水质隐患，保护和修复工程以增强生态系统稳定性和生态服务功能，筑牢生态安全格局，保障水质安全为核心目标，统筹山水林田湖草沙一体化保护和修复。

保护和修复工程确定了加强生态源地保护、增强湖泊湿地水质净化能力、强化河湖周边农田自净能力、提升山林水土保持能力等任务。工程计划实施湿地自然恢复 12.8 万亩，废弃矿山自然恢复 1.4 万亩；实施退圩还湖 8.8 万亩，湿地修复 6 万亩，河道整治 0.14 万公里，清退严重影响水系连通性的迁区；修复治理废弃矿山、采煤塌陷地共 1.4 万亩；重点整治洪泽湖、邵伯湖、京杭大运河周边的氮磷易流失地块 3.3 万亩，有效消减面源污染入湖入河。实现区域生态系统质量稳步提升，水质安全有力保障，夯实"一轴一带三核三区"的区域生态安全基底。

同时，保护和修复工程依据流域水系的空间分布和各生态要素的作用机理，划定分区单元，布局重点项目，以自然恢复为主、人工修复为辅，科学精准施策。

保护和修复工程依据流域水系的空间分布，各生态系统的关联性，自南向北划分了长江下游干流、淮河中下游和沂沭泗 3 个分区。在分区内，依据湖泊、丘陵等主要地形地貌，结合主要生态问题，划定了 7 个修复单元，明确了差异化的主攻方向与治理策略。

沿江调水源头水生态保护修复单元主要实施通江河道岸线修复；环高邮—邵伯湖单元主要开展湿地修复和土地综合整治；运东水生态修复单元主要推进水系连通和岸线修复；环洪泽湖单元以湿地自然恢复为主，推进实施退圩还湖、物种保育保护；江淮丘陵矿山单元主要开展宕口生态修复；环骆马湖单元主要实施退圩还湖、入湖河道整治、物种保育保护；徐淮丘陵单元主要开展采煤塌陷地治理、矿山宕口生态修复和湿地修复。

创新探索，提升生态系统质量

此外，保护和修复工程聚力创新探索，依托江苏首创国土空间生态整治试点实践，支持徐州在运河流域开展生态化整治，在获得良好的生态效益的同时、腾挪建设用地空间；以洪泽湖湿地为样本，探索湿地碳汇核算技术路径；同步开展山水林田湖草沙一体化保护修复创新试验区建设，力争打造一批"两山"理论实践典型。保护和修复工程着力在生态保护修复制度体系建设、技术路径探索、管理模式创新等方面形成江苏经验。

江苏省自然资源厅相关负责人表示，保护和修复工程的实施将有力保障南水北调东线水质安全，整体改善区域生态系统质量，进一步筑牢江苏湖网地区生态安全基底，培育和丰富生物多样性，提升生态服务功能和生态系统质量，增强生态系统固碳增汇能力，增加生态产品供给，为助推美丽江苏建设提供重要支撑。

（金凤 王玉军 佴玲莉 王旭雁 《科技日报》 2022年7月8日）

南水北调中线累计调水突破
500亿立方米

记者从中国南水北调集团有限公司了解到，截至22日，南水北调中线一期工程陶岔渠首入总干渠水量突破500亿立方米，相当于为北方地区调来黄河一年的水量，工程受益人口超过8500万。

据中国南水北调集团中线有限公司副总经理田勇介绍，全面通水以来，通过实施科学调度，中线一期工程年调水量从20多亿立方米攀升至90亿立方米。

田勇说，通过持续加强水源区水质安全保护，丹江口水库和中线干线通水以来供水水质一直稳定在地表水水质Ⅱ类标准及以上，有力保障了受水区群众饮水安全。

北京自来水硬度由过去的380毫克/升降至120毫克/升，天津市主城区生活用水全部为南水，河南省11个省辖市用上南水、基本告别饮用黄河水的历史，河北省沧州、衡水、邯郸等地500多万群众告别长期饮用高氟水、苦咸水……

数据显示，截至22日，中线一期工程已累计生态补水超过89亿立方米，受水区特别是华北地区，干涸的洼、淀、河、渠、湿地重现生机，河湖生态环境复苏效果明显。累计向雄安新区供水 7800 万立方米，为雄安新区建设、城市生活等提供了优质水资源保障。中线一期工程通水，沿线受水区得以置换出大量地下水和地表水，使农业、工业、生活及生态环境"争水"的局面得到缓解。

（黄垚　刘诗平　新华社　2022 年 7 月 22 日）

南水北调中线累计调水逾 500 亿立方米

受益人口超 8500 万

记者日前从水利部、中国南水北调集团有限公司获悉：截至 7 月 22 日，南水北调中线一期工程陶岔渠首入总干渠水量逾 500 亿立方米，相当于为北方地区调来黄河一年的水量，工程受益人口超 8500 万。

水资源配置格局持续优化。全面通水以来，通过科学调度，中线工程年调水量从 20 多亿立方米持续攀升至 90 亿立方米。中线工程供水已成为沿线大中城市供水新的生命线，其中，北京城区七成以上供水为南水北调水；天津主城区供水几乎全部为南水北调水；河南、河北的供水安全保障水平都得到了新提升。截至 7 月 22 日，中线工程累计向雄安新区供水 7800 万立方米，为城市生活和工业用水提供了优质水资源保障。

通过长期持续加强水源区水质安全保护，丹江口水库和中线干线通水以来，供水水质一直稳定在地表水水质 Ⅱ 类标准及以上。中线一期工程向沿线 50 多条河流湖泊生态补水，截至 7 月 22 日已累计生态补水超过 89 亿立方米，受水区河湖生态环境复苏效果明显。

（王浩　《人民日报》　2022 年 7 月 26 日）

南水北调创造"中国式奇迹"

"古有京杭运河，今有南水北调"。作为一项世纪工程，南水北调工程规划建设东、中、西三条线路,从长江调水到北方,是世界上建设规模最大、供水规模最大、调水距离最长、受益人口最多的调水工程,一直吸引着全球的目光,被外媒称为"中国式奇迹"。

南水北调工程是党中央决策建设的重大战略性基础设施,事关战略全局、事关长远发展、事关人民福祉。2020年11月,习近平总书记在江苏考察时强调,确保南水北调东线工程成为优化水资源配置、保障群众饮水安全、复苏河湖生态环境、畅通南北经济循环的生命线。

2014年底,南水北调工程东、中线一期工程通水。截至今年7月,中线一期工程累计调水突破500亿立方米,相当于为北方地区调来黄河一年的水量。截至今年6月,东线一期工程累计调水超50亿立方米。

通水7年多来,南水北调工程筑牢"四条生命线",为中国经济社会发展、民生改善、生态修复提供了有力的水安全保障。

南水北调工程是优化水资源配置的生命线。自古以来,中国基本水情一直是夏汛冬枯、北缺南丰,水资源时空分布极不均衡。北上的一渠清水,极大缓解了受水区供水用水矛盾,改变了当地的用水格局。"南水"已由原规划的补充水源,转变为很多城市的主力水源。北京城区供水七成以上为"南水",天津城区供水几乎全部为"南水"。东、中线一期工程有效确保了受水区供水安全,为推进京津冀协同发展、雄安新区建设、黄河流域生态保护和高质量发展等重大国家战略实施提供了水资源保障。

南水北调工程是保障群众饮水安全的生命线。自东、中线一期工程全面通水以来,超过1.4亿人喝上了"南水"。受水区供水保障能力明显提升,东线各受水城市供水保证率从最低不足80%提高到97%以上,中线各受水城市供水保证率从最低不足75%提高到95%以上。受水区饮水质量显著改善,北京自来水硬度由过去的380毫克/升降至120毫克/升;河北黑龙港流域500多万人彻底告别世代饮用高氟水、苦咸水的历史;东线工程在齐鲁大地上形成"T"字形大动脉,不仅为沿线居民提供生活保障水,也成为应对旱灾的"救命水"。

南水北调工程是复苏河湖生态环境的生命线。中线工程已累计向北方50多条河流生态补水近90亿立方米。生态补水串联起沿线的山水林田湖草,受水区特别是华北地区,干涸的洼、淀、河、渠、湿地重现生机,河湖生态环境复苏效果明显。东线工程补充沿线各湖泊的蒸发渗漏水量,确保湖泊蓄水稳定,改善湖泊水生态环境。目前,永定河、滹沱河、大清河等河流多年断流后实现全线通水，北京密云水库蓄水水位创历史新高。今年4月，历经14天集中补水，京杭大运河实现百年来首次全线通水。此外，数据显示，受水区地下水水位下降趋势得到有效遏制，部分地区水位总体止跌回升。

南水北调工程是畅通南北经济循环的生命线。通过发挥水资源战略配置作用，南水北调工程实现南北之间各类资源优势互补、畅通流动，为构建全国统一大市场和形成畅通的国内大循环提供了支撑。东、中线一期工程建设期间，工程投资平均每年拉动中国GDP增长率提高约0.12个百分点。东、中线一期工程通水后，黄淮海平原50个县（市、区）共计4500多万亩农作物生产效益大大提高。京杭大运河从东平湖至长江实现全线通航，新增运力相当于一条京沪铁路。

如今，南水北调后续工程建设已拉开序幕。7月7日，备受瞩目的引江补汉工程开工，将打通长江向北方输水新通道，是加快构建国家水网主骨架和大动脉的重要标志性工程。据测算，工程建成后，南水北调中线多年平均北调水量将由95亿立方米增加至115.1亿立方米。

不断续写传奇的南水北调工程，将持续造福中国、造福人民。

（潘旭涛　《人民日报·海外版》　2022年8月2日）

南水北调东、中线一期工程全线
转入正式运行阶段

记者从水利部获悉，8月25日，南水北调中线穿黄工程通过水利部主持的设计单元完工验收。至此，南水北调东、中线一期工程全线155个设计单元工程全部通过水利部完工验收，其中东线一期工程68个，中线一期工程87个。这是南水北调东、中线一期工程继全线建成通水以来的又一个重大节点，标志着工程全线转入正式运行阶段，为完善工程建设程序，规范工程运行管理，顺利推进南水北调东、中线一期工程竣工验收及后续工程高质量发展奠定了基础。

水利部南水北调工程管理司相关负责人表示，南水北调东、中线一期工程建设规模大、时间跨度长、涉及行业地域多，为保证工程验收质量，在南水北调一期工程全面开工初期，原国务院南水北调工程建设委员会就明确了验收相关程序和要求，2006年原国务院南水北调办制定了《南水北调工程验收管理规定》，明确南水北调一期工程竣工验收前，要对155个设计单元工程分别进行完工验收。设计单元完工验收前还需完成项目法人验收，通水阶段验收，环境保护、水土保持、征迁及移民安置、消防、工程档案等专项验收，以及完工财务决算。

中国南水北调集团相关负责人表示，2002年12月南水北调工程开工建设，2014年12月东、中线一期工程全线通水。通水以来工程运行安全平稳，水质持续达标，工程投资受控，累计调水超过560亿立方米，受益人口超过1.5亿，发挥了显著的经济、社会和生态效益。

南水北调中线穿黄工程（水利部供图）

据了解，此次通过验收的南水北调中线穿黄工程是南水北调的标志性、控制性工程，工程规模宏大，是我国首次运用大直径（9.0米）盾构施工穿越大江大河的工程，在黄河主河床下方（最小埋深23米）穿越黄河，工程单洞长4250米，设计流量为265立方米每秒，加大流量为320立方米每秒。工程于2005年开工，攻克了饱和砂土地层超深竖井建造、高水压下盾构机分体始发、复杂地质条件下长距离盾构掘进、薄壁预应力混凝土内衬施工等一系列技术难题。经过9年建设、8年运行，累计输水超过348亿立方米，工程各项监测指标显示，工程运行安全平稳。

"下一步，水利部将认真贯彻落实党中央、国务院关于南水北调后续工程高质量发展的工作部署，加快推进工程竣工验收各项准备工作，不断提升工程综合效益。"水利部南水北调工程管理司相关负责人说。

（余璐　人民网　2022 年 8 月 25 日）

三大数据展现南水北调工程效益

8 月 25 日，南水北调中线穿黄工程通过水利部主持的设计单元工程完工验收。至此，南水北调东、中线 155 个设计单元工程全部通过水利部完工验收。

据统计，如今南水北调工程累计调水超过 560 亿立方米、受益人口超过 1.5 亿，充分展现了这一工程的效益。

这是湖北省丹江口市丹江口水库景色（2021 年 5 月 20 日摄，
无人机照片）（新华社记者　才扬　摄）

南水北调工程重大节点：155 个设计单元工程 全部通过完工验收

南水北调中线穿黄工程（穿越黄河工程）通过验收，意味着南水北调东、中线 155 个设计单元工程全部通过完工验收，也标志着工程全线转入正式运行阶段。

南水北调东线从扬州市江都水利枢纽起始，长江水北上流入山东；中线从丹江口水库陶岔渠首闸引水入渠，南水千里奔流，润泽豫冀津京。在通过水利部完工验收的 155 个设计单元工程中，南水北调东线为 68 个、中线为 87 个。

此次通过验收的穿黄工程，是南水北调中线的控制性工程，也是我国首次运用大直径盾构施工穿越大江大河的工程。2005 年穿黄工程开工后，攻克了一系列技术难题。工程建成通水以来，运行安全平稳。

水利部相关负责人表示，155 个设计单元工程全部通过完工验收，是南水北调东、中线一期工程建成通水以来的一个重大节点，为推进南水北调东、中线一期工程竣工验收及后续工程高质量发展奠定了基础。下一步，水利部将加快推进南水北调东、中线一期工程竣工验收各项准备工作，不断提升工程综合效益。

在河北省石家庄市正定县以北的于家庄村附近，南水北调中线干渠与高铁、公路交织（2021 年 5 月 24 日摄，无人机照片）（新华社记者 才扬 摄）

调水超过 560 亿立方米：改变了北方一些地区供水格局

南水北调东、中线一期工程分别于 2013 年 11 月、2014 年 12 月实现通水。据中国南水北调集团有限公司统计，截至 8 月 25 日 8 时，南水北调东、中线累计调水 563.24 亿立方米。扣除损失，南水北调东、中线累计向河南、河北、天津、北京、山东供水 544.24 亿立方米。

专家认为，南水北调工程全面通水以来，改变了北方一些地区的供水格局，同时推动复苏受水区河湖生态环境和地下水水位止跌回升，产生了巨大的经济、社会和生态效益。

就南水北调中线而言，丹江口水库和中线供水水质为地表水水质 Ⅱ 类标准及以上。河南省多地以南水取代了饮用黄河水，河北省沧州、衡水、邯郸等地 500 多万群众因南水告别长期饮用高氟水、苦咸水。

受益人口超 1.5 亿：供水安全保障水平得到提升

记者从南水北调集团公司了解到，截至 2021 年 12 月底，南水北调东、中线一期工程受益城市 42 个。其中，中线受益城市 24 个，东线受益城市 18 个。

就南水北调中线而言，南水已成为沿线一些大中城市供水新的生命线。其中，北京城区供水七成以上为南水；天津主城区供水几乎全部为南水；河南、河北的供水安全保障水平也因南水得到了提升。

南水北调集团公司相关负责人说，南水北调东、中线总受益人口接近 1.53 亿。与 2020 年相比，受益人口增加了约 1000 万。

这位负责人说，受益人口增加的主要原因是：2021 年河北省开展农村饮用水水源置换工程，增加了南水受益人口 781.55 万；北京市新增使用南水的受水水厂，增加了受益人口 100 万；天津市增加受益人口 100 万。

（刘诗平　新华社　2022 年 8 月 25 日）

南水北调东、中线一期全部设计单元
工程通过完工验收

　　记者从水利部获悉，8月25日，南水北调中线穿黄工程通过水利部主持的设计单元完工验收。至此，南水北调东、中线一期工程全线155个设计单元工程全部通过水利部完工验收，其中东线一期工程68个，中线一期工程87个。这标志着工程全线转入正式运行阶段。

　　2002年12月南水北调工程开工建设，2014年12月东、中线一期工程全线通水。通水以来工程运行安全平稳，水质持续达标，工程投资受控，累计调水超过560亿立方米，受益人口超过1.5亿，发挥了显著的经济、社会和生态效益。

　　为圆满完成南水北调工程验收工作，水利部成立了部领导任组长的南水北调工程验收工作领导小组，将完成完工验收和竣工验收准备工作纳入推进南水北调后续工程高质量发展工作计划；南水北调集团把工程验收作为推进南水北调后续工程高质量发展的重要任务，按照水利部相关部署，全力推动验收工作。通过各方努力，按计划如期保质完成了验收任务。

　　此次通过验收的中线穿黄工程是南水北调的标志性、控制性工程，工程规模宏大，是我国首次运用大直径（9.0米）盾构施工穿越大江大河的工程，在黄河主河床下方（最小埋深23米）穿越黄河，工程单洞长4250米，设计流量为265立方米每秒，加大流量为320立方米每秒。工程于2005年开工，攻克了饱和砂土地层超深竖井建造、高水压下盾构机分体始发、复杂地质条件下长距离盾构掘进、薄壁预应力混凝土内衬施工等一系列技术难题。经过9年建设、8年运行，累计输水超过348亿立方米，工程各项监测指标显示，工程运行安全平稳。

　　　　　　　　　　（高蕾　《中国青年报》　2022年8月25日）

南水北调东、中线一期全部设计单元工程通过
完工验收 工程全线转入正式运行阶段

　　25日，南水北调中线穿黄工程通过水利部主持的设计单元完工验收。至

此，南水北调东、中线一期工程全线 155 个设计单元工程全部通过水利部完工验收，其中东线一期工程 68 个，中线一期工程 87 个。

这是南水北调东、中线一期工程继全线建成通水以来的又一个重大节点，标志着工程全线转入正式运行阶段，为完善工程建设程序，规范工程运行管理，顺利推进南水北调东、中线一期工程竣工验收及后续工程高质量发展奠定了基础。

南水北调东、中线一期工程建设规模大、时间跨度长、涉及行业地域多，为保证工程验收质量，在南水北调一期工程全面开工初期，原国务院南水北调工程建设委员会就明确了验收相关程序和要求，2006 年原国务院南水北调办制定了《南水北调工程验收管理规定》，明确南水北调一期工程竣工验收前，要对 155 个设计单元工程分别进行完工验收。设计单元完工验收前还需完成项目法人验收，通水阶段验收，环境保护、水土保持、征迁及移民安置、消防、工程档案等专项验收，以及完工财务决算。

水利部高度重视南水北调工程验收工作，成立了部领导任组长的南水北调工程验收工作领导小组，坚持高标准、严把关、科学调度、高效协同，积极克服疫情影响、创新工作方式，挂图作战，按月督导，强力协调破解验收难题。南水北调集团按照水利部相关部署，加强组织领导，夯实工作责任，按验收计划全力推动验收工作。通过各方努力，按计划如期保质完成了验收任务。

南水北调东、中线一期工程设计单元全部通过完工验收，将为南水北调后续工程建设管理积累经验，为丰富基本建设验收管理手段、提升大型跨流域调水工程验收管理水平提供参考借鉴。

2002 年 12 月南水北调工程开工建设，2014 年 12 月东、中线一期工程全线通水。通水以来工程运行安全平稳，水质持续达标，工程投资受控，累计调水超过 560 亿立方米，受益人口超过 1.5 亿，发挥了显著的经济、社会和生态效益。

此次通过验收的中线穿黄工程是南水北调的标志性、控制性工程，工程规模宏大，是我国首次运用大直径（9.0 米）盾构施工穿越大江大河的工程，在黄河主河床下方（最小埋深 23 米）穿越黄河，工程单洞长 4250 米，设计流量为 265 立方米每秒，加大流量为 320 立方米每秒。工程于 2005 年开工，攻克了饱和砂土地层超深竖井建造、高水压下盾构机分体始发、复杂地质条件下长距离盾构掘进、薄壁预应力混凝土内衬施工等一系列技术难题。经过9年建设、8年运行，累计输水超过348亿立方米，工程各项监测指标显示，工程运行安全平稳。

下一步，水利部将认真贯彻落实党中央、国务院关于南水北调后续工程高质量发展的工作部署，加快推进工程竣工验收各项准备工作，不断提升工程综合效益。

（张艳玲　中国网　2022年8月25日）

南水北调东中线一期受益人口超过 1.5 亿

记者从水利部获悉，南水北调中线穿黄工程25日通过水利部主持的设计单元完工验收。至此，南水北调东、中线一期工程全线155个设计单元工程全部通过水利部完工验收。这是南水北调东、中线一期工程继全线建成通水以来的又一个重大节点，标志着工程全线转入正式运行阶段，为顺利推进南水北调东、中线一期工程竣工验收及后续工程高质量发展奠定了基础。

南水北调东、中线一期工程建设规模大、时间跨度长、涉及行业地域多。2002年12月南水北调工程开工建设，2014年12月东、中线一期工程全线通水。通水以来工程运行安全平稳，水质持续达标，累计调水超过560亿立方米，受益人口超过1.5亿，发挥了显著的经济、社会和生态效益。

此次通过验收的中线穿黄工程是南水北调的标志性、控制性工程，工程规模宏大，是我国首次运用大直径（9.0米）盾构施工穿越大江大河的工程，在黄河主河床下方（最小埋深23米）穿越黄河，工程单洞长4250米，设计流量为265立方米每秒，加大流量为320立方米每秒。工程于2005年开工，攻克了饱和砂土地层超深竖井建造、高水压下盾构机分体始发、复杂地质条件下长距离盾构掘进、薄壁预应力混凝土内衬施工等一系列技术难题。经过9年建设、8年运行，累计输水超过348亿立方米，工程各项监测指标显示，工程运行安全平稳。

（潘旭涛　《人民日报·海外版》　2022年8月26日）

南水北调东中线一期全部设计单元
工程通过完工验收

　　8月25日，南水北调中线穿黄工程通过水利部主持的设计单元完工验收。至此，南水北调东、中线一期工程全线155个设计单元工程全部通过水利部完工验收，其中东线一期工程68个，中线一期工程87个。这是南水北调东、中线一期工程继全线建成通水以来的又一个重大节点，标志着工程全线转入正式运行阶段，为完善工程建设程序，规范工程运行管理，顺利推进南水北调东、中线一期工程竣工验收及后续工程高质量发展奠定了基础。

　　南水北调东、中线一期工程建设规模大、时间跨度长、涉及行业地域多，为保证工程验收质量，在南水北调一期工程全面开工初期，原国务院南水北调工程建设委员会就明确了验收相关程序和要求，2006年原国务院南水北调办制定了《南水北调工程验收管理规定》，明确南水北调一期工程竣工验收前，要对155个设计单元工程分别进行完工验收。设计单元完工验收前还需完成项目法人验收，通水阶段验收，环境保护、水土保持、征迁及移民安置、消防、工程档案等专项验收，以及完工财务决算。

　　水利部高度重视南水北调工程验收工作，成立了部领导任组长的南水北调工程验收工作领导小组，将完成完工验收和竣工验收准备工作纳入推进南水北调后续工程高质量发展工作计划，坚持高标准、严把关、科学调度、高效协同，积极克服疫情影响、创新工作方式，挂图作战，按月督导，强力协调破解验收难题。南水北调集团把工程验收作为推进南水北调后续工程高质量发展的重要任务，按照水利部相关部署，加强组织领导，夯实工作责任，按验收计划全力推动验收工作。

　　通过各方努力，按计划如期保质完成了验收任务。南水北调东、中线一期工程设计单元全部通过完工验收，将为南水北调后续工程建设管理积累经验，为丰富基本建设验收管理手段、提升大型跨流域调水工程验收管理水平提供参考借鉴。

　　2002年12月南水北调工程开工建设，2014年12月东、中线一期工程全线通水。通水以来工程运行安全平稳，水质持续达标，工程投资受控，累计调水超过560亿立方米，受益人口超过1.5亿，发挥了显著的经济、社会和生态效益。

此次通过验收的中线穿黄工程是南水北调的标志性、控制性工程，工程规模宏大，是我国首次运用大直径（9.0米）盾构施工穿越大江大河的工程，在黄河主河床下方（最小埋深23米）穿越黄河，工程单洞长4250米，设计流量为265立方米每秒，加大流量为320立方米每秒。工程于2005年开工，攻克了饱和砂土地层超深竖井建造、高水压下盾构机分体始发、复杂地质条件下长距离盾构掘进、薄壁预应力混凝土内衬施工等一系列技术难题。经过9年建设、8年运行，累计输水超过348亿立方米，工程各项监测指标显示，工程运行安全平稳。

下一步，水利部将认真贯彻落实党中央、国务院关于南水北调后续工程高质量发展的工作部署，加快推进工程竣工验收各项准备工作，不断提升工程综合效益，以优异成绩迎接党的二十大胜利召开。

（《中国日报》　2022年8月26日）

南水北调东中线一期工程155个设计单元工程
全部通过完工验收

南来之水，如何穿越黄河

近日，南水北调中线穿黄工程通过设计单元完工验收，这标志着南水北调东中线一期工程全线155个设计单元工程全部通过水利部完工验收。

首次隧洞穿越黄河、世界最大规模现代化泵站群……一个个世界级难度的工程持续安全运行，让一渠清水迤逦北上。

近日，南水北调中线"咽喉"——穿黄工程通过设计单元完工验收。这标志着南水北调东中线一期工程全线155个设计单元工程全部通过水利部完工验收，为顺利推进南水北调东中线一期工程竣工验收及后续工程高质量发展奠定了基础。

东中线一期全面通水7年多来，累计调水超过560亿立方米、受益人口超过1.5亿，发挥了显著的经济、社会和生态效益。

穿黄工程，南水北调中线建设中最具挑战的部分之一

河南省郑州市荥阳市，北上的"南水"遇上浩荡奔涌的黄河，缓缓穿洞、入地而行再奔涌流出，继续北上之旅。

实地察看工程现场，观看工程建设声像资料，听取相关工作报告……8月25日，南水北调中线穿黄工程通过设计单元完工验收。这一国内穿越大江大河直径最大的输水隧洞建设9年、运行近8年，工程安全平稳。

如何将"南水"从黄河南岸输送到北岸？这成为必须克服的世界级难题。

"可以说，这是南水北调中线建设中最具挑战的部分之一。"长江设计集团有限公司副总工张传健介绍，设计之初，两套方案摆在面前——有人提出架槽飞渡，有人建议凿洞穿行，"经过反复科学论证和河工模型试验对比，综合考虑技术难度、生态保护等因素，最终选定了盾构隧洞穿黄方案"。

"黄河河床地下，漫长的沉积形成各种复杂地层。"张传健介绍，盾构机缓缓前行，刀盘上的100多把刀具转动切削；刀盘磨损，更换修护后继续推进；前方地质条件多变，及时调整方案……

面对内外水双重挤压，双层衬砌隧洞设计双重盔甲，"隧洞同时承受内水压力和外水压力，还面临黄河河道摆动产生的巨力。"张传健说，盾构机在掘进中，把预制混凝土管片拼装成隧洞外衬，内衬则为现浇混凝土管身，并在其上布设密集的钢筋网和近万条预应力锚索，同时内外层之间设有排水系统。此外，相关单位研制新型防渗结构和材料，成功解决了结构安全、防渗与排水问题。

一项项纪录被打破。这是国内首次采用泥水平衡盾构机修建水工隧洞，一次性穿越3.45公里的黄河河道，掘进到达南岸竖井精度误差成功控制在3厘米以内；采用大型泥水盾构始发施工技术，解决了始发空间狭小、地下水位高等难题……

为了确保穿黄工程长效运行，搭建穿黄隧洞三维数字实景模型，结合水情、水质等实时信息，精准掌握工程运行状态；利用水下机器人、水下扫描仪等对水下工程实体进行检查，及时排查隐患。

工程效益不断凸显。截至今年8月30日，穿黄工程已累计输水357.5亿立方米，极大缓解了京津冀的缺水状况。

攻克难题，积累实施重大跨流域调水工程的宝贵经验

一条调水线也是一条"科技线"，工程建设管护中，攻克了一系列难题，许多科技创新成功运用到其他工程建设中。

南水北调东线实现"水往高处流"，背后离不开世界上规模最大泵站群的持续安全运行。

"东线工程总扬程 65 米，长江水北上需要通过一个个大型泵站接续提水。"中国南水北调集团办公室主任井书光介绍，全线共设立 13 个梯级泵站，共 22 处枢纽，34 座泵站，总装机台数 160 台。泵站群具有规模大、泵型多、扬程低、流量大、年利用小时数高等特点。

如何让中线水源更稳定？加高丹江口水库大坝，增强蓄水能力。加高工程破解新老混凝土接合问题，在原有基础上将大坝加高 14.6 米，水库正常蓄水位由 157 米提高到 170 米。

去年 11 月，丹江口大坝加高工程和中线水源供水调度运行管理专项工程通过完工验收。目前丹江口水库形成了多层次、立体化、全覆盖的库区安全巡查监测工作体系，实现全天候不间断自动化监测和人工值守。

深挖方渠道膨胀土技术处理问题、超大规模渡槽的设计和施工技术难题、输水工程穿越煤矿采空区技术难题……没有经验可循和参照对比的情况下，建设管理单位坚持自主创新，为一道道世界级难题给出最优解，为实施重大跨流域调水工程积累了宝贵经验。

加强管理，提升南水北调工程数字化、
网络化、智能化水平

南水北调东中线一期工程安全平稳运行 7 年多，离不开科学精细的管理。

在中国南水北调集团中线总调度大厅，重要枢纽的流量实时显示。闸站监控系统、日常调度系统、水量调度系统等，让工程实现自动化调度。"我们可以根据实际情况和流量变动，远程实时启动闸门。"井书光介绍。目前，闸门远程自动控制成功率达到 99.56%。

"接下来，我们将进一步加快应用新一代信息技术，加强信息资源整合，推进数据与模型、业务与技术深度融合，全面构建数字孪生南水北调工程体系，稳步提升南水北调工程调配运管数字化、网络化、智能化水平和精准精确调水管理能力，为推进南水北调工程高质量发展提供有力支撑和强力驱动。"中国南水北调集团有关负责人介绍。

（王浩 《人民日报》 2022 年 8 月 31 日）

南水北调中线工程的"智慧大脑"是如何工作的？

大厅的正中央一面巨幅屏幕显示出各类数据，这里是南水北调中线工程的"智慧大脑"。

近日，记者随采访团走进中国南水北调集团中线有限公司总调度中心。南水北调中线工程，就是在这里完成自动化调度、远程操控等一系列工作的。

南水北调中线总调度中心的大屏幕（中新财经 吴家驹 摄）

巨幅屏幕有什么用？

大厅中央的大屏幕是综合显示的平台，而大厅左右两侧墙壁为模拟屏，可直观、准确地反映渠道水流及运行状况。

如此巨幅的屏幕能在南水北调中线工程中起什么作用？

中国南水北调集团中线有限公司总调度中心副主任李景刚告诉记者，总调度中心相当于整个中线的指挥中枢，大屏幕展示了各类的实时的水情信息，包括闸门的、渠道的水情信息等。"通过这些屏幕，值班人员可以及时地了解现场情况，及时地采取相应的调度措施，来保障调度的安全。"

南水北调中线总调度中心的模拟屏（中新财经　吴家驹　摄）

李景刚还介绍，两侧的两块模拟屏相当于中线的模拟沙盘，通过模拟屏可以看到整个中线的线路走向等。

事实上，巨大的屏幕只是南水北调中线工程"智慧大脑"的一部分，真正起到作用的是自动化调度系统。

"智慧大脑"如何运转？

南水北调中线干线工程自丹江口水库引水，途经河南、河北、天津、北京，跨越长江、淮河、黄河、海河四大流域，全长 1432 千米。

自动化调度系统是如何"掌控"整个中线工程的？

据了解，自动化调度系统由闸站监控系统、日常调度系统、水量调度系统、水质监测系统等系统组成。调度人员 24 小时全天候在岗，实时分析水情，科学决策，利用自动化系统远控千里之外的闸门，克服降雨、严寒等各种不利因素，及时、保质、保量地将水输送到每一个用户。

北京市南水北调团城湖管理处的思源碑（中新财经　吴家驹　摄）

李景刚介绍，当前，中线公司精心打磨以控制专网为核心的基础保障体系、以输水调度为核心的自动化调度体系、以办公信息化为核心的运行管理体系，持续提升输水调度和工程管理的现代化水平和能力。未来，中线公司将全面推进"数字孪生中线"总体发展战略，以数据湖、物联网、视频分析平台、统一服务平台等知识库和平台为支撑，构建中线工程人、物、IT 和信息的互联互通互用，实现调度-管理双驱动的新发展模式，推动智慧中线工程持续发展，为南水北调后续工程高质量发展提供有力保障。

社会生态经济效益如何？

"自 2014 年 12 月 12 日正式通水以来，中线工程已惠及沿线 24 个大中城市及 200 余个县市，直接受益人口达 8500 万人，社会生态经济效益发挥显著。"

李景刚表示，自 2017 年开始，中线工程利用丹江口水库汛前腾库和汛期洪水等向沿线 50 余条河道实施生态补水，截至目前，已累计生态补水超过 89 亿立方米。

以北京为例，1999 年以来受持续干旱，人口增加和城市快速发展交织叠加影响，北京市年人均水资源量仅为 100 立方米左右。大量开采地下水保障城市发展需要，曾一度加剧了河湖生态系统的萎缩退化，诱发了河道断流、地面沉降等一系列生态环境问题。

2014 年年底，南水北调水进京后，北京市基本形成了地表水、地下水、外调水、再生水、雨洪水五水联调的多水源保障格局。截至 2022 年 9 月末北京累计接收江水已超 80 亿方，按照"喝、存、补"的调配原则，向城乡生活供水 54 亿方，占比 70% 左右，本地地表、地下水源地战略储备 19.6 亿方，占比 24%，保障中心城区河湖水系基本生态环境用水 7.8 亿方，占比 10%。

李景刚告诉记者，中线工程已成为沿线大中城市供水新的生命线：北京城区七成以上供水为南水，天津市主城区供水几乎全部为南水。通水以来，中线水质稳定达到或优于地表水 Ⅱ 类标准，供水水质优良，口感佳，有效提高了受水区群众的获得感，有力保障了受水区群众饮水安全。

（宋宇晟　吴家驹　中国新闻网　2022 年 10 月 6 日）

南水北调中线完成 2021—2022 年度调水目标

记者 1 日从水利部了解到，南水北调中线一期工程顺利完成 2021—2022 年度调水任务，调水 92.12 亿立方米，为年度计划的 127.4%，年度调水量创历史新高。

水利部南水北调司相关负责人表示，本年度调水期间，水利部指导中国南水北调集团有限公司加强科学调度，强化安全监管，顺利实现工程安全度汛。同时，采取安全加固措施，有效保障了工程安全平稳运行、供水正常有序、水质稳定达标。

据介绍，2021—2022 年度调水从 2021 年的 11 月 1 日开始至 2022 年的 10 月 31 日止，这也是南水北调中线一期工程的第 8 个年度调水，8 个调水年度累计调水超过 523 亿立方米。

水利部统计显示，截至目前，南水北调东、中线一期工程累计调水总量已超过 576 亿立方米，直接受益人口达到 1.5 亿。其中，向沿线河湖生态补水超过 92 亿立方米，永定河、白洋淀等河湖再现碧波荡漾的生态景观，同时助力华北地区地下水超采区水位止跌回升。

南水北调集团相关负责人表示，南水北调东、中线一期工程全面通水以来，经受住了特大暴雨、台风、寒潮等极端天气考验，工程安全平稳运行，供水量持续增长，水质稳定达标。2022—2023 年度调水工作已经开启，冰期输水即将到来，南水北调集团将力争高质量完成新的年度调水任务，发挥好南水北调工程优化水资源配置、保障群众饮水安全、复苏河湖生态环境、畅通南北经济循环的作用。

据了解，南水北调集团积极破解冰期输水难题，2021—2022 年度冰期输水期间（2021 年 12 月 1 日至 2022 年 2 月 28 日）供水 17.42 亿立方米，较同期计划供水量增加 4.85 亿立方米。

（刘诗平　新华网　2022 年 11 月 1 日）

再创历史新高！南水北调中线一期工程超额
完成 2021—2022 年度调水任务

记者从中国南水北调集团获悉，10 月 31 日，南水北调中线一期工程超额完成 2021—2022 年度调水任务，向京、津、冀、豫四省（直辖市）调水 92.12 亿立方米，调水量为年度计划的 127.4％，年度调水量再创历史新高。近 8 年来，南水北调中线一期工程累计调水超 523 亿立方米，直接受益人口达 8500 余万。

水利部相关负责人表示，截至目前，南水北调中线一期工程已超额完成第 8 个年度调水目标，其中，连续 3 年超过工程规划的多年平均供水规模 85.4 亿立方米。

"今年以来，水利部指导中国南水北调集团加强科学调度，强化安全监管，有效保障了工程安全平稳运行、供水正常有序、水质稳定达标。"水利部相关负责人介绍，今年 7 月至 9 月，在汉江丹江口水库来水偏少近七成的情况下，水利部统筹流域和跨流域水资源优化配置，兼顾受水区和调水区用水需求，通过科学精准调度，实施中线水量调度计划按旬批复并严格监管实施，有效保障京、津、冀、豫四省（直辖市）的正常供水。

南水北调，国之大事。中国南水北调集团相关负责人表示，中国南水北调集团成立两年来，牢固树立总体国家安全观，主动把南水北调安全融入构建国家大安全格局，逐步完善管理体制机制，加快构建系统完备的南水北调安全保障体系。从守护生命线的政治高度，切实维护了南水北调工程安全、供水安全、水质安全。

据了解，南水北调东、中线一期工程自 2014 年全线通水以来，工程安全平稳运行，东线干线水质稳定达到地表水Ⅲ类标准，中线干线水质稳定在Ⅱ类标准及以上，累计调水总量已突破 576 亿立方米，惠及沿线 7 省（直辖市）42 座大中城市和 280 多个县（市、区），直接受益人口超 1.5 亿。此外，工程累计向 50 多条（个）河流（河湖）生态补水 92.33 亿立方米，有效改善沿线河湖生态环境。

当前，2022—2023 年度调水工作已经开启，冰期输水在即。中国南水北调集团相关负责人表示，中国南水北调集团将认真学习宣传贯彻党的二十大精神，牢记嘱托、勇担使命，进一步系统分析丹江口水库来水情况、工程运行情况、沿线地方用水需求，以及汛期、冰期等因素，充分发挥好南水北调工程优化水资源配置、保障群众饮水安全、复苏河湖生态环境、畅通南北经济循环的生命线作用，为服务构建新发展格局作出新的贡献。

（余璐　人民网　2022 年 11 月 1 日）

92.12 亿立方米！南水北调中线工程
超额完成年度调水目标

记者从水利部获悉，10 月 31 日，南水北调中线一期工程顺利完成 2021—2022 年度（2021 年 11 月 1 日至 2022 年 10 月 31 日）调水任务，年度调水 92.12 亿立方米，调水量为年度计划的 127.4％，连续 3 年超过工程规划的多年平均供水规模 85.4 亿立方米。

据水利部介绍，南水北调东、中线一期工程自 2014 年全线通水以来，工程安全平稳运行，东线干线水质稳定达到地表水Ⅲ类标准，中线干线水质稳定在Ⅱ类标准及以上，累计调水总量已突破 576 亿立方米，其中东线调水 52.88 亿立方米、中线调水 523.29 亿立方米，惠及沿线 7 省（直辖市）42 座大中城市和 280 多个县（市、区），直接受益人口达到 1.5 亿；工程累计向 50 多条（个）河流（河湖）生态补水 92.33 亿立方米，有效改善沿线河湖生态环境。

（陈锐海　央广网　2022 年 11 月 1 日）

南水北调工程安全平稳运行

中线超额完成第八个年度调水目标

10 月 31 日，南水北调中线一期工程顺利完成 2021—2022 年度（2021 年 11 月 1 日至 2022 年 10 月 31 日）调水任务，年度调水 92.12 亿立方米，调水量为年度计划的 127.4％，相应口门分水量为 90.02 亿立方米，连续 3 年超过工程规划的多年平均供水规模 85.4 亿立方米。

今年以来，水利部指导中国南水北调集团加强科学调度，强化安全监管，有效保障了工程安全平稳运行、供水正常有序、水质稳定达标。特别是在 7—9 月遭遇汉江丹江口水库来水偏少六成多的情况下，水利部统筹流域和跨流域水资源优化配置，兼顾受水区和调水区用水需求，通过科学精准调度，实施中线水量调度计划按旬批复并严格监管实施，有效保障京、津、冀、豫四省（直辖市）的正常供水。

南水北调东、中线一期工程自 2014 年全线通水以来，工程安全平稳运行，东线干线水质稳定达到地表水Ⅲ类标准，中线干线水质稳定在Ⅱ类标准及以上，累计调水总量已突破 576 亿立方米，其中东线调水 52.88 亿立方米、中线调水 523.29 亿立方米，惠及沿线 7 省（直辖市）42 座大中城市和 280 多个县（市、区），直接受益人口达 1.5 亿；工程累计向 50 多条（个）河流（河湖）生态补水 92.33 亿立方米，有效改善了沿线河湖生态环境。

（陈晨 《光明日报》 2022 年 11 月 2 日）

南水北调东线启动
2022—2023 年度调水

南水北调东线一期工程 13 日 10 时启动 2022—2023 年度调水，这也是南水北调东线的第十个跨年度调水。

中国南水北调集团有限公司相关负责人表示，根据水利部水量调度计划安排，南水北调东线本年度计划向山东调水 12.63 亿立方米，调水规模为工程通水以来最多的一次。

统计显示，南水北调东线通水以来，已累计向山东调水 52.88 亿立方米（不含北延应急供水水量），为受水区经济社会发展提供了有力的水资源支撑和保障。

（刘诗平 新华社 2022 年 11 月 13 日）

南水北调中线一期工程向河北省
输水超 163 亿立方米

记者从河北省水利厅获悉，近日该省圆满完成南水北调中线一期工程 2021—2022 年度调水工作，实际引江水总量 35.83 亿立方米。自此，南水北调中线一期工程通水 8 年来，河北省累计调引江水超 163 亿立方米。

11 月 14 日拍摄的石家庄市境内的南水北调中线
滹沱河倒虹吸工程（无人机照片）

11 月 14 日拍摄的石家庄市境内的南水北调
中线工程（无人机照片）

11月14日拍摄的石家庄市境内的南水北调中线
滹沱河倒虹吸工程（无人机照片）

（杨世尧　新华社　2022 年 11 月 15 日）

源源"南水"惠泽亿万百姓

【现象】

经过 9 年建设、8 年运行，累计输水超过 348 亿立方米……不久前，南水北调中线穿黄工程通过水利部主持的设计单元工程完工验收。至此，南水北调东、中线一期工程全线 155 个设计单元工程全部通过水利部完工验收。这是南水北调东、中线一期工程继全线建成通水以来的又一个重大节点，标志着工程全线转入正式运行阶段，为后续工程高质量发展奠定了基础。

【点评】

南水北调东、中线一期工程，宛如清水长廊，携"南水"徐徐北上。此次通过验收的穿黄工程被称为南水北调中线的"咽喉"。源源"南水"跋涉至此，遇上浩荡东行的黄河，建设者们克服河床游荡、地质条件复杂、长距离盾构隧洞施工等一系列技术难题，让"南水"从黄河主河床地下穿行。

南水北调东、中线工程的建设管理，为实施重大跨流域调水工程积累了宝贵经验。东线工程通过13级泵站让长江水攀越十几层楼的高度，创造了"水往高处流"的奇观。中线工程越过700多条河道、1300多条道路，近60次横穿铁路，实现了世界首次大管径输水隧洞近距离穿越地铁下部、世界规模最大的U形输水渡槽工程建成等突破。一个个饱含智慧和心血的设计单元，让一条调水线成为一条攻坚克难的"科技线"。多年来，相关部门和单位完善规章制度、实施科学管理、运用信息技术，为工程安全运行保驾护航。工程全线155个设计单元工程全部通过完工验收，显示工程运行安全、管理有序，这为推进南水北调后续工程高质量发展奠定了坚实基础。

南水北调工程事关战略全局、事关长远发展、事关人民福祉。逢山开路、遇河架槽，通过泵站、隧洞、渡槽、暗涵等一系列复杂工程，连通长江、淮河、黄河、海河四大流域，为北方大地送去放心水、优质水、发展水。如今，中线工程供水已成为沿线大中城市供水新的生命线：北京城区供水七成以上来自"南水"；天津主城区供水几乎全部为"南水"；河南11个省辖市用上了"南水"；河北沧州、衡水、邯郸等地区的500多万群众，告别了饮用高氟水和苦咸水的历史。与此同时，南水北调工程串联起粮食主产区、能源基地、重要城镇，为雄安新区建设、京津冀协同发展战略实施、沿线经济社会发展提供了重要的水支撑。

我国基本水情一直是夏汛冬枯、北缺南丰，水资源时空分布极不均衡。这些年我国经济总量、城镇化水平等显著提升，对水安全保障能力提出了更高的要求。扎实推进南水北调后续工程高质量发展，进一步打通南北输水通道，筑牢国家水网主骨架、大动脉，至关重要。当前，水利部和中国南水北调集团把联网、补网、强链作为建设的重点，将深化东线后续工程可研论证，推进西线工程规划，积极配合总体规划修编工作，进一步完善"四横三纵、南北调配、东西互济"的格局，努力提升水网效益。

"南水"滴滴来之不易，调水、节水两手都要抓、都要硬。受水区要坚持先节水后调水、先治污后通水、先环保后用水，严格用水总量控制，统筹生产、生活、生态用水，大力推进农业、工业、城镇等领域节水，不断提高用水效率，把好水用在刀刃上，让清水长润、碧水长流。

（王浩 《人民日报》 2022年11月16日）

北京市南水北调地下供水环路贯通

记者 22 日从北京市水务局了解到，随着暗挖连接段最后一仓混凝土浇筑的顺利完成，团城湖至第九水厂输水工程二期输水隧洞主体结构于近日全部完工，具备通水条件，这标志着北京市南水北调地下供水"一条环路"闭环输水在即。

"'一条环路'是指北京市南水北调配套工程沿北五环、东五环、南五环及西四环形成的输水环路。"北京市水务建设管理事务中心"团九二期"项目部部长汝俊起介绍，"团九二期"工程作为"一条环路"的最后一段，建成后将使"一条环路"真正成为"闭环"。它将连接起南水北调中线总干渠西四环暗涵、团城湖至第九水厂输水工程（一期）、南干渠工程和东干渠工程，形成全长约 107 公里的全封闭地下输水环路。

汝俊起介绍说，"一条环路"的建成，不仅能满足南水、密云水库水、地下水三水联调的需要，还将提高环路供水调度中应对供水突发事件的能力，大幅提升北京市供水安全保障。

据介绍，"团九二期"工程承担着向北京市第九水厂、第八水厂、东水西调工程沿线水厂的供水任务，位于"一条环路"上的水厂都将具有双水源保障。在南水北调发生停水时，团城湖调节池可把南水北调水源切换为密云水库水源，通过"团九二期"隧洞提供应急供水，从而保障供水安全。

（田晨旭　新华社　2022 年 11 月 22 日）

南水北调助力高质量发展
国家水网主骨架加速构建

——写在南水北调东中线一期工程全面通水 8 周年之际

60 年前，河南省林县百姓不认命不服输，在太行山上矗立起一座不朽的精神丰碑。2022 年 12 月，南水北调中线配套安阳市西部调水工程将南水提上太行，一渠好水接续润泽红旗渠故乡。

南水北调东中线一期工程全面通水 8 年来，持续扩大调水综合效益，依

南水北调中线工程陶岔渠首（水利部供图）

托南水北调国家水网主骨架和大动脉，沿线受水区不断完善配套工程，国家水网加速构建。

随着渠成水到，华北大地上形成了一张张大小不一的区域水网，受水区水资源统筹调配能力、供水保障能力、战略储备能力进一步增强，南水北调工程已经成为沿线 42 座大中城市 280 多个县（市、区）的生命线。

综合效益不断彰显　支撑国家重大战略实施

南水北调全面通水以来，水利部指导中国南水北调集团实施科学调度，实现了年调水量从 20 多亿立方米持续攀升至近 100 亿立方米的突破性进展。南水北调工程不断扩大供水范围，支撑了京津冀协同发展、雄安新区建设、黄河流域生态保护和高质量发展等国家重大战略实施，复苏了河湖生态环境，防洪减灾效益明显。

今年夏季，长江中下游地区旱情严重，南水北调中线一期引江济汉工程、东线一期工程相继启动泵站，加入调水抗旱行动，南水成为湖北、江苏等沿线省市保障生产生活的"救命水"。

河南省禹州市神垕镇是"钧瓷之都"。"过去制作瓷器用水，都去驺虞河里拉水，河水干了之后，只好打深水井，电费高，水质差，便选择水窖接雨水用。"河南省禹州市供水有限公司神垕水厂董事长王敏霞说："雨水也不够用，瓷器生产企业只好从 30 公里外拉水，每吨水近 40 元，很多企业支撑不下去。"

2015 年 1 月 12 日，南水北调中线一期工程向禹州市和神垕镇正式供水，年平均供水 396 万立方米，彻底解决了古镇缺水问题。"现在用南水烧制的瓷器釉表面光滑剔透，品质极佳，产品价格比以前提高了 20％到 30％。"神垕镇的瓷器生产企业老板高兴地说。

截至今年 11 月底，神垕镇累计使用南水 2004.48 万立方米，充足的南水让神垕镇钧瓷产业实现了规模化发展，神垕镇目前拥有 260 家钧陶瓷企业，年产钧瓷 150 万件以上。各类陶瓷衍生产品年产值就达 28 亿元。神垕镇先后荣获"全国农村 100 个小城镇经济开发试点镇""全国重点镇"等多项荣誉称号。今年 9 月，神垕古镇被确定为"国家 4A 级旅游景区"。

南水北调工程促进沿线地区产业结构优化调整，河南省禹州市神垕镇仅是一个缩影。在江苏省江都市，通过生态倒逼，传统制造业企业主动转型。河南省、河北省关停并转水源保护区内的污染企业和养殖项目，大力发展绿色、循环、低碳工业。

一泓清水润泽四方，南水北调工程为华北地下水压采和河湖生态环境复苏积极助力，有力推进了沿线生态环境治理。南水北调中线一期工程已累计向 50 余条河流实施生态补水，补水总量 90 多亿立方米。华北地区地下水位下降和漏斗面积增大的趋势得到有效遏制，部分区域地下水位开始止跌回升。截至 12 月 12 日，南水北调中线一期工程累计向雄安新区供水 9134 万立方米，为雄安新区建设，以及城市生活和工业用水提供了优质水资源保障。

今年 4—5 月，水利部联合北京、天津、河北、山东四省（直辖市）政府和中国南水北调集团开展京杭大运河 2022 年全线贯通补水工作，南水北调东线一期北延工程向京杭大运河黄河以北 707 公里河段补水 1.89 亿立方米，助力京杭大运河实现了近百年来全线水流贯通。12 月 9 日，北延工程首次启动冬季大规模调水，计划向河北、天津调水 2.16 亿立方米，调水量创历史新高。

以东中两线为主骨架初步形成国家区域水网

作为国家水网的主骨架和大动脉，南水北调东中线一期工程目前累计输水超 586 亿立方米，直接受益人口超 1.5 亿。

从万米高空俯瞰，南水北调东中线一期工程如两条巨龙蜿蜒千里。在水利部的指导下，工程沿线依托东中线一期工程之"纲"，初步织就起优化水资源配置的区域骨干水网之"目"，以重点调蓄工程和水源工程为"结"，不断编织出我国从南到北，从城市辐射乡村的两条带状水网。

纵向的南水北调东线一期工程与横向的长江、黄河、淮河自西向东相交，绘就一个大写"丰"字。2021—2022年度，南水北调中线调水再创历史新高，超92亿立方米。

在江苏，南水北调东线一期工程充分利用京杭大运河、入江水道、徐洪河等开放式河道，串联洪泽湖、骆马湖、南四湖，如一个麻花瓣，有效提高了江苏境内受水区供水保证率。

在山东，南水北调东线一期山东干线工程及配套工程体系，构建起山东省T字形骨干水网格局，实现了长江水、黄河水、当地水的联合调度优化配置，全面构建"一轴三环、七纵九横、两湖多库"的总体布局。

在北京，沿着北五环、东五环、南五环及西四环的输水环路，北京市累计接受南水84亿立方米，1500万人受益。全市构建起"地表水、地下水、外调水"三水联调、环向输水、放射供水、高效用水的安全保障格局。

在天津，82亿立方米南水让1400万人受益，天津市逐步形成了一个以中线一期工程、引滦输水工程一横一纵为骨架横卧的十字形水网。

在河北，南水让3200万人受益，500多万群众告别了长期饮用高氟水和苦咸水的历史。未来，河北还将构建"南水、水库水、地下水"三水联调、"两纵八横、多库群井"的配套工程体系。

在河南，南北一纵线、东西多横线的供水水网覆盖南阳、平顶山等11座省辖市及41座县级市，受益人口2600万人。"八横六纵，四域贯通"的河南现代水网蓝图已绘就。

如今，以南水北调东中两线为主骨架的国家区域水网已显现雏形，我国"四横三纵、南北调配、东西互济"的水网格局初步形成。

推进后续工程规划建设 畅通国家水网大动脉

南水北调中线引江补汉工程是加快构建国家水网主骨架和大动脉的重要标志性工程。作为南水北调后续工程首个开工项目，水利部加强协调，统筹调度，全力推动引江补汉工程建设。

坚持科技创新是推进南水北调后续工程高质量发展的强大动力。水利部高度重视科技创新工作，指导中国南水北调集团加快打造原创技术策源地，紧密围绕国家创新驱动发展战略、南水北调和国家水网规划建设运营重大需求、水产业链安全和企业长远发展，开展技术攻关研发和成果转化。

引江补汉工程采用深埋长距离大口径隧洞输水，是我国在建长度最长、洞径最大、一次性投入超大直径 TBM 设备最多、洞挖工程量最大、引流量最大、综合难度最高的长距离有压调水隧洞。为应对这一挑战，中国南水北调集团提前谋划有效应对。中国南水北调集团江汉水网公司组织开展"复杂地质条件下超大直径 TBM 选型、优化及智能掘进系统研究"等科研攻关课题，把科研成果转化为破解工程建设难题的"金钥匙"。目前，引江补汉工程出口段建设即将转入洞挖施工新阶段。

在推进南水北调后续工程高质量发展领导小组的统一部署下，后续工程规划建设科学有序推进。中国南水北调集团高标准高质量建设中线引江补工程，依法合规推进沿线调蓄工程规划实施，实施好防洪加固工程。同时，优化南水北调东线二期工程布局方案，加快推进可研审批。深化西线线路比选和有关重大专题研究，加强战略合作，大力推动西线工程前期工作，力促工程早日决策立项。

水网建设起来，将是中华民族在治水历程中又一个世纪画卷，会载入千秋史册。水利部将按照《国家水网建设规划纲要》和南水北调后续工程高质量发展工作思路的要求，加快后续工程前期工作，早日构建国家水网主骨架和大动脉，加强已建工程运行管理，充分发挥工程综合效益，推动南水北调高质量发展，不断提升国家水安全保障能力，为全面建设社会主义现代化国家作出新的更大贡献。

（于璐　人民网　2022 年 12 月 12 日）

清了水源　富了农户

——南水北调中线工程生态保护的淅川实践

这里是豫鄂陕三省七县市交界接合的黄金地带；这里淅水贯境，丹江水自西北向东南滚滚长流。特殊的区位，独有的水文，让河南省淅川县承担起了南水北调中线工程的历史重任，成为国家生态安全战略要地。

2021年5月13日，习近平总书记来到河南省淅川县考察，听取南水北调中线工程建设管理运行和水源地生态保护等情况介绍，关心关切移民生活。习近平总书记强调，"要从守护生命线的政治高度，切实维护南水北调工程安全、供水安全、水质安全""守好这一库碧水"。同时，他明确提出，"要继续做好移民安置后续帮扶工作"，祝愿乡亲们日子越来越兴旺，芝麻开花节节高。

人民群众切实的幸福感是淅川县委、县政府工作的目标和动力，习近平总书记的嘱托为淅川的工作指明了方向与路径。据统计，"十三五"以来，淅川县共完成人工造林60多万亩，先后打造了12个困难地造林示范工程，初步形成库区绿色生态屏障，保证丹江口水库水质稳定在地表水Ⅱ类标准。2021年，丹江湿地保护与修复成功入选联合国全球百个生态保护案例。

淅川始终聚焦移民高质量发展，产业发展项目比例由2012年的不足10%增加到2021年的65%。2022年，淅川县深入实施"双九"战略，培育乡村旅游示范村36个，带动周边1600多户农户年均增收5000元以上。淅川的发展实践是否达到了"守渠护绿、富民兴村"的预期效果？近日，光明日报调研组深入当地实地调研。

丹江湖畔柴沟村

1. 守渠护绿　确保一渠清水永续北送

万壑群山中，八百里丹江碧波粼粼；陶岔渠首下，一泓泓清水逶迤北上。一侧，烟波浩渺，远山含黛，水天一色，宛若巨大的蓝宝石镶嵌在崇山峻岭间；一侧，浩浩汤汤，水清河畅，岸绿景美，又如绵长的绿飘带盘旋于广袤田野。作为南水北调中线工程核心水源区、渠首所在地和国家重点生态功能区，捍卫绿水青山，守护碧水清流，是淅川最美的时代担当。

这些年来，这里的水越来越清，环境越来越好，城乡"颜值"越来越高。淅川的美景并非天成。为了一库清水，淅川县委、县政府强力实施"守好一库碧水"专项整治行动，舍小家为大家，再次搬迁移民16.5万人；以壮士断腕的决心和气魄，先后关停380多家污染企业，取缔库区水上餐饮船、5万余箱养鱼网箱、禁养区内400家养殖场、100多个养殖户，综合损失8亿多元。

治水之本在于治山，山有多绿，水就有多清。为了给京津冀"大水缸"披上一件护水"绿衣"，淅川县把建设生态淅川放在首位，深入践行习近平生态文明思想，发扬蚂蚁啃硬骨头精神，全力向石山区宣战，高位推动、高标规划、高效推进、高质管护。淅川县以每年10万亩左右的速度推进造林绿化，新造林合格面积连续14年位居河南省县级前列。淅川县的环库森林覆盖率由"十二五"末期的45.7%提高到61.7%，宜林荒山荒地绿化率达95.8%。如今，6.5万名库区农民端上了"生态碗"，吃上了"绿色饭"，走上了"致富路"。

冬日清晨的丹江岸边，只有渔船还闪烁着点点萤光。"天亮我就起床，去赶最早一班船，到对面码头工作。"护水队员张兆敏指着岸边的渡船说。船将到岸，推着三轮车，带着护水工具和午饭，张兆敏跳下石桥码头，开始了一天的工作。"现在来游玩的人多了起来，垃圾成倍的增加。我跟老伴要是不捡，那还了得？"边说边干，张兆敏手握钳子，随手一夹，一片废纸落入垃圾袋中。"你看，那是我的老伴潘华英。"顺着他手指的方向远远望去，江对面依稀可见一个时不时弯腰捡拾垃圾的身影。

"石头山上种树不容易，水得浇透。特别是今年天旱，更得如此。"一大早，马蹬镇葛家沟村后山上，护林员李伟正和队员一起给去年栽的树浇水。为了这片林子，护林员们操碎了心，"冬天种树，冷风刺骨，凌晨5点就要拉着树苗进山。"李伟介绍说，他们先一路颠簸到半山腰的蓄水池旁，拿出水泵、铺好水管，将工具准备就绪。此时，30多个护林队员也三五成群地到了。大家扛起带着土球的树苗，拿着洋镐、铁锹，一起朝山上走去，开启一天的工作。这就是"最美护林员"李伟的工作日常。12年来，他参与造林2万余亩，每年巡山近300天，累计行程3万多公里。

在淅川，像张兆敏、潘华英这样的护水队员，全县有2400多名；像李伟这样的护林员，全县有3300多名。他们以山为伴、与水共舞，徜徉于1000余平方公里的水域上，漫步于2000余公里的库岸线上，守好汩汩清流，种下片片绿林，管护座座青山，构筑起南水北调中线工程核心水源区的"绿色长城"。

淅川儿女守好了青山，换来了碧水，引来了群鸟，也收获了"金山"。层层群山环抱着一库清水，成群的鸬鹚、红嘴鸥及珍稀鸟类中华秋沙鸭沐浴着阳光在此安家。据统计，通水以来，南水北调中线累计安全送水逾510亿立方米，工程受益人口超过8500万，水质稳定保持在Ⅱ类标准及以上水平，为推进国家重大战略实施、推动经济社会高质量发展、加快构建新发展格局提供了坚实的水安全保障。

邹庄村草莓大棚

2. 立足生态兴产业　移民家门口实现就业增收

在淅川县九重镇的丹亚湖软籽石榴种植基地，种植大户梅发德一边哼着小曲，一边察看石榴树。这几年，石榴园给他带来了可观的收入。聊到现状，梅发德连说几遍"可不赖""一年下来能挣100多万元。"

金银花管护时节，村民们在万亩金银花基地忙着科学管护、补苗植苗，确保来年好收成。"以前地里种的都是辣椒、小麦等农作物，除去化肥、农药和种子等花销，到手里也没剩啥钱。现在，每个月都能拿到1500多元，越干越有劲。"唐王桥村民陈志香说。金银花成了这里的环境保护花、脱贫致富花、增收幸福花，也是淅川中药材产业蓬勃发展的生动缩影。

行走在移民示范新村邹庄村，一座座农家院落整洁有序，一个个产业基地生意盎然，欣欣向荣的景象尽收眼底。提起搬迁到邹庄的变化，村民张光先高兴地告诉调研组："我们怀念老家，但更愿意住在新家。这里一年四季都有活干，有钱挣，好日子还在后头呢！"去年以来，为了更好地支持邹庄发展，淅川县提出建设"大邹庄"战略，邹庄村与邻近的下孔、孔北、水寨4个村成立联合党支部，以抱团发展推动乡村振兴。"有了大邹庄的引领，全县469个村（社区）已组成全面推进乡村振兴'雁阵'。"淅川县县长王兴勇介绍说。

目前，淅川县已发展林果种植10万多亩，形成了盛湾、九重镇软籽石榴产业，毛堂乡茶叶、黄金梨产业，老城镇、滔河乡杏李产业，大石桥大樱桃产业和仓房镇柑橘产业。

仓房镇磨沟村位于南水北调中线工程核心水源区，因沟壑纵横得名。磨沟村曾经有树不能伐、有畜不能养，乡亲们一贫如洗。为了打破这一困境，淅川县投入10亿元，高标准规划旅游通道、服务中心建设，设立旅游发展基金，每年拿出1500万元重点扶持旅游产业发展。简单的农家菜加上干净的民宿，磨沟村的鸿运山庄生意火爆，民宿老板周伟说："我们每年收入能超10万元，好山好水给我们带来了好日子。"

如今，淅川早已蝶变为人们向往的"水源""林海""果乡""药库""胜地"。乡亲们的日子越过越红火，生活越来越美好，正享受着稳稳的幸福。

3. 移民精神在传承　富了口袋富脑袋

在淅川，阳光雨露滋润着田野，也浸润着青年人的成长。"我要把小我融入大我，将强国有我的青春誓言转化为报效祖国的实际行动，奋力书写无愧于历史、无愧于时代、无愧于人民的青春答卷。"这是南阳师范学院大二学生邹子金，作为学生代表参与录制2022年河南秋季开学思政第一课时的铿锵誓言。

邹子金从小在渠首长大，经历了南水北调中线工程建设、通水，见证了移民生活从苦到甜的全过程。11年前，她的家在油坊岗。那时，一家三代挤

南水北调中线渠首全貌

在一个老旧的房子里，家里靠种地勉强维持生活。2011年6月，为了一渠清水永续北上，邹子金随父母，和九重镇的700多名村民一起，搬到了30多里外的邹庄村。时光飞逝，转眼，11年过去。经过雨污分离、三线入地、村庄绿化等一系列村容整改项目，邹庄村的徽派庭院在景观绿化的衬托下，更加壮观明艳。新建的"江山论"红色广场和千亩智慧草莓大棚吸引不少周边群众前来打卡游玩。"家美，村美，日子越来越美！今年，我们成立了'掘井人农业合作社'。土地流转、村里务工、入股分红，这三样收入加起来，比种地收益高多了。两个娃子这两年接连考上好大学。"邹子金的爸爸邹会彦告诉调研组，这一年来邹庄村发生的变化。回忆习近平总书记去年5月来家时的情景，邹会彦嘴角上扬，"一年前，我们家定下的目标，现在能交上一份满意答卷了。"

邹子金一家的美好生活只是淅川移民新生活的一个缩影。在邹庄新家，不少村民实现了家门口务工、养家"两不误"。"藤编车间建到家门口，老板找师傅手把手教我们，送完孙子上学就来车间干活。要不是搬迁到这里，哪来恁多挣钱门路！"在邹庄村藤编车间，村民张玉勤一边手脚麻利地编着藤编凳子，一边介绍搬迁后的生活，不时露出舒心的笑容。张玉勤一家六口人，儿子儿媳长期在浙江杭州打工，老两口年龄都超过了60岁，又没啥技术，只好赋闲在家，照顾两个孙子上学。"大邹庄"战略实施以来，投资300万元建设的600平方米藤编就业车间，让像张玉勤一样的55至65岁的老年人充分就业。目前，该车间已安置 58 名移民群众在家门口务工，人均月收入 1500 元。

争创红旗，发百万奖金……今年 2 月 21 日，淅川县委书记周大鹏在淅川县争创"三面红旗"（产业发展红旗、文明宜居红旗、社会治理红旗）动员部署会上拿出真金白银的号召。一渠清水纵贯三千里。润泽众生的，除了涌动的丹江碧浪，更有淅川人一代又一代的担当奉献。调研组一行来到渠首大坝，聆听了淅川人民舍小家为大家的感人事迹。河南省社会科学院院长王承哲凭栏远望，不禁感慨移民精神的伟大，"移民是为了更好统筹国内资源力量，构建全国一盘棋工作格局的需要，解决了水资源南丰北缺的现实困境，为沿线群众和全国人民提供了优质的水源，有效提升了人民群众的幸福感、获得感。"

为了更好地传承弘扬南水北调移民精神，淅川县把陶岔渠首枢纽工程、南水北调移民文化苑、丹江民俗博物馆等地作为中小学研学基地。一批又一批淅川学生走出课堂，走近南水北调中线工程，实地领略渠首工程的宏伟，探索渡槽模型输水原理，感受移民精神的伟大。如今，"忠诚担当、大爱报国"已经成为淅川县中小学生铭刻于心的成长印记。

4. 淅川移民致富的绿色密码

回望移民发展路，守水如何不守穷？靠山如何能致富？移民如何更幸福？调研组认为，织密"保水网"、做好"移民事"、端牢"生态碗"、栽好"制度树"，走绿色富民之路，是淅川践行"绿水青山就是金山银山"理念的生动实践，也是淅川移民加快发展的必然选择。

牢记嘱托，织密"保水网"。为确保一渠清水永续北送，淅川时刻牢记习近平总书记"划出硬杠杠，坚定不移地做好各项工作，守好这一库碧水"的殷殷嘱托，始终把水源涵养和水质保护作为头等大事来抓，实施了最严格的环境准入标准，开展了"清四乱""守好一库碧水"等专项行动，建立了保水质护运行长效机制，创新了造林模式构筑水源区"生态屏障"，织密了"保水网"，保证了水清河安。

人民至上，做好"移民事"。淅川始终践行"江山就是人民，人民就是江山"，坚持人民至上，用心用情用力解决好移民群众急难愁盼问题，紧紧锚定"农民增收、共同富裕"这个根本，以特色产业发展确保移民增收富起来；紧紧锚定"建设发展"这个难点，以"大邹庄""大关帝""大泰山"等乡村振兴示范村建设确保移民新村美起来；紧紧锚定"治理高效"这个核心，以"四强四促"专项提升行动为抓手确保移民治理优起来，真正让移民群众见成

效得实惠有盼头。

绿色发展，端牢"生态碗"。淅川积极践行"两山"理论，围绕打造生态价值高地、牢牢端稳"生态碗"，初步构建了"短中长"三线结合的产业体系，通过"短线"发展食用菌、中药材等"短平快"产业集群，"中线"发展软籽石榴、大樱桃、薄壳核桃等生态林下经济套种产业集群，"长线"依托生态和人文旅游资源打造全域旅游，逐渐走出了一条以生态经济化、经济生态化实现水清富民的发展之路。

机制赋能，栽好"制度树"。为更好地保障南水北调工程安全、供水安全、水质安全，淅川始终把机制创新、制度创新摆在重要位置。通过贯彻实施《河南省南水北调饮用水水源保护条例》《淅川县河湖管理办法》等，从法律层面保障了水源区和南水北调工程沿线的高质量发展。通过成立南阳市南水北调中线工程丹江口水库水源地保护综合行政执法支队，从制度层面捋顺了库区管理权限，真正将"九龙治水"转变为"一龙管水"。

绿色富民之路，并非一朝一夕、一日之功，调研组认为，需保持定力、蹄疾步稳、久久为功。一是要坚持生态优先。应继续秉持"绿水青山就是金山银山"理念，坚持生态大于一切、高于一切、重于一切，持之以恒推进生态建设、抓好生态治理、发展生态经济，打造生态产品价值实现的淅川路径。二是要坚持创新驱动。应牢固树立"创新为要"理念，把创新作为引领发展的第一动力，作为生态保护的基础力量，激活创新主体活力，强化创新政策支持，深化校企产学研合作，聚集更多创新资源，让创新贯穿发展全过程。三是要坚持品牌引领。应充分认识品牌引领的作用和效能，进一步借助电子商务和消费帮扶，提升"淅有山川"品牌的知名度和竞争力，通过品牌树形象、聚合力、保质量、拓市场、促升级，以品牌引领高质量发展。四是要坚持做强旅游。应立足"水、山、寺、村、民"等特色旅游资源，以打造国家全域旅游示范区为目标，围绕实施重点景区打造行动、乡村旅游做优行动、服务水平提升行动、宣传推介加强行动，以做强旅游实现可持续发展。

（光明日报记者王胜昔、丁艳；河南省社会科学院院长研究员王承哲、副研究员彭俊杰、副研究员王元亮、助理研究员刘兰兰、研究员高璇、研究员王宏源；郑州大学党委统战部副部长、讲师刘东楠）

（光明日报调研组　《光明日报》　2022 年 12 月 12 日）

南水北调东、中线一期工程全面通水八周年

超一亿五千万人直接受益

记者从水利部获悉：近日，南水北调东、中线一期工程迎来全面通水 8 周年。截至目前，工程累计调水 586 亿立方米，惠及沿线 42 座大中城市 280 多个县（市、区），直接受益人口超过 1.5 亿，发挥了巨大的经济、社会和生态综合效益。

南水北调东、中线一期工程全面通水以来，通过实施科学调度，实现了年调水量从 20 多亿立方米持续攀升至近 100 亿立方米。在做好精准精确调度的基础上，抢抓汛前腾库容的有利时机，充分利用工程输水能力，实施优化调度，向北方多调水、增供水，中线一期工程 2021—2022 年度调水 92.12 亿立方米，再创新高。南水北调水已由规划的辅助水源成为受水区的主力水源，北京城区七成以上供水为南水北调水；天津市主城区供水几乎全部为南水。南水北调东线北延应急供水工程将东线供水范围进一步扩展到河北、天津，提高了受水区供水保障能力。

南水北调水水质优良、供水保障率高，受水区群众直接受益。北京市自来水硬度由过去的 380 毫克每升降至 120 毫克每升；河南省 10 多座省辖市用上南水北调水，其中郑州中心城区 90% 以上的居民生活用水为南水北调水，基本告别了饮用黄河水的历史；河北省黑龙港流域 500 多万人告别了饮用高氟水、苦咸水的历史。东线一期工程累计调水入山东 54.2 亿立方米，已成为胶东地区城市供水生命线。

南水北调工程不断扩大供水范围，充分发挥水资源支撑保障作用。8 年来，累计向京津冀地区供水 335 亿立方米，其中，向雄安新区供水 9134 万立方米，为京津冀协同发展、雄安新区建设、黄河流域生态保护和高质量发展等国家重大战略实施提供有力的水资源支撑和保障。沿线地方优化配置南水北调水、当地地表水、地下水和再生水等各类水资源，促进了产业结构优化升级和调整，实现了水资源集约节约高效利用。

全面通水以来，通过水源置换、生态补水等综合措施，有效保障了沿线河湖生态安全。东线沿线受水区各湖泊利用抽引江水及时补充蒸发渗漏水量，湖泊蓄水保持稳定，生态环境持续向好。中线已累计向北方 50 余条河流进行

生态补水 90 多亿立方米，推动了滹沱河、瀑河、南拒马河、大清河、白洋淀等一大批河湖重现生机，河湖生态环境显著改善，华北地区浅层地下水水位持续多年下降后实现止跌回升。

（李晓晴 《人民日报》 2022 年 12 月 21 日）

南水北调东线山东干线公司
加快推进南水北调东线智慧山东段建设

智慧水利是水利高质量发展的重要支撑。南水北调东线山东干线有限责任公司（以下简称"山东干线公司"）在 2021 年度工作会议上，提出强化智慧水利转型体系，全面加快工程自动化系统升级改造整体进程，启动工程全线安防系统改造工程，继续推进信息化建设成果推广应用……南水北调东线智慧山东段建设蓝图清晰，推进有力。

攻坚克难
提前完成调度运行管理系统验收任务

调度运行管理系统是南水北调东线山东段 54 个设计单元工程之一，是实现主干线工程的高效运行、可靠监控、科学调度和安全管理的关键。该系统自 2012 年 4 月开工建设，内容复杂，建设周期长。为按时完成水利部下达的调度运行管理系统完工验收任务，山东干线公司党委成立验收专班，明确部门工作分工，细化工作目标和节点计划，加强调度及协调力度；各责任单位紧密合作、同向发力、加班加点、不辞劳苦，最终提前完成设计单元完工验收目标任务。

调度运行管理系统设计理念科学先进，解决了现地闸（泵）站监控系统闸门控制模型运行条件优化、建立冰期输水调度控制模型、基于数字地球技术的二维一体水量调度运行管理平台等多项技术问题。自通水以来，各项自动化调度核心系统运行稳定，各级调度机构可实时、全景掌握现场水情、工情和水质，实现对工程的远程可视、可测、可控和精准科学调度。通过调度运行管理系统建设，全线建成了信息自动化基础设施、实体环境及应用系统，为南水北调东线智慧山东段建设夯实了基础。山东干线公司将以调度运行管理系统验收为契机，全面梳理当前存在问题，从建设管理转向功能优化升级、

数字化映射、智慧化模拟，优化和开发好各类应用系统，以满足新时代工程运行管理的新需求、新要求。

科学规划
构建全线智能安防数字化应用场景

围绕智慧水利转型体系，山东干线公司高起点规划、高标准设计、高质量建设南水北调东线山东段智能安全防护项目。项目专班深入工程一线充分调研，测试已建系统运行情况，挖掘现场管理需求，借鉴国内成熟经验及案例。历时4个月，反复对标对表、深入讨论研究，按照"利旧、融合、先进、安全"原则，项目专班提出了水库（泵站）智慧园区、无人值班智能闸站、标准渠道智能安防、无电无网环境安防和应急指挥协同应用五个应用场景和建设目标，解决了高杆智能摄像机远程供电技术、视频数据编码及分级分类管理、应用系统开发及布设等关键技术问题，最终形成了以工程安全运行管理为主体，以标准化、信息化建设为根本，融合云计算、大数据等多项技术的实施方案。

项目建成后，可实现对输水渠道及控制性建筑物的视频全覆盖、全天候监视；通过人工智能摄像头识别和入侵探测技术，实现对水尺刻度视频读取，对人员入侵、火情检测、漂浮物等异常情况自动捕捉、智能识别、联动语音报警；通过 AR 全景监控叠加各重要点位视频，实现园区内各主要场所全景可见，并对各点位实景画面一键调阅，对异常状态联合布控；通过应急指挥系统，集成已建视频会议系统和视频监控系统，并与现场人员移动设备联动，实现对人车掉落、洪水入渠、行船油污泄漏等突发情况的快速定位、多系统联动和可视化指挥，从而使试点区域的日常巡检、应急处置、安全防护等管理工作达到智能化管理水平。

总结提升
加快泵站自动化系统升级改造进程

山东干线公司 2019 年率先启动了邓楼泵站自动化升级改造，主要包括计算机监控系统、视频监控系统、中控室环境改造及智能运行信息化系统建设。历时三年时间，通过试运行检验，邓楼泵站自动化系统改造于 2021 年 12 月顺利完成合同验收工作。

改造后的邓楼泵站中控室实现了机组运行信息、控制实时信息一张图管控，远程一键泵站开关机、一键主变投电，控制与视频联动，机组运行状态监测与诊断，泵站运行经济性分析，调度辅助决策、报表自动生成定时打印等功能，改善了值班人员作业环境，优化了调度流程、减少了值班人员、缩短了巡查时间，提升了机组运行效率。同时，使故障在未发生前得到恰当处理，变事后维修为预防维修，大大节省了维修时间和维修成本，为调度生产的顺利进行夯实了基础。

在总结借鉴邓楼泵站升级改造经验基础上，山东干线公司坚持"系统思维、高点定位"理念，启动了东湖水库、八里湾泵站、台儿庄泵站、二级坝泵站自动化系统升级改造工作。东湖水库作为水库自动化升级改造试点，以"打造国内水库自动化系统升级改造样板工程"为目标进行建设，建成后将实现信息采集全面、准确及稳定；泵站机组现地及远程自动化控制；基本统一机组开机流程及控制界面；视频监控系统全部数字化；计算机网络分两张网布设；中控室环境统一风格，统一大屏幕、操作台等。同时，开发智能运行信息化系统，实现机组运行状态监测与诊断、泵站运行经济性分析、调度辅助决策及泵站信息展示平台等功能。另外，结合东湖工程实际，设计过程中结合盘柜整理项目，优化调整了主厂房机房盘柜布置，统一了闸室动力柜、LCU柜体定制规格；同时，融合大坝安全监测、技术供水、灌溉等已建系统，为智慧园区建设预留接口，向水库"少人值班、少人值守"现代化管理目标迈进。

多措并举
筑牢网络安全运行管理防护体系

没有网络安全就没有国家安全。在数字化转型建设的同时，山东干线公司注重全面加固网络安全基础设施措施，进一步健全网络安全防御体系及态势感知系统，夯实了公司网络安全防线，确保网络系统平稳运行，数据运行安全。

山东干线公司调整网络安全领导小组成员，持续推进网络安全机构制度建设，以"国家网络安全宣传周"为契机，以线上、线下、专家授课等多种形式加强职工网络安全教育，提升网络安全意识；把网络安全责任制落实到具体工作中，推行网格责任制；完善提升了网络信息安全风险防控措施，部署了堡垒机、探针、日志审计系统，制定了实时更新的网络安全策略，使渗透测试工作常态化，以及时消除网络安全隐患；组织了网络安全攻防演练，加强多种攻击事件的分析测试，对系统漏洞、安全风险及时修复，顺利通过第二次网络安全等级保护测评；完成了总部网络综合管理中心建设，安装了大屏幕及综合会商平台，布设了网络安全综合管理系统及态势感知系统，安排专业队伍做好技术支撑。通过精心组织、周密部署，在历次攻防演练中系统未出现被攻陷等安全事件，提升了网络溯源反制能力和实战化水平，筑牢了较为完善的、多位一体的网络安全运行管理防护体系。

行者不辍，未来可期。2022年，山东干线公司将围绕"样板渠道""数字泵站""智慧水库"目标，以数字化、网络化、智能化为主线，以数字化场景、智慧化模拟、精准化决策为路径，坚持系统观念及总体规划，全力加快南水北调东线智慧山东段建设：全面推动自动化升级改造和智能安防系统试点项目落地见效；完善一体化数据采集系统，构建数字化映射、全要素数字化应用场景；搭建数据底板，对运行数据分析整合、多元化展示、预警，实现运行管理一张图；优化水量调度模型、闸站控制模型、视频识别模型，开展智慧化模拟，完善好各业务应用系统，实现精准会商、精准调度、精准决策，全面提升新阶段公司高质量发展的能力和水平。

（田莹 丁晓雪 《中国水利报》 2022年1月18日）

南水北调东线山东段设计
单元工程全部通过完工验收

南水北调东线一期胶东干线济南至引黄济青段东湖水库工程日前通过山东省水利厅组织的设计单元工程完工验收，标志着山东境内54个设计单元工程全部完成完工验收任务，比水利部下达计划提前6个多月。

南水北调东线一期山东干线工程于2002年12月开工，主要是缓解鲁南、山东半岛和鲁北地区城市缺水问题，兼顾生态和环境用水，并向河北、天津供水。工程全长1191公里，在山东省构建起"T"字形输水大动脉和全省骨干水网体系，共 11 个单项、54 个设计单元工程。经过参建单位的通力合作和数万名建设者的顽强拼搏、艰苦奋战，建设任务高标准、高质量、高效率完成，工程于 2013 年 11 月正式通水运行。

"在水利部和山东省水利厅坚强领导下，南水北调东线山东干线有限责任公司始终把设计单元工程验收作为战略性、根本性的任务来抓，坚持问题导向，多措并举，确保山东干线设计单元工程提前半年完成了验收任务。"山东干线公司党委书记、董事长瞿潇说。山东干线公司严密组织，明确责任和工作要求，将验收计划细化到月，具体到岗，责任到人；强化协调，上下联动合力攻坚；创新思路，在做好疫情防控前提下，采取现场＋视频多种形式对项目及问题进行沟通；加大力度，倒排工期，挂图作战，有效利用督查督办和绩效考核等措施，多措并举确保了验收工作按计划推进，确保了验收质量。

自 2010 年 10 月，南水北调东线一期工程东平湖至济南段输水工程第一个通过设计单元工程完工验收，至 2021 年 12 月南水北调东线一期胶东干线济南至引黄济青段工程东湖水库设计单元工程通过完工验收，历时 11 年，在山东干线公司自上而下的辛苦努力和通力配合下，终于打赢了完工验收攻坚战。

南水北调东线山东段设计单元工程完工验收任务全面完成后，工程运行管理工作进入新的阶段。"下一步，南水北调东线山东段工程将以标准化、规范化为引领，着力推进数字孪生工程建设，推动运行管理工作提档升级，保障工程高质量运行。"瞿潇说。

（赵新 《中国水利报》 2022 年 1 月 25 日）

长距离调水的科技"智囊"

——记第七届水利青年科技英才南水北调中线建管局陈晓楠

42 岁的陈晓楠身形略显清瘦，作为南水北调中线干线工程建设管理局（以下简称"中线建管局"）总调度中心负责人，他长期致力于长距离输水调度的研究，切实保障南水北调工程安全、供水安全、水质安全。"这不仅是我的工作，更是我毕生为之奋斗、为之探索的事业。"

理论与实践相结合

南水北调中线工程全长 1432 公里，以明渠为主，自流输水，沿线布设 64 座节制闸、54 座退水闸、97 座分水口，却无调蓄水库，只能通过众多闸门间的高度协调配合实现供水目标。线路长、闸门多，要经历汛期、冰期运行，工况复杂、风险源多，输水调度难度非常大。

陈晓楠深知，理论研究是为了更好地应用在实践中。一提起南水北调中线流量水位耦合控制实用调控技术的研究，陈晓楠眼中满是自信与自豪。这一技术是由他带领团队独立研发出的中线水面线分析和糙率计算系统，构建起长距离调水工程输水调度标准化管理体系。同时，团队还完成了中线水量调度系统等多项长距离输水调度关键技术攻关和科研项目。

"目前，这些研究成果在生产实践中发挥了重要作用。"陈晓楠说，最直观的感受就是中线工程连续 7 年供水量攀升，工程提前达效，取得了巨大的社会、经济、生态效益，对提升国家水安全保障能力起到了重要支撑作用。

预 判 与 调 度 相 辅 助

说起调度工作中最难忘的事情，陈晓楠的记忆被拉回到一个雨夜。

2021 年 7 月 16 日至 21 日，中线工程河南段突降暴雨，郑州等地出现大范围特大暴雨，郑州金水河倒虹吸节制闸的河道水位快速上升。

7 月 21 日 0 时 24 分，中线建管局后方防汛指挥部接到电话紧急通知：金水河上游郭家咀水库发生漫坝并随时有溃坝风险，将严重影响中线总干渠安全。

情况万分紧急！作为总调度中心主任，陈晓楠已经两天两夜没有合眼了。针对郭家咀水库漫坝险情，陈晓楠迅速采取调度措施：立即启动Ⅰ级应急调度响应，将陶岔渠首入总干渠流量分 4 次减至 50 立方米每秒，逐步开启金水河节制闸上游部分退水闸退水，维持金水河节制闸下游穿黄退水闸 110 立方米每秒不变；实施全线联调，大幅度下调金水河上下游节制闸开度，最大限度保护工程，减少对下游供水影响；做好人员紧急撤离工作，保持闸门远程调度运用，做好通信中断后现地手动控制准备工作……

7 月 21 日 1 时 30 分，郭家咀水库通过应急通道紧急泄洪。此时，南水北调中线工程总调度中心大厅灯火通明,每一个人紧盯监控屏幕上的河道水势。陈晓楠安排人员计算分析上报数据,不时发出调度指令。

经过漫长的一个半小时,洪峰最终安全通过金水河倒虹吸进口节制闸。

创新与开拓相牵引

科学可靠、实用高效的输水调度模型是实现安全平稳供水的保障。

对于攻破多项世界级难题的南水北调中线工程,尚无成熟的长距离调水经验和模式可以借用。为此,陈晓楠探索提出了实用的中线输水调控技术,他综合考虑渠道上下游水情、水位降幅约束、目标水位控制等因素,以水量平衡为基础,建立了结合流量变化、水位变幅的实时调度策略;以输水流量为宏观控制、以运行水位为微观控制,建立流量、水位耦合控制策略;改进了原设计中闸门调整控制策略,形成了用以确定调度时机和联调方式等的参考依据;组织中线水量调度系统、调度预警模型等业务的研发,并在投入使用中不断完善……

"安全供水大于天!为守护沿线人民群众的生命线,我将继续以科学的态度,忠诚保卫中线工程的运行安全,为平稳、高效调度提供源源不断的技术手段。"荣获第七届水利青年科技英才称号的陈晓楠是这样说的,也是这样做的。

(许安强 《中国水利报》 2022年1月28日)

山东南水北调4个设计单元工程获大禹奖

2019—2020年度中国水利工程优质(大禹)奖获奖名单中,南水北调东线一期山东段工程韩庄泵站、穿黄河工程、双王城水库、万年闸泵站枢纽4个设计单元工程榜上有名,再加上之前的济平干渠、大屯水库、八里湾泵站,南水北调山东段7个设计单元工程获得了这一水利工程的至高荣誉。

韩庄泵站是南水北调东线一期工程第九级提水泵站,为Ⅰ等工程,位于山东省枣庄市,主要任务是实现韩庄运河线向南四湖下级湖输水的目标,改善沿线航运条件。韩庄泵站枢纽工程2008年9月开工建设,2017年2月通过设计单元完工验收。截至 2020 年 12 月底，工程累计安全运行 4.13 万台时、调水约 45 亿立方米，其中累计生态补水 2.95 亿立方米，改善了南四湖水生态环境。工程同时改善了航运条件，使运河航道由三级提升到二级、年通行能力由 700 万吨提高到 2950 万吨，使航运效益极大提高。

穿黄河工程是南水北调东线一期工程的重要组成部分，是东线关键、控制性工程，主要任务是打通南水北调东线穿黄河隧洞，连接东平湖和鲁北输水干渠，实现调引长江水穿越黄河至鲁北地区，同时具备向河北省东部、天津市应急供水的能力。主体工程全长 7.87 公里，一、二期结合实施，过黄河设计流量 100 立方米每秒，批复投资 7.025 亿元。工程自 2013 年通水运行以来，累计向鲁津冀地区调水 7.01 亿立方米，为鲁津冀地区城镇生活、工业生产、经济发展、社会稳定提供了可靠保障，对促进华北地下水超采综合治理、生态环境改善发挥了重要作用。

双王城水库是南水北调东线胶东干线工程的重要调蓄水库，主要任务是调蓄南水北调工程分配给青岛、潍坊两市和寿光县城及水库周边高效农业的水量。水库总库容 6150 万立方米，装机 4 台总容量 1750 千瓦。工程批复投资 8.68 亿元，完成投资 8.09 亿元。截至 2020 年 12 月底，水库累计充库 2.04 亿立方米，供水 1.35 亿立方米，为受水区城市生活、工业用水、生态环境改善、经济发展提供了有力保障。在 2014 年度、2015 年度特大干旱期间，双王城水库应急供水 3113.5 万立方米，有效缓解了地方旱情，受到当地政府和人民群众的高度评价。

万年闸泵站枢纽工程是南水北调东线山东段第二级抽水梯级泵站，位于韩庄运河中段，为大（1）型工程，主要任务是从万年闸节制闸闸下提水至闸上，结合排涝并改善运河的航运条件。截至 2020 年 12 月底，工程累计安全运行 4.18 万台时、调水 46.68 亿立方米，其中累计生态补水 2.95 亿立方米，极大缓解了鲁南、山东半岛和鲁北地区城市缺水问题，兼顾了生态和环境用水，增强了特殊干旱年份水资源供给和水安全保障能力。工程累计协助地方排除涝水 30 余万立方米，确保了周边 2000 余亩耕地免于受淹，赢得了当地群众对南水北调工程的支持。通过调水与航运相结合，韩庄运河段航道由三级航道提升到二级航道，航道通行能力由 2007 年的 700 万吨提高到 2015 年的 2950 万吨。

（赵新 《中国水利报》 2022 年 2 月 15 日）

凝心聚力再起航

——南水北调东线山东干线公司开启实干新征程

一年春作首，万事行为先。2月7日，壬寅虎年上班第一天，南水北调东线山东干线有限责任公司（以下简称"山东干线公司"）举行了开工动员会。在开工动员会上，山东干线公司党委书记、董事长瞿潇说："2021年在全体员工共同努力下，公司多项工作取得历史性突破。2022年工作任务已经明确，各部门各单位要拿出虎劲奋发作为、团结拼搏，全力以赴完成年度各项重点任务，为圆满完成全年工作目标奠定良好基础。"

调整状态　上好"开工第一课"

虎年上班第一天，山东干线公司各部门、各单位通过多种形式迅速调整员工工作状态，形成了一股紧张快干、马不停蹄、提速争先的浓厚氛围。宣讲学习安全生产法规、提出全年工作思路、上好"开工第一课"……

工程管理部在开工第一天组织部门全体人员开展安全生产"开工第一课"活动，对《中华人民共和国安全生产法》的要求以及新修订的关键内容进行了宣讲学习。同时，结合工作实际，围绕怎样落实企业安全生产主体责任，从企业为什么是安全生产的责任主体、应承担主体责任的内涵以及工程管理部管业务的同时如何履行安全生产责任等方面进行了宣讲学习，为新的一年切实落实安全责任奠定了基础。

在调度运行与信息化部，全体人员集中学习解读上级及公司党委有关年度工作会议精神，回顾和总结部门2021年度工作，提出2022年重点工作思路：以"编制两份月报、创建两个品牌"为载体，加强标准化、信息化管理及能力提升。

积极响应　绷紧安全生产弦

不负春光起好步。为做好年后复工安全生产工作，2月8日，山东干线公司济南管理局各管理处分别成立综合后勤、土建、金结机电及自动化检查组，对闸站消防及用电情况、渠道结冰及管理区域人员非法进入等情况进行重点检查。

2月7日，枣庄管理局根据山东省水利厅及山东干线公司要求，在开工第一天深入一线，走进万年闸泵站、台儿庄泵站及韩庄泵站开展"开工第一课"专题会议，正式开始新一年紧张而有序的工作。

泰安管理局在开班第一天组织召开全体干部职工视频会议，传达2022年度工作会议精神，为大家讲授安全生产"开工第一课"，从泰安管理局所辖工程面临的安全生产形势、全国2021年重点国家水利工程遇到的安全生产问题、安全生产日常需要注意的各种细节做了深入分析。

德州管理局迅速进入工作模式，收心到位，梳理工作。局机关及各管理处召开了春节后"开工第一课"专题会议。会上，传达了上级文件精神，结合水利工程特点讲解安全生产相关知识，组织观看了警示教育片。

聊城管理局的"开工第一课"从认清形势、提高对安全生产重要性的认识，强化安全生产意识和落实安全生产责任，以及加强隐患排查和做好处置工作等方面进行了讲解。

胶东管理局组织集中观看了《应急时刻：2021年应急管理这一年》，运用典型案例进行警示教育，从中汲取经验教训，筑牢思想防线，切实提升胶东管理局安全管理水平。

南四湖水资源监测中心"开工第一课"活动由中心主要负责人亲自授课，针对春节后复工复产和疫情防控特点，结合工作实际，分析了当前安全生产形势，对可能存在的安全风险有针对性提出了具体要求和措施，同时鼓励职工积极主动排查身边隐患，强化隐患排查整治，提高安全水平。

落实排查　开启实干新征程

人勤春来早。2月7日，机电公司组织专人全面检查办公楼消防安全设施，从消防控制室到弱电间配电柜，再至每一楼层的消防栓、灭火器，逐一对其进行检查及模拟操作，切实上好"开工第一课"，确保办公楼内人身安全及财产安全。

土建公司召开全体职工会议，首先传达了近期安全生产事故通报文件，利用山东干线公司安全生产培训平台开展"开工第一课"安全教育培训，共同观看学习《节后复工安全》等安全培训教育视频。会议对2022年安全生产工作进行部署，强调安全生产是首要任务，全体干部职工要切实提高安全意识，筑牢安全生产防线，坚决杜绝一切安全隐患，全体职工要收心、到位、上满弦，共同营造安全稳定的环境，确保土建公司在2022年开工安全，生产安全。随后，全体职工前往中心基地、渠道标准化试验段项目部对生产生活设备进行检查。

山东干线公司各单位、各部门正以饱满的工作热情和良好的工作形象，积极投身本职工作，以实干开启公司新征程。

（丁晓雪 《中国水利报》 2022年2月22日）

水下"真功夫"

——南水北调中线郑州段水下衬砌面板检修施工探秘

2021年，南水北调中线工程经历了建成以来覆盖范围最广、降雨强度最大、持续时间最长的特大暴雨考验，给渠道运行安全带来极大挑战，随之而来的水下检修工作必不可少。日前，南水北调中线郑州段工程进行了水下衬砌面板修复工作。然而水下环境复杂，在不停水的情况下，潜水员如何进行水下检修？参建方如何保质保量完成工作？带着诸多问题，在工程现场，笔者一探究竟。

探访"水下蛟龙"

"呼哧，呼哧……"均匀的呼吸声，从喇叭里传出来。

这是南水北调中线工程河南郑州段工程第一次进行干渠水下检修。作业任务是在约6米深的干渠内，对29块衬砌面板进行检查修复，担负着这项特殊任务的核心作业人员是有"水下蛟龙"之称的潜水员。

"这是操作台，一个显示屏，一个传话筒，与潜水员保持联络，有什么话可以在这里传送出去，他们在水底能听见。"现场驻地负责人张宝钢眼睛盯着显示屏说道。

"继续找平，进行测量。"

"收到！"

潜水员身穿潜水服，戴着厚重的头盔，在及腰深的水里执行任务。与岸上人员交流的通道就隐藏在这厚重的头盔中。头盔中装有对讲设备，可以确保交流通畅。不仅如此，头盔里还有视频拍摄装置，可以将水下照片和录像传输到电脑终端，便于指挥人员及时了解水下工况。

电脑屏幕上显示，潜水员正在进行基面找平作业。潜水员一手拿水平尺，另一手拿塞尺，正在一个点一个点地检查，不断核对面板的平整度。

"两块新的衬砌面板准备下水，潜水员正在对基面进行检查。查看是否有明显裂缝、隆起或孔洞，把基面清理干净后，再用水平尺测量不少于 10 处，确保基面的平整度。"张宝钢指着屏幕介绍道。

作业时，潜水员腰上佩戴 50 斤的铁块，全程半趴半跪姿势。潜水只是入水的基本功，在水里还要有大量的体力劳动，拥有较好的身体素质是第一道硬关。已有 5 年经验的潜水员王笑峰说，从潜水学员到成为独立执行任务的潜水员，至少要过"三关"：一是体能关，身体要能适应高压作业环境和大量的劳动；二是技能关，能熟练操作各类潜水装具和作业工具；三是心理关，遇到紧急突发情况能够冷静处理。

潜水员在水下作业 2 个小时，可以上岸休息 15 分钟。摘掉约 15 斤的头盔，让身体放松一下，和岸上的战友们聊上几句报个平安，这是潜水员日常的减压方式。

联动"三角地"

7 点 20 分，安全教育讲台，是检修开工的"前奏曲"。

张宝钢右胳膊戴着鲜亮的"安全员"红袖标，站在讲台上，检查安全帽佩戴情况，人员出入证件是否相符，叮嘱着车辆和人员行驶要紧靠运行道路一侧，潜水员、电工、吊车司机要持证上岗，严格按照操作流程作业。

"今天要吊装作业，潜水员、监控人员和吊车司机，三方形成'三角地'进行联动，大家全力做好配合。"

联动任务是将一块重达 500 公斤的衬砌面板用吊机送到预设位置。原来的面板面积是 4 米乘以 4 米，厚度 10 厘米，一块板重 4000 公斤，太大不方便吊装，还存在安全隐患。方案优化后，面板由 8 块小面板拼接而成，每小块面积 1 米乘以 2 米，厚度不变。减小后的面板，一块也至少重达 500 公斤。

张宝钢说，水下作业安全是第一位的。本次"三角地"联动，"6 名潜水员队伍，2 名潜水员在水下作业，还有 4 名潜水员换了作业身份，要负责视频监控和辅助工作，潜水员在轮休时干上了陆地上的岗位，这样能换位思考，想人之所想及人之所及，与水下潜水员沟通'一点就透'，施工提质增效，平均 3 天完成 8 小块板面的拼装作业。"

"起吊，潜水员离场，远离重物，到安全区域。"

"放臂，入水，入水，慢放 10 厘米。"

联动有话术。抬臂，放臂，起吊，放吊。虽然只言片语，但大家都能明白对方的意思和下一步该怎么做。

潜水员、吊车司机、监控人员三方联动，潜水员利用头盔上的通信系统与监控人员联动，通话传达到地面；监控人员是"中介"，他利用对讲机将指令转达给吊车司机。平台虽然不同，但是现场配合默契十足。

"注意，注意。"

面板已落水，已送达预制位，潜水员入水微调位置，两个潜水员手拿工具，准备下水作业。

视频监控里传来，潜水员正在利用杠杆原理，小范围调整面板位置，预制衬砌板安装表面平整度 4 米内误差不超 5 毫米，一点都不差。

完毕，拼装完成。

凝 心 促 生 产

有了潜水员这支队伍远远还不够，施工技术方案的组织实施对于保障工程质量也是一个重要环节。特别是遇到特殊的施工任务，质量保证是关键，因为技术力量薄弱，工程质量出现问题的例子比比皆是。

项目经理田欣的笑里充满自豪，"南水北调是利国利民的大工程，项目开工之初，公司就把最有经验的安全员和技术骨干派过来了。"这些在其他大项目历练过的技术人员，经验相对丰富，管理施工质量自有一套成熟的制度。项目自开工起，就建成了一套规范流程，严格按照南水北调的标准和规范来执行。

有了质量做铺垫，技术革新是促生产的第二个因素。

"根据现场情况制定检修方案，按照预制板拼装形式进行水下检修作业，其中拼装面板接缝处理，怎么增加填胶的密实性，怎么用工具或设备能提高效率，这些施工工艺一直在探索革新。"田欣娓娓道来。

面对特殊的干渠地质条件和湍急的水文环境，党员攻坚突击队队员万耀强主动请缨，负责现场监督，水下修复项目是他的党员"责任区"。每天一早便来到现场，他说自己最在意的是工程质量，只有质量过关了，才算完成组织交办的任务。

"现场发现有两块预制衬砌面板的边角有损坏，当场就叮嘱工人作废处理。"万耀强说看似有经济损失，但后期节省了大量人力物力，还促进了工程进度，实则是避免了更大的损失。

水下衬砌是隐蔽工程，质量一定要严控。日常中重视工人技能培训、作业工艺和不断改进流程，保证了生产作业中的"真功夫"。

（赵鑫海 《中国水利报》 2022年2月22日）

南水北调也有河长了

全面建立完善南水北调工程河湖长制体系，是落实习近平总书记在推进南水北调后续工程高质量发展座谈会上的重要指示精神、推动河湖长制"有能有效"的重要举措。今年1月，水利部印发《在南水北调工程全面推行河湖长制的方案》，要求中线、东线工程沿线省份充分发挥河湖长制优势，切实维护好南水北调工程安全、供水安全、水质安全。

北京、天津、河北、河南、江苏、安徽、山东等7个省（直辖市）南水北调河湖长体系建立情况如何？河湖长将如何管护好"国之重器"？先行开展这项工作的省份有哪些举措成效？本期专刊推出"南水北调也有河长了"专题，聚焦南水北调工程河湖长制体系建立情况。敬请关注。

——编者

北京
四级河长守护首都供水生命线

北京市河长制办公室近日印发在南水北调工程全面推行河湖长制的实施方案，将南水北调中线一期北京段工程全面纳入四级河湖长制工作体系，其中市级河长由分管水务工作的市领导担任。

南水北调中线一期北京段工程自房山区北拒马河至颐和园团城湖，全长80公里，涉及房山、丰台、海淀3个区。除末端800米团城湖明渠外，其余均为地下管涵。南水北调工程自2014年正式通水以来，已累计向北京市供水74.2亿立方米，目前日供水量占城区自来水供水量的七成以上，是首都供水的生命线。

北京在设立南水北调工程市级河长的同时，在工程沿线的区、乡镇（街道）、村分级分段设立河长。市级河长负责统筹协调南水北调工程保护、水质保护工作；区、乡镇（街道）、村（社区）级河长负责本级行政区内南水北调工程保护、水质保护等相关工作。各级河长按照河长湖长履职规范中要求的频次开展巡查，及时发现并制止工程管理保护范围内的"四乱"（乱占、乱采、乱堆、乱建）问题等；组织排查整治影响南水北调工程安全、水质安全的问题，确保工程运行安全；组织开展南水北调工程交叉河道妨碍行洪问题的排查整治，协调工程防汛所需应急抢险物资、抢险力量，保障工程安全度汛。

天津
多举措确保河湖长制在南水北调工程管理中发挥实效

天津市日前将南水北调中线天津干线（天津市境内）工程全面纳入河湖长制工作体系，建立市、区、镇、村级四级河湖长体系，全力保障南水北调工程安全、供水安全、水质安全。

南水北调中线天津干线工程的最高层级河湖长对责任段的管理保护负总责，分级分段河湖长对责任段的管理保护负直接责任。市、区、镇级河湖长协调上下游、左右岸、跨行政区域实行联防联控；对相关部门（单位）和下一级河湖长履职情况进行监督考核，强化激励问责。村级河湖长负责贯彻落实上级党委和政府的安排部署，日常巡查巡护工程责任段。

南水北调中线天津干线工程各级河湖长需组织相关部门（单位）联合南水北调工程管理单位，综合运用日常巡查、遥感监测、群众举报等多种手段，排查影响南水北调工程安全、供水安全、水质安全的问题，组织或督促相关部门（单位）清理整治突出问题，及时消除隐患。加强防汛管理和执法监管，组织排查整治交叉河道行洪影响工程安全的问题，配合南水北调工程管理单位定期组织开展工程度汛应急演练，协调南水北调工程汛期防洪所需应急抢险物资、抢险力量等；配合南水北调工程管理单位开展日常监管巡查，组织多部门联合执法，严厉打击影响南水北调工程安全、供水安全、水质安全的违法行为。

天津市还明确了加强组织领导、健全协作机制、强化考核监督等 3 项保障措施，确保河湖长制在南水北调工程管理中发挥实效。

河北
五级河长管护南水北调工程

河北省近日在省内 465 公里的南水北调中线工程干线、南水北调东线一期工程北延应急供水工程相关河渠、南水北调配套工程明渠段全面推行河长制，建立省、市、县、乡、村五级河长组织体系，构建责任明确、协调有序、监管严格、保护有力的南水北调工程管理保护机制。

省级河长负责安排部署突出问题专项整治，协调解决工程管理保护中的重大问题；推动建立上下游、左右岸、跨区域联防联控机制；组织督导省级相关部门和市级河长履职情况，对目标完成情况进行考核。市、县级河长负责组织排查整治南水北调工程管理范围内的突出问题、影响工程安全、供水安全、水质安全的行为，以及交叉河道行洪影响工程安全问题等，协调、组织防汛、执法、监管巡查等工作。乡、村级河长发现危害南水北调工程安全、供水安全、水质安全的相关行为，及时组织整改。

河南
"河湖长制 + 水源保护条例"，清水北送有"双重保障"

3 月 1 日，《河南省南水北调饮用水水源保护条例》正式施行。此前，河南省已在南水北调水源区和干线工程推行河湖长制。确保"一泓清水永续北送"，河南有了"双重保障"。

"制定条例是贯彻落实习近平总书记重要讲话精神的迫切需要，是加强南水北调饮用水水源保护的迫切需要，是推进南水北调后续工程高质量发展的迫切需要。"在2月24日省人大常委会召开的新闻发布会上，省人大常委会副主任李公乐说。

作为南水北调中线工程的核心水源地和渠首所在地，河南境内输水总干渠长达731公里，承担着向华北地区提供优质水资源、保障首都生态安全和水安全的重大政治责任。

"供水范围覆盖11个省辖市市区43个县（市、区）城区101个乡镇，直接受益人口2600万人，供水水质始终保持在Ⅱ类及以上标准，受水区人民群众的获得感、幸福感日益增强。"省水利厅党组副书记王国栋说。

去年8月，河南省河长制办公室印发通知，在河南省南水北调水源区和干线工程全面建立省、市、县、乡、村五级河湖长组织体系。沿线市长、县长、乡长分别任干线工程市、县、乡级河长，沿线村支部书记任村级河长。南阳市委书记任丹江库区市级湖长，沿湖县、乡党委书记分别任丹江库区县、乡级湖长，村支部书记任村级湖长。

"南水北调水源区和干线工程省、市、县、乡级河湖长负责组织领导水源区及干线工程的环境保护和生态修复工作，协调解决南水北调中线工程安全、供水安全、水质安全等相关重大问题；村级河湖长开展日常巡查，劝阻、制止违法违规行为，不能解决的问题及时上报。"河南省水利厅河长制工作处处长霍继伟说。

河南省南水北调水源区和干线工程各级河湖长，正在为保障水源区及干线工程水质持续稳定达标，贡献着力量。

山东
河长巡河发现并解决沿线"四乱"问题 1378 个

自2018年山东省建立南水北调工程河湖长制体系以来，南水北调工程山东段沿线各级河长巡河超过4.2万次，组织开展了一系列整治行动，已清理整治河湖"四乱"（乱占、乱采、乱堆、乱建）问题1378个，有力改善了河道面貌。

在 2017 年全面推行河湖长制之初，山东省即明确将南水北调工程全面纳入实施范围。2018 年，随着河湖长制全面建立，山东省南水北调工程河湖长制体系也同步建立，明确了各级河湖长任务。2018 年以来，南水北调工程山东段沿线各级河长巡河超过 4.2 万次，其中省级河长 23 次、市级河长 85 次、县级河长 1165 次、乡级河长 1.16 万次、村级河长 2.94 万次。

按照山东省河湖长制工作方案，南水北调工程山东段建立了省、市、县、乡、村五级河湖长体系。目前包括省长周乃翔、省委副书记杨东奇、常务副省长王书坚、副省长范华平等 4 名省级河湖长，以及 14 名市级河湖长、46 名县级河湖长、200 名乡镇级河湖长、849 名村级河湖长。

近年来，在山东省各级河湖长组织下，一系列河湖清违整治行动有力推进，南水北调山东段沿线一批沉疴积弊得到治理；河湖管理范围划定工作完成，河湖管护基础得到夯实。2018 年，山东省人民政府批复了梁济运河等省级重要河湖岸线利用管理规划。山东省还开展了南四湖流域水污染综合整治三年行动（2021—2023 年）、东平湖"退渔还湖"等攻坚行动；结合南水北调后续工程，加快实施水污染治理、水生态修复工程，并加强监测、巡查和执法。

在各级河湖长和有关部门共同努力下，南水北调工程山东段水质总体达到地表水Ⅲ类标准，工程沿线形成了岸绿、景美的水生态景观，综合效益明显。南水北调沿线的韩庄运河、梁济运河、南水北调续建配套工程等部分河段，创建为省级美丽幸福示范河湖。

江苏
南水北调东线一期工程省市县乡四级河长全覆盖

江苏省在前期南水北调东线一期工程大部分河段设立省级河长的基础上，于 2 月底前在新通扬运河（江都—海安段）、三阳河、潼河（宜陵—宝应站段）、不牢河（大王庙—蔺家坝船闸段）等河段增设省级河长，实现了境内南水北调东线一期工程省、市、县、乡四级河湖长全覆盖。

据了解，江苏省南水北调东线一期工程河湖长中，共有省级河湖长 7 名，市级河湖长 17 名，县级河湖长 54 名，乡级河湖长 173 名，各级河湖长职责任务均已明确。

南水北调东线一期工程在江苏省涉及分淮入沂、洪泽湖、淮河入江水道、金宝航道、京杭运河苏北段、骆马湖、白马湖、三阳河、苏北灌溉总渠、潼河、新通扬运河（泰西段）、徐洪河、运西河一新河等河湖。根据今年1月修订的《江苏省河长湖长履职办法》，在南水北调东线一期工程管护工作中，省级河湖长负责组织开展工程涉及河湖的突出问题专项整治，协调解决相应河湖管理和保护中的重大问题，明晰相应河湖上下游、左右岸、干支流地区管理和保护目标任务，推动建立区域协同、部门联动的河湖联防联控机制等；市、县级河湖长职责定期或不定期巡查相应河湖，组织开展河湖突出问题专项整治行动，组织研究解决河湖管护有关问题等；乡级河湖长开展河湖经常性巡查，组织整改巡查发现的问题，开展河湖日常管护、保洁等。

安徽滁州市
河湖长制推进高邮湖治理管护

安徽省滁州市、天长市以河湖长制为总抓手，坚持问题导向，加强高邮湖治理管护，确保南水北调工程输水安全、水质安全。目前，高邮湖水环境明显改善，湖区及其主要支流国控断面水质稳定在Ⅲ类，水生态系统逐步恢复。

高邮湖在安徽省滁州市境内水面面积54.5平方公里，岸线34公里。天长市总河长2021年签发总河长令，专项整治高邮湖，制定"一镇一清单"。各级党政领导签订治水"责任状"，市检察院和作风办全程跟踪监督有关部门落实河湖长制任务情况，市河长办定期督办问题整改情况。

安徽滁州市、天长市与江苏省扬州市、高邮市、仪征市、宝应县六地河长办，建立了高邮湖联合河湖长制。滁州市以高邮湖支流白塔河为试点，聘请社会力量进行专业保洁、绿化维护和堤岸巡查；建立"河长＋警长"机制，设立16名河湖警长，助力"清河清湖"行动；聘请高邮湖"民间河长"7名、"河小青"100名，协助各级湖长做好监督工作。

天长市依托河湖长制，近年来开展多轮高邮湖及入湖支流综合治理，清淤、截污、拆违、固堤、绿化，开展"坚守断面保碧水"水污染防治攻坚行动等。同时大力推进智慧河湖管理，绘制天长市河湖分布"一张图"，建设高

邮湖流域可视化监控系统，全面掌控流域水质动态变化。

（王天淇　王立义　吕培　石继海　李乐乐　彭可　万少军　程瀛

杨帆　陆晨辉　《中国水利报》　2022年3月10日）

天津：多举措确保河湖长制在南水北调工程
管理中发挥实效

天津市日前将南水北调中线天津干线（天津市境内）工程全面纳入河湖长制工作体系，建立市、区、镇、村级四级河湖长体系，全力保障南水北调工程安全、供水安全、水质安全。

南水北调中线天津干线工程的最高层级河湖长对责任段的管理保护负总责，分级分段河湖长对责任段的管理保护负直接责任。市、区、镇级河湖长协调上下游、左右岸、跨行政区域实行联防联控；对相关部门（单位）和下一级河湖长履职情况进行监督考核，强化激励问责。村级河湖长负责贯彻落实上级党委和政府的安排部署，日常巡查巡护工程责任段。

南水北调中线天津干线工程各级河湖长需组织相关部门（单位）联合南水北调工程管理单位，综合运用日常巡查、遥感监测、群众举报等多种手段，排查影响南水北调工程安全、供水安全、水质安全的问题，组织或督促相关部门（单位）清理整治突出问题，及时消除隐患。加强防汛管理和执法监管，组织排查整治交叉河道行洪影响工程安全的问题，配合南水北调工程管理单位定期组织开展工程度汛应急演练，协调南水北调工程汛期防洪所需应急抢险物资、抢险力量等；配合南水北调工程管理单位开展日常监管巡查，组织多部门联合执法，严厉打击影响南水北调工程安全、供水安全、水质安全的违法行为。

天津市还明确了加强组织领导、健全协作机制、强化考核监督等3项保障措施，确保河湖长制在南水北调工程管理中发挥实效。

（王立义　《中国水利报》　2022年3月10日）

河北：五级河长管护南水北调工程

河北省近日在省内465公里的南水北调中线工程干线、南水北调东线一期工程北延应急供水工程相关河渠、南水北调配套工程明渠段全面推行河长制，建立省、市、县、乡、村五级河长组织体系，构建责任明确、协调有序、监管严格、保护有力的南水北调工程管理保护机制。

省级河长负责安排部署突出问题专项整治，协调解决工程管理保护中的重大问题；推动建立上下游、左右岸、跨区域联防联控机制；组织督导省级相关部门和市级河长履职情况，对目标完成情况进行考核。市、县级河长负责组织排查整治南水北调工程管理范围内的突出问题、影响工程安全、供水安全、水质安全的行为，以及交叉河道行洪影响工程安全问题等，协调、组织防汛、执法、监管巡查等工作。乡、村级河长发现危害南水北调工程安全、供水安全、水质安全的相关行为，及时组织整改。

（吕培　石继海　《中国水利报》　2022年3月10日）

江苏：南水北调东线一期工程省市县乡四级河长全覆盖

江苏省在前期南水北调东线一期工程大部分河段设立省级河长的基础上，于2月底前在新通扬运河（江都—海安段）、三阳河、潼河（宜陵—宝应站段）、不牢河（大王庙—蔺家坝船闸段）等河段增设省级河长，实现了境内南水北调东线一期工程省、市、县、乡四级河湖长全覆盖。

据了解，江苏省南水北调东线一期工程河湖长中，共有省级河湖长7名，市级河湖长17名，县级河湖长54名，乡级河湖长173名，各级河湖长职责任务均已明确。

南水北调东线一期工程在江苏省涉及分淮入沂、洪泽湖、淮河入江水道、金宝航道、京杭运河苏北段、骆马湖、白马湖、三阳河、苏北灌溉总渠、潼河、新通扬运河（泰西段）、徐洪河、运西河—新河等河湖。根据今年1月修订的《江苏省河长湖长履职办法》，在南水北调东线一期工程管护工作中，省级河湖长负责组织开展工程涉及河湖的突出问题专项整治，协调解决相应河湖管理和保护中的重大问题，明晰相应河湖上下游、左右岸、干支流地区管理和保护目标任务，推动建立区域协同、部门联动的河湖联防联控机制等；市、县级河湖长职责定期或不定期巡查相应河湖，组织开展河湖突出问题专项整治行动，组织研究解决河湖管护有关问题等；乡级河湖长开展河湖经常性巡查，组织整改巡查发现的问题，开展河湖日常管护、保洁等。

（程瀛　《中国水利报》　2022 年 3 月 10 日）

南水北调东中线一期工程
为国家水网主骨架打造美丽样本

南水北调东中线一期工程全面通水 7 年多来，累计调水 500 多亿立方米，直接受益人口超 1.4 亿，在我国经济发展和生态环境保护方面发挥了重要作用。

作为我国"四横三纵"国家水网规划中先行先试的"两纵"，从东中线一期工程目前发挥的综合效益来看，具有较强的示范效应，为推进南水北调后续工程高质量发展提供了借鉴，成为构建国家水网主骨架和大动脉的一个美丽样本。

优化配置　一张饮水安全网

2022 年全国水利工作会议提出，要以重大引调水工程和骨干输配水通道为纲、以区域河湖水系连通工程和供水渠道为目、以控制性调蓄工程为结，构建"系统完备、安全可靠，集约高效、绿色智能，循环通畅、调控有序"的国家水网。

俯瞰中国的江河版图，横向的长江、黄河、淮河自西向东，与纵向的东线一期工程（京杭大运河）相交，犹如一个丰收的"丰"字。中线一期工程出丹江口水库，自南向北，一路沟通长江、淮河、黄河和海河流域，犹如多了一横的"丰"字。

东中线一期工程全面通水 7 年多来，在沿线已经初步构建起水资源优化配置的骨干水网：干线工程是纲，配套的输水管道和泵站是目，调蓄湖泊和水厂是结。纲、目、结有机结合，编织出我国从南到北，从城市辐射乡村的两条带状水网。

近年来，工程受水区在用足用好南水北调水（以下简称"南水"）上下功夫，集中发力，加快建设进程，确保了配套工程同步实施早日达效。南水通过一个个分水口、上千个提灌站、数百个水厂，以及无数条地下输水管线，奔向城乡的工厂企业，流向千家万户。

东线一期工程在江苏境内形成一个不规则的大麻花瓣子状水网。工程充分利用了京杭大运河线路，南水在扬州源头出发不久便兵分两路，综合运用运东和运西两条线路输水，与洪泽湖、骆马湖、南四湖等调蓄湖泊相互缠绕。这个"大麻花瓣子"使江苏境内的受水区供水保证率提高了 20% 至 30%。

东线一期山东干线工程及配套工程体系，构建起山东省 T 字形骨干水网格局。2016 年 3 月 10 日，长江水到达山东省威海市，标志着山东省境内东线一期工程规划供水范围的 13 个设区市全部实现供水目标，实现了长江水、黄河水、当地水的联合调度优化配置。

北京市建成了一个沿着北五环、东五环、南五环及西四环的输水环路，拥有向城市东部和西部输水的支线工程，以及密云水库调蓄工程，南水供水水网犹如一个变形的"10"状，全市构建起"地表水、地下水、外调水"三水联调、环向输水、放射供水、高效用水的安全保障格局。

天津市逐步形成一个以南水、引滦输水工程一横一纵为骨架横卧的十字形水网，于桥、尔王庄、北大港、王庆坨、北塘五座水库互联互通、互为补充、统筹运用。南水已覆盖天津市 16 个行政区中的 14 个，中心城区、环城四区及滨海新区、武清等区实现了南水、引滦双水源保障，城市供水"依赖性、单一性、脆弱性"的矛盾得到有效化解。

中线总干渠与邢清干渠、石津干渠、保沧干渠、天津干渠和廊涿干渠等配套工程相连，在河北省形成了一个梳子状的水网，河北省新建、改建城镇配水管网约 7500 公里，共配套南水北调水厂 128 座。

中线总干渠与配套工程在河南省形成了南北一纵线、东西多横线的供水水网，形状像一个鱼骨架。河南省南水北调供水覆盖南阳、平顶山、漯河、周口、许昌、郑州、焦作、新乡、鹤壁、安阳、濮阳等 11 座省辖市及 41 座县级市及县城的 89 座水厂。

农村供水工程是重要公共基础设施。随着全国城乡供水一体化工程的大力推进，南水逐步润泽工程沿线寻常农村百姓家。目前，河南省 64 个乡镇的群众喝上了南水。河北省受水区 1300 多万农村人口喝上了优质的南水，500 多万群众告别了长期饮用高氟水和苦咸水的历史。天津市长期饮用地下水的 286.8 万农村居民喝上了南水。

中国南水北调集团水务投资公司已经与河南新乡、鹤壁等沿线地市签订战略合作协议，积极推进沿线配套工程和城乡供水一体化建设，不断延长水产业链条。

带动发展　一张经济循环网

东中线一期工程带来的优质水源，提高了受水区水资源承载能力，形成了以工程为纽带的一批城镇和工业园区，织成了一张经济循环网，有力促进了产业结构优化调整，促进了沿线经济社会可持续发展。

在河南省，水质保护倒逼产业结构调整。总干渠两侧水源保护区内的污染企业被关停，有可能导致水体污染的工业企业按计划逐步改造、外迁，促进了产业优化布局和转型升级。

近年来，中线工程水源地和总干渠沿线加快调整种养结构，推广生态循环农业，大力发展绿色、循环、低碳工业，一些地区初步形成了生态产业体系，发展增量不增污。

在东线水源地扬州，沿南水北调输水廊道规划建设了 1800 平方公里的生态走廊，将沿江岸线划为岸线保护区和控制利用区，推动沿江化工产业退后一公里，关停化工企业 263 家。

中线一期工程为受水区产业转型升级创造了机遇，缓解了城市用水挤占农业用水的矛盾，改善了农业生产条件，增强了农业抵御干旱灾害的能力。充足的水源为富士康、百威啤酒等工业项目落地提供了保障，产品质量和市场竞争力进一步增强。

工程沿线过去受制于水的旅游业被盘活。郑州在市区段干渠两侧各 200 米范围，高标准规划建设了南水北调生态文化公园。许昌依托中心城区河湖水系连通工程，打造"五湖四海畔三川，两环一水润莲城"的城市景观，提升了城市发展品位。

随着中线总干渠生态带建设和河湖水质持续改善，沿线河湖周边楼面地价迅速提升，过去以主要街道为轴线的地价分配模式逐渐转变为以人居环境为核心的地价模式。焦作城区段、邢台市区段相关基础设施不断完善，土地增值潜力和空间巨大。

2021 年 5 月 14 日，习近平总书记在推进南水北调后续工程高质量发展座谈会上强调，"十四五"时期要加快构建国家水网主骨架和大动脉，为全面建设社会主义现代化国家提供有力的水安全保障。

中线一期工程沿线各地相继作出"十四五"及以后的详细规划，高效利用南水，提高南水北调受水区城乡供水保障能力。

北京市规划以做足节水、用足中水、立足客水补充为前提，以保重点、强安全、优生态、促宜居为目标，逐步建设形成"四条外部水源通道、两道输水水源环线、七处战略保障水源地、分级调蓄联动共保、水系湖库互联互通"的城乡供水格局。

天津市以一级河道为骨架，二级河道为纽带，以行政区水系为单元，构筑"四横、三纵、十一片区"的河湖水网布局。充分发挥河道的槽蓄能力，让水蓄起来；将雨洪水或引滦水引调至南部缺水地区，让水动起来；形成相对独立的分区循环体系，让水清起来。

河南省计划进一步扩大南水北调规划供水范围，包含沈丘、项城、孟州、沁阳、林州、开封市区等 26 座县（市、区）。规划新建观音寺、沙陀湖、鱼泉、马村等 4 座调蓄工程，形成以总干渠为纽带，以供水线路、生态补水河道为脉络，以调蓄水库为保障，辐射水厂及配套管网、河湖库网的供配水体系。

河北省将统筹考虑中东线工程，构建"南水、水库水、地下水"三水联调，"水源保障、工程保障、应急保障、管理保障"四大系统，"两纵八横、多库群井"的配套工程体系，实现南水、水库水、地下水统一管理、统一配置、统一调度。

国家"十四五"规划纲要提出了完善水资源配置体系、建设水资源配置骨干项目、实施国家水网工程、推进重大生态系统保护修复、推进重大引调水项目建设、强化华北地下水超采及地面沉降综合治理等一系列重大部署。

目前，中国南水北调集团正全力推进构建"四横三纵"水资源配置格局，配合做好东中线后续工程规划设计各项工作，全面做好引江补汉开工建设准

备，持续推进西线前期工作研究，多渠道筹措资金，高质量开发建设东中线后续工程，助力实现中华民族伟大复兴。

（许安强 《中国水利报》 2022 年 3 月 15 日）

南水北调博物馆奠基 中线工程纪念园开园

3 月 22 日，湖北省"守护一库碧水永续北送"主题活动在丹江口市举办之际，南水北调博物馆宣布奠基，南水北调中线工程纪念园开园。

即将开工建设的南水北调博物馆选址在丹江口大坝右侧，距大坝直线距离 900 米，紧邻中线工程纪念园。据悉，博物馆项目规划分为博物馆主体、陈列展览、博物馆周边片区等 3 部分，将深度结合传统文化、地域特色、调水文化和移民精神，重点打造南水北调世界水文化永久论坛会址中心、水利移民精神传承和展示中心等。

3 月 22 日正式建成开园的南水北调中线工程纪念园，位于右岸新城区库坝接合部，于 2017 年 7 月开工建设，占地 500 余亩。纪念园将中线工程沿线 15 个重要城市的标志性建筑景观和 11 个工程技术节点，模拟调水线路依山就势串联起来，集中展示调水沿线景观，是目前全国唯一的实景型展示调水文化和水利移民精神的纪念园，对于弘扬南水北调精神、促推地方经济发展具有重要意义。

（刘晨鑫 何利 《中国水利报》 2022 年 3 月 26 日）

南水北调东线一期工程北延应急
供水工程启动调水

3 月 25 日，南水北调东线一期工程北延应急供水工程（以下简称"东线北延应急供水工程"）正式启动年度调水。

此次调水是水利部深入学习贯彻习近平生态文明思想和"节水优先、空间均衡、系统治理、两手发力"治水思路、习近平总书记关于南水北调重要讲话精神，落实党中央、国务院关于持续推进华北地区地下水超采综合治理、河湖生态环境复苏决策部署，进一步发挥南水北调东线一期工程效益的具体体现。水利部组织中国南水北调集团有限公司等单位制定了工作方案，此次东线北延应急供水穿黄断面调水量约 1.83 亿立方米，入河北境内约 1.45 亿立方米，入天津境内约 0.46 亿立方米，比原有计划大幅度增加。调水计划持续至 5 月 31 日，并将根据工情、水雨情等实际情况，相机延长调水时间，增加调水量。

东线北延应急供水工程通过向河北、天津供水，置换农业用地下水，缓解华北地区地下水超采状况；相机向衡水湖、南运河、南大港、北大港等河湖湿地补水，改善生态环境；还可为天津市、沧州市城市生活应急供水创造条件。此次东线北延应急供水工程向津冀实施年度调水，标志着工程建成后进入常态化调水阶段。加上同期实施的东线一期鲁北段调水，此次总的调水量将超过 2.42 亿立方米，南水北调东线工程效益将逐步提升，在持续推进华北地区地下水超采综合治理和复苏河湖生态环境、支撑区域经济社会发展和生态文明建设等方面将发挥重要保障作用。

又讯 3 月 24 日，水利部召开南水北调东线北延应急供水工作启动会，安排部署东线北延应急供水工作。水利部副部长魏山忠主持会议并讲话，副部长刘伟平出席会议并讲话，总工程师仲志余、南水北调集团公司副总经理耿六成出席会议。

会议指出，南水北调工程是国家重大战略性基础设施，习近平总书记多次就南水北调工程运行管理作出重要讲话指示批示，指出大运河是祖先留给我们的宝贵遗产，是流动的文化，要统筹保护好、传承好、利用好；强调要确保南水北调东线工程成为优化水资源配置、保障群众饮水安全、复苏河湖生态环境、畅通南北经济循环的生命线，要求充分发挥好东线一期工程效益。目前，北方一些河湖需要生态补水，大运河要实现全线有水，地下水超采区需要压采回补，农业进入春灌期需要增加灌溉用水，对加大供水提出迫切需求。要深刻认识实施东线北延应急供水是贯彻落实党中央、国务院决策部署，持续推进华北地区地下水超采治理、河湖生态环境复苏的重要举措，进一步提高政治站位，切实做好东线北延应急供水各项工作。

会议强调，东线北延应急供水线路长、时间紧、任务重，各地各单位要切实按照责任分工和具体工作安排，主动做好工作。要加强协同配合，统筹供水、补水、防洪，确保如期完成应急供水任务。要加强统筹协调，跟踪掌握应急供水情况，及时协调解决应急供水过程中遇到的问题。要强化精细调度，加强输水线路巡查、河道清理整治和工程管理，确保输水安全，并做好动态监测评估工作。

根据水利部组织制定的应急供水实施方案，计划在 5 月底前通过东线一期工程和北延应急工程，向黄河以北供水 2.42 亿立方米，其中向鲁北供水 0.59 亿立方米，入河北 1.45 亿立方米，入天津 0.46 亿立方米。结合引黄水、当地水库水，实现穿黄工程出口至天津十一堡节制闸约 500 公里河段全线贯通，与独流减河水面相接。后期根据工情、雨水情实际和用水需求，相机增加供水。

水利部有关司局、南水北调集团公司负责人在主会场参会。黄委、海委，天津市水务局、河北省水利厅、山东省水利厅负责人通过视频参会。

（赵建平　李海川　《中国水利报》　2022 年 3 月 26 日）

南水北调工程有力保障雄安
新区供水安全

今天是雄安新区成立五周年的日子。南水北调中线工程自 2018—2019 供水年度开始，截至今年 3 月 29 日，通过天津干渠向雄安新区累计供水 5647 万立方米，为雄安新区城市生活用水和工业用水提供了优质水源保障。

设立雄安新区，是以习近平同志为核心的党中央作出的一项重大历史性战略选择，是千年大计、国家大事。5 年来，水利部全力推进雄安新区水安全保障能力建设，在下达南水北调中线各省市年度水量调度计划时将雄安新区供水量单独明确，更好地服务雄安新区建设。围绕贯彻落实习近平总书记"建设雄安新区，一定要把白洋淀修复好、保护好"的重要指示精神，水利部统筹黄河水、引江水和本地水向白洋淀实施生态补水。南水北调中线工程自 2017—2018 年度以来，通过沙河、唐河、蒲阳河、瀑河、北易水、北拒马河等退水闸向白洋淀及上游河流实施生态补水，累计补水 24.78 亿立方米，有力推动了白洋淀水生态修复和水环境改善。

中国南水北调集团组织中线公司认真落实供水和生态补水任务，全力配合雄安新区研究确定近远期供水保障方案，为提升雄安新区供水安全保障能力和白洋淀生态环境修复作出积极贡献。

海河水利委员会配合长江委编制南水北调中线一期工程年度水量调度计划，并按水利部部署做好海河流域受水区水量调度和水质安全保障监督检查相关工作，有效保障雄安新区供水安全。

河北省水利厅建立多水源向白洋淀补水机制，利用南水北调中线引江水及大清河系多个水库，多渠道向白洋淀进行生态补水，改善和提升白洋淀淀区水质。

2021—2022供水年度，南水北调中线工程计划向雄安新区供水 4300 万立方米，目前已供水 945 万立方米。据悉，水利部将统筹协调各方单位，加强水量调度管理，确保完成年度调水目标。同时，深入研究将雄安新区纳入南水北调后续工程规划供水范围，充分发挥南水北调工程综合效益，为雄安新区建设提供有力的水资源支撑。

（王鹏翔　梁祎　李季　薛程　吕培　《中国水利报》　2022 年 4 月 1 日）

南水北调东线正式向天津供水

4月1日上午10点，河北省青县流河节制闸开启，南水北调东线一期工程北延应急供水工程正式向天津供水，计划供水 4600 万立方米，流河节制闸的开启标志着北延应急供水工程开始进入常态化调水阶段。

输水初期正值沧州市新冠肺炎疫情突发，疫情防控形势严峻，沧州市领导高度重视北延应急供水工作，协调各部门保障输水工作顺利开展，并亲自带队赴南运河调研指导输水工作。为了保障输水线路与沿线水工建筑物的安全运行，河北省南运河事务中心领导亲赴一线检查输水工程和河道来水情况，同时积极协调沧州市水务局和衡水市水务局等相关单位，精细调度，严格要求南运河沿线各县市遵守输水秩序，加强线路巡查和河道清理整治。

流河节制闸

南水北调东线一期工程北延应急供水工程是深入贯彻落实党中央、国务院决策部署，持续推进华北地区河湖生态环境复苏的重要举措。本次输水可置换河北省和天津市农业用地下水，有效回补地下水量，缓解华北地区地下水超采状况；相机向南运河等河湖补水，改善了河北中东部地区的生态环境面貌，对大运河等河流生态修复起到了积极作用；还将为天津市、河北沧州市的城市生活应急供水创造条件，促进"四横三纵"国家骨干水网的构建工作，为京津冀协同发展等重大国家战略实施提供重要支撑和保障。

（吕培　邢志红　中国水利网　2022年4月1日）

南水北调东线大屯水库管理处
共克时艰保供水

3月25日14时，南水北调东线一期山东段工程六五河节制闸平稳开启，清澈的水流以超过每秒10立方米流量向河北、天津奔涌而去。这标志着南水北调东线一期工程北延应急供水工作正式启动。与此同时，大屯水库水泵机组满负荷运行，自3月14日9时开机调水运行，到3月27日9时，已调水入库1320万立方米。

一手抓疫情防控，一手抓调水运行，大屯水库全体职工全力践行南水北调初心使命。

全面部署　织密疫情"保障网"

3月10日以来，山东省德州市禹城、平原多地报告新冠肺炎本土确诊病例和无症状感染者；3月17日，大屯水库管理处驻地武城县报告1例新冠肺炎确诊病例。面对严峻复杂的疫情防控形势，大屯水库管理处坚决扛牢疫情防控责任，严格落实上级单位及属地有关疫情防控的各项部署要求，坚持疫情防控、调水和供水保障两手抓不放松，切实维护南水北调工程安全、供水安全和水质安全。

德州市突发新冠肺炎疫情后，大屯水库管理处迅速进入"战时"状态，领导班子充分发挥"主心骨"作用，全体员工主动放弃休假，提前返岗，全力配合属地做好疫情防控各项工作。

3月14日至20日，大屯水库采取封闭式管理，严格按照当地疫情防控部门要求，落实集中隔离、健康监测等防控措施。疫情期间，管理处严格执行"日报告"制度，每日两次定时向德州局上报管理处在岗职工健康状况；积极协调，组织开展3次全员核酸检测，采取多种方式开展疫情防控知识宣传，提升职工自我防护意识和能力，动态调整疫情防控工作方案；及时购置了一批防疫物资，确保防疫物资充足，并及时对办公场所实行一日两次全区域、全覆盖消毒消杀等防控措施。

一系列安全保障工作，让员工少了一份顾虑担忧，多了一份踏实安心。

迎难而上　工程管理不松懈

由于管理处实行封闭管理，德州市武城县疫情防控政策也持续收紧，管理处周边的社区、乡村道路限制出行，日常养护人员被迫居家隔离。可大屯水库蓄水位越来越高，如何将水库刚替换下的混凝土预制块搬到设计水位之上成了大问题。

"反正天天就在管理区范围内，哪儿也去不了，我们自己干！还能锻炼身体呢。"管理处主任崔彦平在水库工作群里发出了报名搬石块的通知。"我去！""算我一个！""还有我！"除中控室值班人员外，管理处所有在岗职工都在群里迅速回应。倒春寒丝毫没有影响水库人干事的热情，大家拿着自制工具，不顾疲倦，仅用 3 个小时就将共计约 30 立方米的坏损混凝土预制块搬到坝内坡高处。

凝心聚力　调水运行担使命

"报告中控室，六五河闸门已全部落下！"

"收到，打开 1 号机组冷却水、润滑水供水闸阀，检查润滑油油色、油位正常！"

"收到，目前 1 号机组各项参数一切正常！"

……

伴随着紧张而有序的一系列操作，3 月 14 日 9 时，入库泵站机组依次开启，正式拉开大屯水库 2021—2022 年度后续调水工作的序幕。疫情突发，调度运行科 9 名值班员中有 2 名职工需接受单独隔离，这个需要 24 小时值班值守的岗位如何排班，让主管邵在栋犯了愁。

让人欣慰的是，面对疫情带来的"人慌"，管理处职工没有退缩。综合岗人员每天完成食堂采购工作后，马上进行大坝和建筑物巡查；工程管理岗人员刚完成土压计、渗压计的监测工作，就马不停蹄地进行渠道水草打捞，每天进行消杀工作还要关注园区的消防安全。面对疫情防控和调水供水安全的双重责任，所有在岗职工主动兼职补位，一人多岗，用实际行动保障管理处安全运行。

目前，水库日均蓄水量 105 万立方米，调度运行工作平稳有序。

（昝圣光　鲁英梅　《中国水利报》　2022 年 4 月 26 日）

南水北调山东干线公司机电公司：
在战疫一线书写担当

南水北调（山东）机电维修有限责任公司（以下简称"机电公司"）作为南水北调东线山东干线有限责任公司（以下简称"南水北调山东干线公

司")的子公司,受任于疫情之际,勇于担当,为确保后期南水北调山东干线公司济宁管理局二级坝泵站自动化升级改造项目进度不受影响,积极作为,想方设法克服疫情带来的困难,及时组建一支"四人小分队",奔赴二级坝泵站现场开展查点排线工作,开启"吃住在泵站、非做核酸绝不离站、不完成不归家"的封闭工作模式,在严峻疫情形势下,为推进山东南水北调事业有序开展贡献一份坚定有力的"机电力量"。

"临危受命"赴现场

"领导,我已经确定好3位与我共同开展查点排线工作的战友了!我们下周一即刻出发!"4月8日,机电公司姜鸣歧在汇报工作时铿锵有力地说。

面对严峻的新冠肺炎疫情防控形势,为保证后期泵站自动化系统升级改造进度正常,不耽误即将接踵而至的电气预防性试验、泵站机组大修等工作,姜鸣歧、商鹏、赵亮、张衡临时组建成一支"机电公司四人小分队",奔赴二级坝泵站开启查点排线工作。

"我们提前与二级坝泵站管理处沟通过了,新冠肺炎疫情期间,为保证健康安全,我们吃住都在泵站,除了做核酸检测绝不离开半步。"机电公司一级技师商鹏说。张衡是四人小分队中年龄最小的,此次奔赴现场,他主动请缨。四人小分队,一辆工程车,三小时路程,他们就这样来到了二级坝泵站现场,简单收拾好住处后,便一头钻进厂房开始查点排线工作。

"摸石过河"挑大梁

泵站自动化系统升级改造是进一步提升山东南水北调泵站运行管理智慧化水平的重要项目,其中,查点排线是前期非常重要的工作之一,需要专业人员对泵站所有控制柜里的全部电缆进行梳理,仔细排查并核实电缆里的每一线芯是否和图纸标记一致,确保每个开关量、模拟量等信号通路通畅。

"这项工作易出错,也存在一定的触电风险,因此需要高度集中注意力。"作为此次小分队队长,姜鸣歧不断向其他三人强调安全操作的规范性及重要性,切实上好"开工第一课"。

在此次艰巨任务中,小分队不仅面临"人员少、工作量大"的问题,还需要以"摸石过河"的勇气与态度不断提高自我水平。此项工作作为连接机电设备和自动化系统的纽带，对补齐机电公司技术短板也具有重大意义。四人小分队虽对泵站现场设备熟悉，有相对成熟的操作经验，但仍存在一定的技术难题。为此，小分队专门请教专业老师指导解决问题。疫情期间，指导老师虽无法到达现场，但他们通过互联网、电话等途径及时请教。"解决问题在某种意义上就是创新，根据老师的指导，我们已逐渐摸索出一些解决方法。"姜鸣歧说。

线柜旁商讨解决难题的办法、桌上详细记录解决方法的笔记本，这一切都体现出专注钻研、守正创新、持续学习的工匠精神。机电公司党支部独特党建品牌"红心先锋 匠心机电"也体现得淋漓尽致。

"舍小顾大"勇担当

临危受命，小分队努力克服一切困难，义无反顾地来到现场，用甘于奉献的精神彰显"舍小家为大家"的责任担当。

在此次查点排线出差期间，本该陪妻子产检的姜鸣歧，只能通过视频通话宽慰妻子；本该下班后辅导孩子网课作业的商鹏，只能抽空给孩子打电话检查功课。"作为一名13年党龄的老党员，我觉得关键时刻就该冲锋在前，给年轻同志作好表率！"赵亮说。家里有两个孩子的赵亮，出差期间只能将花甲已至的父母接到家里帮忙，但他没有抱怨，没有叫苦叫累，兼任团支部书记的他，还抽空在现场与其他三位同志共同学习青年理论知识，用行动诠释了一名党员应有的责任与担当。

（庞博 《中国水利报》 2022 年 5 月 10 日）

开辟"家美民富村强"新境界

——河南南阳市创新推进南水北调移民工作高质量发展

南阳，虽地处豫西南一隅，却是个备受关注的地方。

2015 年元旦，习近平总书记在新年贺词中说，2014 年 12 月 12 日，南水北调中线一期工程正式通水，沿线 40 多万人移民搬迁，为这个工程作出了无私奉献，我们要向他们表达敬意，希望他们在新的家园生活幸福。

2021 年 5 月 13 日下午，习近平总书记在南阳视察时看望淅川县九重镇邹庄村南水北调丹江口库区移民乡亲，"沿线人民、全国人民都应该感谢你们，滴水之恩涌泉相报，吃水不忘掘井人，你们就是掘井人"，并嘱咐当地干部要"让移民群众的日子芝麻开花节节高"。

总书记缘何如此关注这个地方？

南阳是南水北调中线工程核心水源地和渠首所在地，也是河南省南水北调丹江口库区移民唯一迁出区和重要安置区。为了支持南水北调建设，半个世纪以来，南阳从淅川库区先后移民 36.8 万人，其中新世纪大移民搬迁 16.6 万人，市内 7 个县（市、区）安置 10 万多人，集中安置在 61 个乡镇 92 个村。

"让移民群众的日子芝麻开花节节高！"牢记嘱托、感恩奋进，笃行不息、开创新局，成为南阳移民工作改革前行的最强音；把总书记的嘱托化作为民谋幸福的行动，留下了移民干部铿锵前行的足迹。

春风浩荡满目新。2021 年以来，南阳市南水北调工程运行保障中心（南阳市移民服务中心）牢记殷殷嘱托，担当实干，把习近平总书记的关心关怀转化为南水北调移民乡亲的幸福生活，把移民区建成巩固脱贫攻坚成果同乡村振兴有效衔接的示范区，奋力开辟"家美民富村强"的发展新境界。

家　　美

邹庄道路通畅、三线入地，徽派楼舍、金桂飘香。这厢，"江山论"红色广场呼之欲出；那厢，千亩智慧草莓大棚建设如火如荼……一幅乡村振兴的斑斓画卷正徐徐铺开。

"家里美，心里舒坦。同志你说说，这是不是总书记说的'芝麻开花节节高'！" 4 月 26 日，69 岁的邹新曾是邹庄村最美保洁员，年近古稀仍一天忙到晚，满足与幸福洋溢在岁月刻下的道道皱纹里。

邹庄村，是 2011 年 6 月搬迁的南水北调移民新村。2021 年 5 月 13 日下午，习近平总书记来到邹庄移民新村时，曾走进邹新曾家。在这里，习近平总书记动情地说："我很牵挂你们。为了沿线人民能够喝上好水，大家舍小家为大家，搬出来了。这是一种伟大的奉献精神。"

一年好光景，刻录下邹新曾一家的幸福。2021 年，儿子邹会彦当选村委副主任，成立种植专业合作社，媳妇郭春玲镇上打工归来抽空在家做电商。当年秋季，孙女邹子金考上南阳师范学院，选择自己最爱专业——小学教育。2022 年，孙子邹子晨上高三，正信心满满地备战高考，争取做个工程师。

在乡村振兴的大潮中，邹庄村联合下孔、孔北、水寨等 3 个村，启动"大邹庄"乡村振兴项目建设，成立联合党支部，由乡贤王爱东担任联合党支部书记，把民心聚到一起，以创促建、以创促变，努力实现产业一体、路网相联、服务互享、乡风同构的目标。

乡村振兴，产业为要。2021 年，邹庄村成立掘井人农业专业合作社、大邹庄旅游公司和大邹庄劳务公司等 3 个经济组织。发展方向选择了收益好、见效快的草莓产业，村民争先恐后踊跃参与，一举创造了"三天三个"的"邹庄速度"——3 天流转土地 2367 亩，3 天拆除违建房屋 123 户，3 天收齐合作社入社股金 263 万元。目前，邹庄五大产业板块逐渐浮出水面，草莓种植移民产业园、智慧农业园、京都果园猕猴桃产业园、藤编车间加工厂和红色旅游路线。

"家美，村美，移民美。"按照移民管理部门的部署，邹庄村党支部书记兼主任邹玉新认为，大邹庄之"大"就在于示范引领，努力建设成为南水北调移民发展样板村，建成巩固脱贫攻坚成果同乡村振兴有效衔接的示范区。

在南阳，美好移民村建设正如火如荼。南阳市南水北调工程运行保障中心（南阳市移民服务中心）对标乡村振兴目标要求，整合移民安置结余资金、后期扶持资金和各类支农惠农资金 1.01 亿元，并吸引社会投资，建设 28 个南水北调美好移民村示范村，改善提升基础设施和公益设施，建设经营性资产项目 28 个共计 7.85 万平方米，实现移民在家门口务工就业，为移民村振兴注入动力、增加活力。

在南阳，美好移民村建设成果丰硕。淅川县上集镇张营村获得"国家文明村镇"称号，邓州市北王营村、社旗县寇楼村获得"全国民主法治示范村（社区）"称号，卧龙区东岳庙村获得"省级卫生村""省级文明村"称号，邓州市周沟村获得"省级文明村"称号。

同时，南阳移民管理部门扎实推进丹江口库区移民地质灾害防治，对受灾严重的 2 个村 25 户 111 人实施临时避险安置，对 14 个地质灾害点进行监测预警和群防群治。按照特事特办、急事急办的原则，争取资金完成了淅川县老城镇穆山村、大石桥乡西岭村两个灾情较为严重的地质灾害点治理。

民　　富

在移民创业大道上，有直道冲刺者、弯道超车者，更有换道领跑者。南阳市南水北调移民年人均可支配收入超过 1.6 万元，有三分之一移民村超过安置地平均水平。

移民后续发展，关键在于产业支撑，关键在于"可发展""能致富"，真正实现长治久安。

1988 年出生的马景生，是邓州市林扒镇土门社区移民。2011 年，南水北调中线工程通水前一年，马景生举家从丹江口水库库区淅川县香花镇搬迁至此。初来乍到，二十几岁的他懵懵懂懂不知所措，跟着村里大叔大哥们返回老家打鱼养家。随着南水北调中线工程进入后调水时代，丹江口水库水面渔船上岸，网箱养鱼被禁止，马景生在 2018 年结束了"新家邓州——老家淅川"钟摆般的生活。

回到邓州，马景生先后尝试过大棚种黄瓜、线椒、西红柿，因为技术"不沾弦"，在新家园的初始创业均以失败而告终。2019 年，他带着村里 7 个"80 后"流转了 1600 亩土地，成立"景生家庭农场"。凭借着引丹灌区的便利，他冬天种小麦、夏秋收杂粮，一举获得好收成。到 2021 年冬天，他配齐了需要的农机具，小到拖拉机，大到收割机，一应俱全，算下来价值 400 多万元。存放农机具的库房，是村里支持的标准厂房。

虎年开了春，马景生在当地政府和部门支持下，再次流转了林扒镇小杨营、邱岗和孟楼镇小李营等村 1200 亩土地。谷雨节气前后，他把这连片整块的良田全部种上春苞谷。"看准了，马上行动，季节不等人嘛。"

据最新数据显示，南阳市 92 个南水北调移民村成立合作社 227 个、家庭农场 511 个，培育致富带头人 348 人，流转土地 5.98 万亩，确保良田"粮"用、端稳饭碗。

移民村里能人多，有懂得规模种植的现代农民，也有在安置地"无中生有"带起全民参与的手工业。

2021 年 12 月 29 日，社旗县仿真花协会成立。这是社旗做大做强仿真花产业的誓师大会，也是打响南阳"两花"（月季花、仿真花）品牌的切实行动。提起仿真花产业，南阳人都知道社旗移民邸景伟。

　　搬迁那年，邸景伟从"绢花之乡"天津打工归来，尝试在家里办起仿真花加工作坊。在移民部门"娘家人"的扶持下，2011 年 8 月 19 日，他注册了社旗朵朵花业绢花加工厂；2014 年 4 月 17 日，成立了南阳朵朵文化有限公司；2014 年 12 月 3 日，河南朵朵花业工艺品股份有限公司成立，注册资本翻了几番。受益于移民部门的帮扶，他把车间从自家移民房里，搬到移民村村委，再搬到镇上移民产业园。

　　仿真花产业属于劳动密集型产业，七八十岁的乡亲在家也能挣现钱。因此，仿真花产业很快遍布社旗每个乡镇，叶片、花朵、枝干、丝印和配草等八大类分工明确、科学布局。随着全县 100 多家加工企业总产值破两亿元，他这名县政协委员提交了"成立仿真花协会"的提案。2022 年，社旗统筹各乡镇（街道）将仿真花产业纳入产业发展规划，招引优秀外地客商投资建厂。

　　"由建设基础设施项目为主向产业发展项目转变，由一般性发展项目向经营性资产项目转变，由分散使用资金向集中使用资金转变。"南阳不断创新扶持方式，提高移民资金使用效益，帮助乡亲投入到创业大潮中。

　　在移民创业大道上，有直道冲刺者、弯道超车者，更有换道领跑者。社旗县淅丹移民新村"安菜达"供港蔬菜，唐河县老人仓移民新村万头养猪场，新野县张湾移民新村"丹水人家"酸菜加工厂，邓州市穰东镇北王营社区大棚蔬菜；宛城区清丰岭村移民李跃投建的南阳市丹水人家食品公司成功登陆中原股权交易中心交易板，成为南水北调移民首家挂牌企业……据最新统计，南阳市南水北调移民年人均可支配收入达到 1.69 万元，全市 92 个移民村有三分之一超过安置地平均水平。

　　2021 年 5 月至今，南阳在 38 个南水北调移民村投资 10595 万元，实施产业发展项目 46 个，不断壮大移民产业。通过持续帮扶，全市 92 个南水北调移民村引进龙头企业 87 家。紧紧围绕"补短板、促升级、增后劲、惠民生"原则，根据各移民村自然条件、资源禀赋、产业基础和群众意愿，因地制宜、分类施策，推进高质量发展。

村　　强

　　移民变股民，强村又惠民。全市南水北调移民村集体收入超过 1400 万元。壮大起来的村集体经济普遍惠民，奖励上进大学生，为长寿老人过生日送蛋糕。

卧龙区蒲山镇杨营移民村，距南阳市中心城区仅6公里，被称为"距南阳最近的移民村"，也是南阳移民的强村示范。经过搬迁10年来的滚动发展，2021年杨营村集体经济收入冲上一个新高峰——119万元。

"咋算的？我给您说！"杨营村支部书记兼主任杨自军笑着算起账来：第一项收入57万元，是引进南阳市农业产业化龙头企业三色鸽乳业公司以资金和技术入资，杨营村民每年享受的土地分红。第二项30万元，深圳标榜家用厨房电器公司入住标准化厂房，逐年增长的租金实现村集体增收。第三项收入20万元，使用移民资金投资建设的牛粪有机肥发酵项目，环保又增收。第四项收入8万元，是出租使用移民资金建设的标准化厂房和保鲜库。第五项收入4万元，是村部空闲房屋的租金。

眼下，杨营村正争取资金建一栋临街商用写字楼，给南阳市第十三完全学校做配套，大力发展商业服务；再建设一栋职工餐厅及宿舍，解决村内企业职工就餐和住宿问题。到2023年，杨营村集体经济收入即可达到300万元。

宛城区红泥湾镇清丰岭村创新探索"飞地经济""物业经济""园区经济"等模式，确保移民资金保值增值、收益稳定。所谓"飞地经济"，就是清丰岭村在移民工作联合党总支的帮助下，利用邻村小陈庄建设用地30亩，异地建设美好移民村示范村产业发展项目，目前，投资810万元的食品产业园一期工程已经完工。"物业经济"，则是将建成的食品产业园出租给生产经营公司，2021年，清丰岭村集体年收益80余万元。

移民变股民，强村又惠民。淅川县在县城北区购置移民大厦，出租给企业办公。唐河县整合移民扶持资金，购置门面房，挂牌移民创业一条街；在县产业集聚区，建设移民产业园……全市92个移民村集体收入超过1400万元。

扶持资金项目化，项目资产集体化，集体收益全民化。南阳南水北调移民村的巨大变化，都得益于南阳严格实行的"三化"式帮扶，扶持资金优先用于生产发展，优先投放到集体项目，确保经营性收益归全体移民，实现集体经济壮大和移民群众增收双赢。

强村富民，壮大集体经济，南水北调移民村人居环境持续改善。

南阳市把 92 个南水北调移民村纳入乡村振兴示范村，实施村容村貌提升工程，对临街移民房屋墙壁外侧，采取绘制墙体标语、墙体宣传画等方式进行美化。实施线杆线路改造，确保村民用电安全等。村落文化上，组织开展好公婆、好媳妇、文明户、致富星等多种形式的精神文明创建活动，部分村还有了舞龙舞狮队、篮球队、舞蹈队、表演队，村民幸福感极大提升。

在唐河县桐河乡刘伙移民村、张店镇老人仓移民村，在社旗县苗店镇淅丹村、桥头镇马蹬村，在邓州市白牛镇周沟社区、九龙镇陈岗社区……壮大起来的村集体经济早已惠及移民乡亲，除了缴纳水费、卫生费，还奖励上进大学生，为长寿老人过生日送蛋糕。

家美民富村强，开辟出南阳移民发展新境界。当前，南阳市南水北调移民村社会大局和谐安稳，2021 年共处理南水北调和移民来信来访 28 起，12345 政务服务便民热线达 100%。

深情似海，厚望如山。无论走了多远，都不要忘记来时的路；无论走了多久，都要牢记春天的嘱托。南阳市南水北调工程运行保障中心（南阳市移民服务中心）以"咬定青山不放松"的韧劲和"不破楼兰终不还"的拼劲，开拓创新、勇毅笃行，推动南水北调移民工作高质量发展。

（王兴华　陈杰森　朱震　《中国水利报》　2022 年 5 月 13 日）

南水北调事关战略全局长远发展人民福祉

习近平总书记曾多次指出，南水北调是国之大事、世纪工程、民心工程，功在当代，利在千秋。2021 年 5 月 14 日，习近平总书记在河南省南阳市主持召开推进南水北调后续工程高质量发展座谈会时强调，水是生存之本、文明之源，南水北调工程事关战略全局、事关长远发展、事关人民福祉。要从守护生命线的政治高度，切实维护南水北调工程安全、供水安全、水质安全。

南水北调工程事关战略全局

水是经济社会发展的基础性、先导性、控制性要素，是国家发展战略的重要支撑。水资源格局，影响和决定着经济社会发展格局。协调推进"五位一体"总体布局和"四个全面"战略布局，必须重视解决好水安全保障问题。习近平总书记指出，"党和国家实施南水北调工程建设，就是要对水资源进行科学调剂，促进南北方均衡发展、可持续发展。"

南水北调工程为形成全国统一大市场和畅通的国内大循环提供有力的水资源支撑。自古以来，我国基本水情一直是夏汛冬枯、北缺南丰，水资源时空分布极不均衡。南水北调，是跨流域跨区域配置水资源的骨干工程，是世界上最大的调水工程，是旨在破解我国水资源分布"北缺南丰"问题的超级工程。南水北调工程全面通水 7 年多，截至 2022 年 5 月 10 日，东、中线一期工程累计调水超 530 亿立方米，惠及河南、河北、北京、天津、江苏、安徽、山东 7 省市沿线 40 多座大中城市和 280 多个县市区。目前，北京市城区七成以上供水为"南水"，天津市主城区供水几乎全部为"南水"，山东省形成了 T 字形水网。南水北调工程作为实现我国水资源优化配置的重大战略性基础设施，从根本上改变了受水区供水格局，"南水"已由原规划的受水区城市补充水源，转变为多个重要城市生活用水的主力水源。另外，东线输水利用的线路涉及若干条重要航道，承担了地区基础物资和大宗货物运输的功能。立足新发展阶段、贯彻新发展理念、构建新发展格局，形成全国统一大市场和畅通的国内大循环，促进南北方协调发展，更需要南水北调工程提供有力的水资源支撑。

南水北调工程是保障重大国家战略有力有序推进实施的重要支撑。近年来，党中央提出了京津冀协同发展、黄河流域生态保护和高质量发展、雄安新区建设、大运河文化带建设、地下水超采综合治理和乡村振兴等国家重大战略，这些战略的相继实施都对加强和优化水资源供给提出了新的要求。例如，《河北雄安新区规划纲要》指出新区的水安全保障体系要依托南水北调、引黄入冀补淀等区域调水工程；《华北地区地下水超采综合治理行动方案》明确提出规划到 2035 年实现华北地区地下水采补平衡，其中要用足用好中线水，增供东线水等。南水北调工程通水以来，成功破解河北受水区水资源困境，有效化解天津市供水依赖性、单一性、脆弱性矛盾，显著改变首都北京水资源保障格局和供水格局，形成了京津冀三地水系互联、互通、共济的供水新格局。截至 2022 年 5 月 10 日，南水北调中线一期工程已累计向雄安新区供水 6136 万立方米，为雄安新区建设，以及城市生活用水和工业用水提供了优质水资源保障。同时，南水北调有效增加了黄淮海平原地区的水资源总量，有效遏制了因缺水造成的生态环境恶化，提升了生态系统质量和稳定性。南水北调工程在当前和未来为这些国家重大战略的推进实施提供有力的水资源支撑和保障。

南水北调工程是以全面提升水安全保障能力为目标的国家水网的主骨架和大动脉。国家"十四五"规划纲要明确提出要实施国家水网重大工程。习近平总书记强调，要加快构建国家水网，"十四五"时期以全面提升水安全保障能力为目标，以优化水资源配置体系、完善流域防洪减灾体系为重点，统筹存量和增量，加强互联互通，加快构建国家水网主骨架和大动脉，为全面建设社会主义现代化国家提供有力的水安全保障。国家水网由国家骨干水网、区域水网和地方水网构成，有"纲、目、结"三要素，"纲"就是自然河道和重大引调水工程。以南水北调东、中、西线沟通长江、黄河、淮河、海河形成的"四横三纵"水资源配置总体格局是国家水网的"纲"。南水北调工程是国家水网的主骨架和大动脉，推进南水北调后续工程高质量发展就是推进南水北调东、中、西三条国家水网主骨架和大动脉高质量发展，水安全保障能力将会全面提升，为全面建设社会主义现代化国家夯实水安全保障基础。

南水北调工程事关长远发展

习近平总书记指出，黄淮海流域作为北方地区的主要组成部分，在国家发展格局中具有举足轻重的作用，关乎经济安全、粮食安全、能源安全、生态安全。

南水北调工程通过优化我国水资源配置格局，为国家经济安全、粮食安全、能源安全和生态安全提供了有力的水资源安全保障，为实现中华民族伟大复兴和永续发展奠定坚实基础。

南水北调工程为维护国家经济安全提供有力的水资源安全保障。经济安全是指维护国民经济发展和经济实力处于不受根本威胁的状态和能力，是国家安全的基础。对于区域而言，经济安全主要体现为经济发展所需资源有效供给、经济体系稳定运行、对外经济交往平稳有序的状态和能力。作为南水北调工程的主要受水区，黄淮海流域长期是我国政治、经济、科技、文化、对外交往中心所在地和人口、资源、产业、城镇密集地区，以占全国15%的国土面积和6.9%的水资源量，承载了36.5%的人口、34.0%的国民生产总值、34.0%的工业增加值和33.0%的农业增加值，在我国经济社会发展格局中具有十分重要的战略地位。但也要看到，该区域水资源、土地资源与人口经济匹配性较差，水资源供需矛盾十分突出。南水北调东、中线一期工程在缓解区域水资源供需矛盾方面已发挥重要作用，未来南水北调工程在维护区域水资源安全保障、支撑流域经济社会可持续发展等方面的作用将愈加凸显。

南水北调工程为保障国家粮食安全提供有力的水资源安全保障。粮食安全既是国民经济发展的重要支撑，又是维系社会稳定和国家自立的"压舱石"。当前，世界正经历百年未有之大变局，粮食安全被赋予了更为关键的战略地位。2020年中央一号文件明确指出"确保粮食安全始终是治国理政的头等大事"。黄淮海流域涉及我国七大农产品主产区中的四个，即黄淮海平原、汾渭平原、河套灌区以及甘肃新疆等四大主产区，承载了全国47.4%的粮食播种面积和37.5%的灌溉面积，生产出全国47.7%的粮食产量，其中2019年流域内小麦主产区的小麦产量占全国小麦产量的80%以上，这在我国保障粮食安全战略中起到决定性作用。但严重的资源性缺水成为威胁黄淮海流域粮食生产的最大阻碍因素。根据我国粮食生产布局的总体要求，以及保证粮食产量稳中有升的目标，重点解决农业供水、提高灌溉保障率成为关键环节，在做好节水节粮的前提下，南水北调工程是破解粮食重要产区水资源短缺问题、确保我国可持续粮食安全的重要保障。

南水北调工程为确保国家能源安全提供有力的水资源安全保障。能源安全是实现国民经济持续发展和社会进步所必需的能源保障，关系国家经济社会发展的全局性、战略性问题，对国家繁荣发展、人民生活改善、社会长治久安至关重要。黄淮海流域内集中分布有2个国家综合能源基地以及多个大型煤炭基地、千万千瓦级大型煤电基地、特大型油气田、大型风电基地和光伏电站，有着丰富的能源资源储量以及较为完善的能源输配工程体系，承载了全国84%的煤炭、53%的原油、41%的天然气、49%的一次电力及其他能源产量，在国家能源安全战略布局中具有十分重要的战略地位。但流域内能源资源产量与水资源量呈现逆向分布，日益增长的水资源需求与流域水资源短缺现状之间的矛盾日趋突出。建设南水北调工程是提高黄淮海流域主要能源资源产区的水资源供给保障水平的重要举措，为贯彻落实国家能源安全保障战略、构建稳健的能源生产体系提供坚实支撑，对解决好我国的能源可持续发展战略问题具有重大意义。

南水北调工程为保障国家生态安全提供有力的水资源安全保障。生态安全是人类生存发展的基本条件，是经济社会持续健康发展的重要保障，是国家安全体系的重要基石。黄淮海流域内分布着 4 个国家重点生态功能区、7 个生物多样性保护优先区域以及多个国家级自然保护区和国家公园等自然保护地，流域生态系统服务功能显著，是我国水源涵养、生物多样性保护、生态环境修复、防沙治沙等生态安全屏障的重要空间载体，是促进实现我国碳中和目标的重要战略区域，是构建国家生态安全体系的重要基础。但是，由于长期水资源过度开发的累积影响，该区域整体性、深程度的缺水状况已经形成并引发一系列水生态环境问题。南水北调工程通水以来，东、中线工程累计向沿线多条河流湖泊生态补水，为地下水压采提供了重要替代水源条件，北方地区水资源短缺局面得到有效缓解。根据评估，截至目前，南水北调受水区城区压减地下水超采量超 50 亿立方米，受水区地下水超采缓解效果明显，地下水水位下降趋势得到有效遏制，部分地区水位总体止跌回升。随着南水北调后续工程高质量发展的推进实施，水资源配置格局将会进一步优化，水资源供给保障能力将会进一步提升，黄淮海流域的重要生态屏障功能在保障国家生态安全中将继续发挥重要作用，为中华民族长远发展夯实自然生态之基。

南水北调工程事关人民福祉

习近平总书记指出，"人民就是江山，共产党打江山、守江山，守的是人民的心，为的是让人民过上好日子。"南水北调工程实现了"一泓清水北上"，惠及亿万群众，在保障和改善民生方面发挥了巨大综合效益。

强化供水安全保障，满足人民群众用水需求。南水北调东、中线一期工程的建成通水和稳定运行，从根本上改变了北方地区长期缺水的局面，并且通过实施一系列综合水质保护措施，工程水质长期持续稳定达标，有效保障了受水区供水安全，更好地满足了人民群众的饮水安全需求。东线一期工程输水干线水质稳定在地表水水质Ⅲ类以上；丹江口水库和中线干线供水水质稳定在地表水水质Ⅱ类以上。北京自来水硬度由过去的 380 毫克每升降至 120 毫克每升。天津部分高氟水地区的群众也喝上了长江水。河北省黑龙港区域

500多万人彻底告别了世代饮用高氟水、苦咸水的历史，全省城乡受益人口超3000万人，大大缓解了河北省水资源供需矛盾。河南省十余个省辖市用上"南水"，其中郑州中心城区90%以上居民生活用水为"南水"，基本告别饮用黄河水的历史。南水北调已由原来规划的补充水源跃升为多个重要城市的主力水源。一渠清水源源不断奔流北上，沿线群众饮用水质量显著改善，南水北调工程为保障数亿人民饮水安全作出了巨大贡献。

复苏河湖生态环境，提升人民群众生活质量。良好生态环境是最公平的公共产品，是最普惠的民生福祉。南水北调东、中线一期工程通过累计向沿线多条河流湖泊生态补水，沿线地区特别是华北地区，干涸的洼、淀、河、渠、湿地重现生机，河湖生态环境复苏效果明显。自2018年以来，中线工程通过沙河、唐河、蒲阳河等退水闸持续向白洋淀进行生态补水，至2022年4月初，已为白洋淀及其上游河道累计生态补水24.78亿立方米；2021年8月至9月，中线工程首次通过北京段大宁调压池退水闸向永定河生态补水，助力永定河实现了865公里河道自1996年以来首次全线通水。截至目前，中线工程已累计向北方50多条河流进行生态补水，补水总量达85亿多立方米。东线工程输水期间，补充了沿线各湖泊的蒸发渗漏水量，确保了各湖泊蓄水稳定，改善了各湖泊的水生态环境。通过水源置换、生态补水等措施，南水北调保障了沿线河湖生态用水，初步形成了河畅、水清、岸绿、景美的亮丽风景线，有效改善了人民群众的生活环境，提升了人民群众的满意度和幸福感。

扩大就业促进发展，保障人民群众安居乐业。南水北调工程的推进实施，在一定程度上拉动了内需、扩大了就业、加快推动了新型城镇化的发展，在保障人民群众安居乐业上发挥了重要支撑作用。一方面，据有关机构评估，南水北调东、中线一期工程投资平均每年拉动我国国内生产总值增长率提高0.12%左右，工程投资对经济增长的影响通过乘数效应进一步扩大。同时，在东、中线一期工程建设期间，参建单位超过1000家，建设高峰期每天有近10万名建设者在现场进行施工，加上上下游相关行业的带动作用，每年增加了数十万个就业岗位，保障了人民群众的就业需求。另一方面，南水北调工程为受水城市带来了大量优质水源，形成或壮大了一批以工程为纽带的新型城镇和工业园区，迸发出新的发展动力，推动了当地经济社会的发展，生活环境、商住条件、社会公共服务能力及相关基础设施不断完善，人民群众生活质量明显提升。在移民区，不断完善基础设施、补齐公共服务短板、发展绿色产业，走出了一条具有水源区特色的生态优先、绿色发展之路，实现了移民群众搬得出、稳得住、能致富。南水北调工程切实促进了沿线人民群众安居乐业，切实提升了人民群众的获得感、幸福感和安全感，成为了百姓普遍点赞的民生工程和名副其实的幸福之源。

习近平总书记强调，要审时度势、科学布局，准确把握东线、中线、西线三条线路的各自特点，加强顶层设计，优化战略安排，统筹指导和推进后续工程建设。我们要深入学习贯彻习近平总书记重要讲话和重要指示批示精神，深刻认识南水北调工程的重大意义，按照党中央、国务院决策部署，扎实做好后续工程规划设计和建设管理，进一步提高水资源支撑经济社会发展能力，为形成全国统一大市场和畅通的国内大循环、促进南北方协调发展提供有力的水安全保障。

（陈茂山　徐国印　《中国水利报》　2022 年 5 月 14 日）

坚定不移推进南水北调后续工程
高质量发展

浩浩南水，奔流北上。南水北调工程作为贯通南北的"水"脉，以其巨大的经济、社会和生态效益，彪炳史册，筑就了人类治水史上的丰碑。2021年 5 月 14 日，习近平总书记在推进南水北调后续工程高质量发展座谈会上发表的重要讲话，为推进南水北调后续工程高质量发展指明了方向、提供了根本遵循，为加快构建国家水网、全面提升国家水安全保障能力提供了战略引领。一年来，水利系统把深入学习贯彻总书记重要讲话精神作为重大政治任务，以高度的政治自觉、强烈的使命担当，实现南水北调后续工程高质量发展水利工作良好开局。

水资源格局决定发展格局。自古以来，我国基本水情一直是夏汛冬枯、北缺南丰，水资源时空分布极不均衡，水资源量与人口、经济等布局极不匹配，水资源短缺问题严重制约着北方地区的发展。2013 年和 2014 年南水北调东线、中线一期工程分别建成通水，工程全面通水以来，累计调水量超过 530 亿立方米。南来之水涌入北方大地，改变了广大北方地区的供水格局，优化了 40 多座大中型城市的经济发展格局，让 1.4 亿人直接受益，同时让受水区河湖生态环境得到复苏，发挥了巨大的经济、社会和生态效益。立足新发展阶段、贯彻新发展理念、构建新发展格局，形成全国统一大市场和畅通的国内大循环，促进南北方协调发展，需要水资源的有力支撑。大力推进南水北调后续工程高质量发展，加快构建国家水网主骨架和大动脉，是统筹发展和安全、助推经济社会可持续发展的重大举措，是满足人民群众美好生活向往，利当下、惠长远的迫切需要，是全面建设社会主义现代化国家的必然要求。

理念引领实践，实践验证理念。一年来，水利系统深刻领会习近平总书记讲话蕴含的丰富内涵、精神实质、实践要求，切实把思想和行动统一到讲话精神和党中央、国务院决策部署上，以高度的政治自觉、强烈的使命担当，推进南水北调后续工程高质量发展各项水利工作实现良好开局。一年来，通过南水北调工程实施大规模生态补水，华北地区地下水得到有效回补，沿线河湖生态环境明显恢复，京杭大运河实现近一个世纪以来首次全线通水，北京 2022 年冬奥会和冬残奥会水资源供给得到有力保障。一年来，水利系统加强洪水灾害防御，推动构建中线工程风险防御体系，把保障南水北调中线工程等重要基础设施不受冲击作为防汛主要目标之一，保障了工程安全和供水安全。一年来，水利系统分析研判黄淮海流域水资源特征和演变趋势，准确把握东线、中线、西线三条线路的各自特点，统筹推进各项前期工作，后续工程规划设计不断深化。

我们应清醒地看到，当前黄淮海流域水资源供需矛盾仍然十分突出，水安全保障能力不足，地下水超采、河湖萎缩等水生态环境问题尚未根本解决，缓解黄淮海流域水资源紧缺问题，完善我国水资源优化配置格局，增强我国水资源统筹调配能力、供水保障能力和战略储备能力，必须继续扎实推进南水北调后续工程建设，继续完善长江流域向北方战略性输水通道，发挥"四条生命线"作用，加快构建"系统完备、安全可靠，集约高效、绿色智能，循环通畅、调控有序"的国家水网，实现水利基础设施网络经济效益、社会效益、生态效益、安全效益相统一。此外，面对我国经济发展环境的复杂性、严峻性、不确定性上升的局面，还需充分发挥水利工程吸纳投资大、产业链条长、创造就业机会多等积极作用，为做好"六稳""六保"工作、稳定宏观经济大盘作出水利贡献。

南水北调工程事关战略全局、长远发展、人民福祉。各级水利部门要统筹发展和安全，坚持"节水优先、空间均衡、系统治理、两手发力"的治水思路，遵循确有需要、生态安全、可以持续的重大水利工程论证原则，充分运用重大跨流域调水工程的宝贵经验，全力以赴推进南水北调后续工程规划建设，积极配合总体规划修编工作。要进一步增强风险意识、忧患意识和底线思维，深入分析致险要素、承险要素、防险要素，建立完善南水北调工程安全风险防控体系和应急管理体系，确保工程安全、供水安全、水质安全。要优化水量配置和调度，最大限度满足沿线受水区合理用水需求。要充分发挥河长制等制度优势，科学制定相关政策，为后续工程建设提供体制机制保障。要加快构建南水北调数字孪生工程，实现水资源监管、调配决策的数字化、网络化、智能化。

南水北调事关战略全局、长远发展、人民福祉，坚定不移推进南水北调后续工程高质量发展，功在当代，利在千秋。我们要心怀"国之大者"，从守护生命线的政治高度，科学统筹规划建设，扎实推进南水北调后续工程高质量发展，进一步优化水资源配置格局，构建起强有力的国家水网，更好地造福民族、造福人民，为实现第二个百年奋斗目标、实现中华民族伟大复兴贡献水利智慧和力量。

（《中国水利报》　2022年5月14日）

水利部召开深入推进南水北调后续工程
高质量发展工作座谈会

5月13日，水利部召开深入推进南水北调后续工程高质量发展工作座谈会。水利部党组书记、部长李国英出席会议并讲话，强调要深入学习贯彻习近平总书记2021年5月14日在推进南水北调后续工程高质量发展座谈会上的重要讲话精神，立足全面建设社会主义现代化国家新征程，锚定全面提升国家水安全保障能力的目标，继续扎实做好推进南水北调后续工程高质量发展各项水利工作，充分发挥南水北调工程优化水资源配置、保障群众饮水安全、复苏河湖生态环境、畅通南北经济循环的生命线作用。部党组成员、副部长魏山忠主持会议。

李国英指出，水利部坚持把深入学习贯彻习近平总书记重要讲话精神作为重大政治任务，完整、准确、全面学习领会习近平总书记重要讲话的丰富内涵、精神实质、实践要求，会同有关部门、地方和单位，以高度的政治觉悟、强烈的使命担当，大力推进南水北调后续工程高质量发展工作，优化东中线一期工程运用方案，构建中线工程风险防御体系，组织开展重大专题研究，深化后续工程规划设计，坚定不移、积极进取，将习近平总书记重要讲话精神转化为工作实践，取得了阶段性进展，实现了良好开局。

李国英强调，要科学推进南水北调后续工程高质量发展，加快构建"系统完备、安全可靠，集约高效、绿色智能，循环通畅、调控有序"的国家水网，实现水利基础设施网络经济效益、社会效益、生态效益、安全效益相统一。要深入分析致险要素、承险要素、防险要素，建立完善安全风险防控体系和快速反应防控机制，及时消除安全隐患，确保南水北调工程安全、供水安全、水质安全。要提升东中线一期工程供水效率和效益，优化水资源配置和调度，扩大东线一期工程北延供水范围和规模，置换超采地下水，增加河湖生态补水；优化调度丹江口水库，增加中线工程可供水量，提高总干渠输水效率。要加快推进后续工程规划建设，重点推进中线引江补汉工程前期工作，深化东线后续工程可研论证，推进西线工程规划，积极配合总体规划修编工作。要完善项目法人治理结构，深化建设、运营、价格、投融资等体制机制改革，充分调动各方积极性。要建设数字孪生南水北调工程，建立覆盖引调水工程重要节点的数字化场景，提升南水北调工程调配运管的数字化、网络化、智能化水平。

（王曼玉　石珊珊　《中国水利报》　2022年5月14日）

"天河"通南北　幸福送万家

编者按："古有南粮北运，今有南水北调"，南水北调工程是重大战略性基础设施，功在当代，利在千秋。2021 年 5 月 14 日，习近平总书记主持召开推进南水北调后续工程高质量发展座谈会并发表重要讲话，对做好南水北调后续工程的重点任务作出全面部署，为推进南水北调后续工程高质量发展指明了方向、提供了根本遵循。

时隔一年，我们再次聚焦南水北调工程，跟随镜头看工程沿线各地一年来的成效变化，见证水利人为保一泓清水北上的担当和贡献。

南水北调东线泗洪站枢纽（缪宜江　摄）

南水北调东线一期工程金湖站
工程的工作人员检查机泵
（吴卫东　摄）

工作人员在南水北调安阳市西部调水
工程隧洞进行安全专项检查
（本报特约记者　杨其格　摄）

长江委汉江水文水资源勘测局职工
在丹江口水库库心断面进行
水质采样（胡文波　摄）

南水北调东线一期工程准阴
三站工程的工作人员
检查设备（孟凯　摄）

南水北调中线京石段应急供水工程保障
冬奥期间供水无忧（任树春　摄）

南水北调中线天津干线外环河出口闸和天津滨海新区供水
工程曹庄泵站外景（本报记者　王延　摄）

南水北调中线关键性工程——沙河渡槽（曲帅超　摄）

南水北调中线的滹沱河倒虹吸和退水闸工程（本报记者　李先明　摄）

2022年3月25日，南水北调东线一期工程北延应急供水工程启动向河北、天津调水工作，图为大屯水库工程（李新强　摄）

（田慧莹　《中国水利报》　2022年5月14日）

答卷：当好南水北调中线水源
"三个安全"守护者

——写在习近平总书记主持召开推进南水北调后续工程高质量发展座谈会并发表重要讲话一周年之际

丽春五月，丹江口水库碧波荡漾，绿意葱茏。阳光的映射下，镶嵌在丹江口水利枢纽坝体绿色植被中"绿水青山就是金山银山"的红色标语愈发夺目。人与自然和谐共生的静谧安澜中，盈盈清水正从南水北调中线一期工程水源地丹江口水库源源不断地流向北方，润泽北方大地。

"南水北调工程事关战略全局、事关长远发展、事关人民福祉。要从守护生命线的政治高度，切实维护南水北调工程安全、供水安全、水质安全。"习近平总书记2021年5月14日在推进南水北调后续工程高质量发展座谈会上的重要讲话言犹在耳。

牢记总书记的嘱托，在过去这极不平凡的一年里，作为丹江口水利枢纽工程的管理者，汉江集团公司在水利部和长江委坚强领导下，交出了"丹江口水库首次蓄水至正常蓄水位170米，经受住自建库以来历史最大洪量的考验，向北方供水量创历史新高"的优异答卷，切实维护了南水北调中线水源"工程安全、供水安全、水质安全"。

深入学习　把准思想之舵

推进南水北调后续工程高质量发展座谈会召开后，习近平总书记重要讲话在汉江集团公司内引发热烈反响。汉江集团公司第一时间成立推进南水北调后续工程高质量发展工作领导小组并召开专题工作会议，研究部署推动南水北调后续工程高质量发展涉及集团公司各项工作任务。深入学习贯彻落实习近平总书记在推进南水北调后续工程高质量发展座谈会上的重要讲话精神，成为其后一个时期的首要任务。

汉江集团公司党委以上率下，围绕习近平总书记重要讲话精神开展专题学习研讨；各级基层党组织紧跟步伐，相继组织开展专题学习研讨。公司上下充分依托内部媒体平台、一线宣传展板等载体，广泛深入开展学习宣贯活动，习近平总书记的重要讲话深入人心。"总书记的重要讲话为全面推进南水北调后续工程高质量发展指明了方向，作为南水北调中线水源工程的建设者和管理者，我们要进一步深刻认识到南水北调工程的重大意义，同时深感责任重大、也定将继续为其贡献力量。"广大干部职工纷纷表示。

沿着总书记指引的方向，集团公司上下同心，切实增强紧迫感、责任感和使命感，始终将思想和行动统一到总书记重要讲话精神上来，将智慧和力量凝聚到扎实推进南水北调后续工程高质量发展的各项任务上来。

主动作为　筑牢实践之基

"要加强全面监管，切实保障工程安全；科学精细调度，切实保障供水安全；强化巡查监管，切实保障水质安全。"汉江集团公司董事长、党委副书记胡军在集团公司推进南水北调后续工程高质量发展工作领导小组会议上，将维护南水北调中线水源"三个安全"的路径部署在这一年里落到了实处。

一年以来，汉江集团公司以高度的政治责任感和历史使命感履行着"为民守护生命线，为国保障水安全"的庄严承诺。

铸就工程安全"铜墙铁壁"——

2021年，汉江流域发生超20年一遇秋季大洪水，丹江口水库迎建库以来洪量最大秋汛，大坝工程水库防汛工作面临严峻挑战。汉江集团上下周密部署、全力应对，狠抓"四预措施"落实，干部职工坚守防汛蓄水一线，合力铸就了保障工程安全的"铜墙铁壁"。秋汛期，丹江口水库累计拦洪约107亿立方米，有效降低汉江中下游干流洪峰水位1.5～3.5米，缩短超警天数8～14天，与唐白河超历史洪水成功错峰，避免了皇庄以下河段水位超保证水位和杜家台分蓄洪区分洪运用，极大减轻了汉江中下游防洪压力。如今，枢纽安全监测自动化系统、梯级电站水库调度系统等建设愈加完善，丹江口水利枢纽调度方案持续优化，数字孪生丹江口工程建设加快推进，工程管理持续向科学化、标准化、系统化大步迈进。

确保供水安全"稳若磐石"——

2021年汛期，在确保防洪安全的前提下，汉江集团公司化挑战为机遇，充分利用洪水资源实施汛末提前蓄水，精心编制蓄水方案获长江委批复同意。丹江口水库于2021年10月10日首次蓄水至正常蓄水位170米，为南水北调中线工程和汉江中下游供水打下了坚实基础，也为南水北调中线一期工程总体竣工验收创造了有利条件。南水北调中线工程通水7年多来，作为国家水网主骨架和大动脉构建中的重要水源，截至2022年4月底，丹江口水库已累计向北方供水超476亿立方米，向北方河湖生态补水达80多亿立方米，北调之水成为京津冀豫4省市24座大中城市的主力水源，直接受益人口达7900余万人，受水区生态环境得到持续改善，碧水长流的生态画卷沿线铺展。

筑牢水质安全"坚实屏障"——

一年前，习近平总书记在考察丹江口水库看到晶莹澄澈的库水时曾称赞道，"水质看着不错！"掬水可饮的优良水质背后，离不开"汉江人"日复一日地默默守护。丹江口水库水质持续稳定优于Ⅱ类地表水，据陶岔断面水质监测数据表明，通水以来符合Ⅰ类水标准总天数占比超80%。汉江集团公司新发布的企业文化理念，将"水润华夏、利泽民生"作为企业使命，将"水脉安全守护者、绿色发展排头兵"的愿景作为全体员工的共同追求。在企业使命和愿景的感召下，汉江集团公司主动谋求产业转型升级，工业企业节能减排走绿色发展之路，只为呵护水源区的绿水青山；多次开展鱼类增殖放流，有效促进库区生态修复；持续建设美丽坝区，实施库区消落带植被生态恢复项目，着力构造水源地生态屏障；组建成立丹江口水库库区管理中心，库区巡查队伍步履不停，全面强化库区现场监管，结合卫星遥感解译、无人机巡查等实现水陆空监管全覆盖；积极配合水利部、长江委开展"守好一库碧水"专项整治行动，联合地方政府及相关部门开展库区监管及水法规宣传工作，集合力守好一库碧水。

又是一年汛期至，汉江集团公司维护好"三个安全"的决心与信心始终如丹江口水利枢纽一般，坚定如磐石。汉江集团公司将继续当好南水北调中线工程"三个安全"的守护者，以更加优异的成绩迎接党的二十大胜利召开，为南水北调后续工程高质量发展贡献坚实的汉江力量！

（代敏　中国水利网　2022 年 5 月 16 日）

南水北调：优化水资源配置的生命线

南水北调工程是事关战略全局、事关长远发展、事关人民福祉的跨流域跨区域配置水资源的骨干工程，也是重大战略性基础设施。习近平总书记在江苏考察时指出，确保南水北调东线工程成为优化水资源配置、保障群众饮水安全、复苏河湖生态环境、畅通南北经济循环的生命线。

南水北调东线、中线一期工程全面通水以来，工程年调水量从 20 多亿立方米持续攀升至近 100 亿立方米，累计向北方地区调水超 520 亿立方米，直接受益人口达 1.4 亿人，发挥了巨大的经济、社会、生态效益。工程建设实施，不仅沟通了长江、淮河、黄河、海河四大流域，初步构建起我国南北调配、东西互济的水网格局，也改变了受水区供水格局，成为受水区城镇和工业供水的重要水源，推动了受水区经济社会平稳发展，真正成为优化水资源配置的生命线。

南水北调构成国家水网的主骨架和大动脉

党的十九届五中全会和国家"十四五"规划纲要明确提出实施国家水网重大工程。习近平总书记在推进南水北调后续工程高质量发展座谈会上强调，要加快构建国家水网，"十四五"时期以全面提升水安全保障能力为目标，以优化水资源配置体系、完善流域防洪减灾体系为重点，统筹存量和增量，加强互联互通，加快构建国家水网主骨架和大动脉，为全面建设社会主义现代化国家提供有力的水安全保障。加快构建国家水网，增强水安全保障能力，是促进水资源与生产力布局相匹配的战略措施。

水利部积极推进国家水网建设，国家水网重大工程建设总体规划提出，立足流域整体和水资源优化配置，科学谋划"纲""目""结"工程布局。做好"纲"的文章，统筹存量和增量，加强互联互通，推进重大引调水工程建设。做好"目"的文章，加强国家重大水资源配置工程与区域重要水资源配置工程的互联互通，开展水源工程间、不同水资源配置工程间水系连通。做好"结"的文章，加快推进列入流域及区域规划，符合国家区域发展战略的重点水源工程建设。

南水北调工程作为国家水网的骨干部分，承担着构建"南北调配、东西互济"水资源优化配置格局的重要任务，它打破了地理单元的局限性，通过东、中、西三条调水线路，沟通长江、淮河、黄河、海河四大流域，形成"四横三纵"国家水网主骨架和大动脉。在此基础上，统筹考虑区域水网、地方水网建设，科学合理实施水资源配置，助力形成覆盖全国主要地区的"系统完备、安全可靠，集约高效、绿色智能，循环通畅、调控有序"的国家水网，为实现水资源空间均衡布局提供物理基础，为经济社会高质量发展、实现中华民族伟大复兴提供重要支撑。

南水北调是跨流域跨区域配置水资源的骨干工程

我国基本水情一直是夏汛冬枯、北缺南丰，水资源时空分布极不均衡。建设调水工程是我国目前实现水资源优化配置的重要手段，而南水北调是跨流域跨区域配置水资源的骨干工程。南水北调东线、中线一期工程建成后，惠及河南、河北、北京、天津、江苏、安徽、山东七省市沿线 40 多个大中城市和 280 多个县市区，从根本上改变了受水区供水格局，改善了水质，提高了供水保证率。"南水"已由原规划的受水区城市补充水源，转变为多个重要城市生活用水的主力水源。目前，北京市城区七成以上供水为"南水"，天津市主城区供水几乎全部为"南水"，山东省形成了"T"字形水网。南水北调工程有效缓解了华北地区水资源短缺问题，为京津冀协同发展、黄河流域生态保护和高质量发展等重大国家战略实施提供了有力的水资源支撑和保障。

南水北调工程将成为京津冀协同发展的生命工程。京津冀地区是我国严重缺水地区，水资源总量"先天不足"，水资源短缺严重制约区域经济发展和京津冀协同发展。南水北调东线、中线一期工程全面通水 7 年多来，基本改变了北方地区水资源严重短缺的状况，破解了影响北方经济发展的水资源瓶颈，对沿线地区经济社会发展起到了巨大的推动作用。南水北调来水增加了北京市可调配水源，优化了北京市的水资源配置，城区的用水安全系数提升至 1.2，人均水资源量提升至 150 立方米。如今，北京城区日供水量的 70%以上均来自南水北调中线工程；天津市主城区供水几乎全部为"南水"。随着南水北调东线北延应急供水工程正式通水，天津、河北等地的水安全保障能力进一步增强。2022 年 3—5 月，东线北延应急供水工程向河北、天津调水超 1.45 亿立方米，我国北方地区水资源短缺局面进一步得到缓解。

随着京津冀协同发展向纵深推进，区域生活和生态等刚性用水需求将进一步增加。长江科学院牵头多家咨询单位完成的《新时期南水北调工程战略功能及发展研究》（以下简称《南水北调战略研究》）报告指出，预计到 2035 年，京津冀用水量将较 2017 年增加约 67 亿立方米以上。目前京津冀地区农业和工业节水已经处在较高的水平，进一步压缩用水的空间较为有限，而生活用水和生态用水仍将继续增长。如果没有外调水的增量水资源，京津冀协同发展将面临严重制约。据测算，南水北调后续工程实施后，京津冀调水总规模将达到 87 亿立方米，"南水"用于北京生产生活供水将达到 19.7 亿立方米，生态供水可能超过 5 亿立方米，这与 2020 年北京市水资源总量 25.76 亿立方米的规模基本相当，能够有效为京津冀地区发展提供重要的水资源保障支撑。

设立河北雄安新区，是以习近平同志为核心的党中央深入推进京津冀协同发展作出的一项重大决策部署，是千年大计、国家大事。规划建设雄安新区 7 个方面的重点任务之一是"打造优美生态环境，构建蓝绿交织、清新明亮、水城共融的生态城市"。然而，雄安新区水资源较为紧缺。《南水北调战略研究》

报告指出，雄安新区多年平均水资源量为 1.73 亿立方米，人均水资源量仅 144 立方米，当地贫乏的水资源难以支撑雄安新区建设需求。南水北调工程的优质水源不仅能够解决雄安新区未来每年 3 亿立方米左右的城市生活和工业用水需求，还将解决现存的地下水超采、白洋淀生态用水不足等问题。

南水北调工程为黄河流域生态保护和高质量发展提供水资源保障。黄河流经我国 9 个省份，全长约 5464 公里，是我国第二大河，流域内总人口约 4.2 亿。黄河流域是关系我国生态安全、能源安全、粮食安全、经济安全的重要地区。2019 年 9 月 18 日，习近平总书记在河南郑州主持召开黄河流域生态保护和高质量发展座谈会并发表重要讲话，将黄河流域生态保护和高质量发展上升为重大国家战略，发出"让黄河成为造福人民的幸福河"的伟大号召。

然而，黄河流域水资源保障形势严峻。黄河水资源总量不到长江的 7%，人均占有量仅为全国平均水平的 27%。水资源利用较为粗放，农业用水效率不高，水资源开发利用率高达 80%，远超一般流域 40% 生态警戒线，流域水资源短缺情况非常严重。特别是近 30 年来，黄河天然来水量呈不断减少趋势，1919—1975 年，黄河多年平均天然径流量 580 亿立方米；第二次全国水资源评价 1956—2000 年黄河多年平均天然径流量 535 亿立方米；2001—2017 年，黄河多年平均天然径流量仅为 456 亿立方米。水的问题成为黄河流域高质量发展最为关键的一个环节。

南水北调工程通过"补下援上"战略，将从根本上解决黄河流域资源性缺水问题。一方面，增加南水北调东线工程向黄河流域中下游河南、山东等地的供水量，或向河流湖泊直接进行生态补水，可调减黄河中下游用水量，从而将余出来的水量留给黄河上中游及毗邻地区利用。截至今年 5 月，南水北调东线工程已向山东累计调水 52.88 亿立方米。南水北调东线山东段工程，从战略上调整了山东水资源布局，不仅缓解了水资源短缺困难，更实现了长江水、黄河水、淮河水和当地水的联合调度、优化配置，为保障全省经济社会可持续发展提供了强有力的水资源支撑；南水北调中线工程向河南累计调水 161 亿立方米，河南 10 余个省辖市用上"南水"，其中郑州中心城区 90% 以上居民生活用水为"南水"。另一方面，进一步加快南水北调西线工程的论证工作，西线一期工程预计可直接向黄河上游补水 80 亿立方米，增加了黄河干流的水资源总量。这对于进一步优化黄河流域区域间和区域内水资源配置，改善我国黄河流域生态环境，提高水资源对经济社会发展的承载能力，促进和保障流域区域经济社会健康可持续发展具有重大意义。

南水北调"先节水后调水"原则倒逼受水区
水资源配置更加优化

跨流域调水是水资源配置中最后考虑采用的手段，必须在节水、挖掘本地水资源潜力、开发非常规水源等措施最大限度完成的基础上才能考虑，而且需要充分评估受水区水资源需求的重要性，同时考虑调出区水源的可利用条件，避免可能带来的生态和环境问题。因此，调水工程水资源配置一定要统筹供给侧的开源能力和需求侧的节水潜力，保障生态要求、符合经济规律、满足发展需求。2002 年，国务院批复的《南水北调工程总体规划》，提出要坚持"先节水后调水，先治污后通水，先环保后用水"的"三先三后"原则。多年来，"先节水后调水"正倒逼南水北调工程受水区用水和经济发展方式转变，潜移默化影响着受水区的水资源配置格局。

在"先节水后调水"原则引导下，受水区各地进一步加强了节水工作。据测算，从 2003 年到 2014 年南水北调全面通水时，全国人均用水量增长了 8％，北京、天津、河北和山东人均用水量分别下降了 27％、21％、11％、8％；全国城镇生活平均用水定额基本保持稳定，而同期北京、天津、河北、河南和山东分别降低 10％、25％、36％、21％ 和 14％；万元 GDP 用水量、万元工业增加值用水量等指标也不同程度有所下降。在南水北调工程全面通水后，受水区各级政府继续维持高效节水态势，受水区有 94％ 的地市人均用水量低于全国平均值，其中有 11 个地市人均用水量低于全国平均值的 1/2。从万元 GDP 用水量来看，受水区有 76％ 的地市低于全国平均值，其中有 12 个地市万元 GDP 用水量低于全国平均值的 1/2。倒逼作用下，受水区经济社会发展质量显著提高。京津冀地区加上南水北调中线供水，人均水资源量也仅为 270 立方米左右，不足全国平均水平的 1/7。正是依靠对水资源的循环利用、再生利用、分质利用、高效利用，才实现 2003 年以来区域用水总量仅增长 46％ 的情况下，GDP 增长 5 倍多。

迈入新发展阶段，"先节水后调水"的原则仍然适用。习近平总书记在推进南水北调后续工程高质量发展座谈会上强调，要坚持节水优先，把节水作为受水区的根本出路，长期深入做好节水工作，根据水资源承载能力优化城市空间布局、产业结构、人口规模。事实证明，调水先节水，坚持节水优先，通过社会水循环全过程节水实现水资源集约节约利用，是南水北调工程发挥最大效益的根本保证。南水北调后续工程科学规划建设，需要科学认识当前面临的现实需求和挑战，受水区全面落实"四水四定"原则，优化用水模式，推进水资源高效利用，加快建立水资源刚性约束制度，进而最大程度发挥调水产生的经济、社会和生态效益。

（李淼　杨柠　《中国水利报》　2022年5月17日）

一渠"南水"兴齐鲁

2021年5月14日，习近平总书记在推进南水北调后续工程高质量发展座谈会上作出重要指示，为南水北调工作指明了方向、提供了根本遵循。一年来，山东省水利厅与南水北调东线山东干线有限责任公司聚焦精确精准安全调水，全面提升工程管理水平和治理能力，保障南水北调工程安全、供水安全、水质安全。

作为山东输水大动脉和跨流域跨区域配置水资源的骨干工程，全长1191公里的南水北调东线一期山东段工程目前已顺利完成8个年度的调水任务，累计调入山东水量达52.98亿立方米。

一渠"南水"发挥多重效益

"以前，我们喝的地下水含氟量高，黄牙病很常见。现在喝上长江水，口感好，水垢少，庄稼也长得好了！"武城县郝王庄镇庞庄村村民张金云说。

地处鲁北腹地的武城是典型的地下水氟超标县，百姓长期饮用高氟水。2015年，甘甜的长江水从南水北调山东干线工程大屯水库引入县城的自来水厂，武城迎来了改变。6年来，一渠"南水"不但有效解决了饮用水氟含量超标问题，还保护了周边地下水资源，改善了当地水环境。

奔腾千里的长江水，提升了山东受水区人民群众的获得感、幸福感、安全感，彰显出"大国重器"的巨大效益。

工程通水以来，山东内河航运条件有效改善，通航里程得到延伸。南四湖至东平湖段南水北调工程打通了两湖间的水上通道，新增通航里程62千米，将东平湖与南四湖连为一体；京杭大运河韩庄运河段由三级航道提升为二级航道，大大提高了通航能力，为两岸经济发展增添了新的澎湃动力。

"工程在保障城乡居民用水、抗旱补源、防洪除涝、河湖生态保护等方面发挥了重要战略作用，经济效益、社会效益、生态效益突出。"南水北调东线山东干线有限责任公司党委书记、总经理瞿潇说。

2022年4月28日上午，位于德州市的四女寺水利枢纽闸门缓缓开启泄水，截至5月13日上午8时，南水北调山东段工程通过六五河节制闸向京杭大运河补水1.1亿立方米。

作为大运河通水的重要补充水源，南水北调东线一期北延应急供水工程有效扩大了东线一期工程的供水范围，为改善大运河河道水系资源条件、恢复大运河生机活力、持续推进华北地区河湖生态环境复苏作出了重要贡献。

蓄泄兼顾保障百姓安全

"东平湖水位告急！""八里湾泵站告急！"

2021年9月至10月上旬，山东几十年以来最严峻的秋汛来袭，黄河和东平湖流域经受长时间的高水位、大流量考验。

面对泵站引水渠水位持续上涨以及部分老旧河道出现不同程度损毁的险情，山东省水利厅与山东干线公司科学调度南水北调穿黄河工程、济平干渠、柳长河段等环东平湖三处渠道工程，紧急泄洪超过2.85亿立方米，首次实现了向淮河流域南四湖分洪。各现场管理单位综合运用泄、分、排等措施，为济南、聊城、泰安、济宁等地排涝、泄洪4.61亿立方米，确保了东平湖和黄河下游干支流安澜。

南水北调山东段工程与地方防洪排涝、引水灌溉等工程有机融合，互联互通，成为搭建山东水网的主骨架和大动脉。基于科学精准的运行调度，南水北调山东段工程取得了防汛和供水双胜利。

自2015年开始，南水北调工程与胶东调水工程联合调度运行，持续向胶东半岛输送长江水黄河水，有力保障了胶东半岛工业和城市居民生活用水安全。2020—2021调水年度山东段工程按时完成省界调水6.74亿立方米和北延应急输水3720万立方米任务。

标准化管理落实工程安全

建立安全生产责任体系，制定工程管理标准，实施标准化示范段建设……山东省水利厅及山东干线公司压紧压实安全生产主体责任，推进工程标准化管理，确保工程建管质量、安全、进度总体可控。

2021年以来，山东制定全员安全生产责任清单，与中国安全生产科学研究院合作，构建公司"双重预防体系"，进行重点监管和专项隐患排查；及时修订安全生产规章制度，督促安全生产问题整改；初步建立了全员安全生产责任体系，严格管理措施，排查治理隐患，强化风险管控，把各项安全工作落到实处。

山东干线公司有序组织实施渠堤标准化示范段建设、标识标牌标准化等项目；出台渠道工程、房建工程、盘柜及线缆整理标准化图集，日常维护养护、土建专项及监理招标文件范本；开展渠道工程、房建工程三年专项计划现场调研，组织完成工程设施设备评级；以信息化手段助力标准化成果应用，研究建立"十图一表"运行巡测系统。

"我们将在打造国家样板工程、创建国家级水利工程管理单位上持续用力，确保在水安全保障中发挥'稳定器''压舱石'作用。"瞿潇说。韩庄泵站、穿黄河工程、双王城水库、万年闸泵站荣获2021年度中国水利工程优质（大禹）奖，占全国获奖总数的近1/10，占南水北调东、中线获奖工程的1/2。

初心如磐，使命在肩。山东将致力于把南水北调山东段工程建设成优化水资源配置、保障群众饮水安全、复苏河湖生态环境、畅通南北经济循环的生命线，实现经济效益、社会效益、生态效益同步提升，为经济社会可持续发展提供可靠的水安全保障。

（赵新　邓妍　孙玉民　《中国水利报》　2022年5月18日）

南水北调：保障群众饮水安全的生命线

习近平总书记在视察南水北调东线工程源头江都水利枢纽时强调，南水北调是国之大事、世纪工程、民心工程，要确保南水北调工程成为保障群众饮水安全的生命线。南水北调东、中线一期工程通水以来，为受水区沿线大中城市、市县区和农村提供了优质放心水，显著改善了受水区居民用水条件，明显提升了城乡供水保障率，缓解了极端干旱情况下的供水紧张形势，已经成为提升民生福祉的生命线工程。

深刻认识南水北调工程保障群众饮水安全的重要意义

习近平总书记强调，人民对美好生活的向往，就是我们的奋斗目标。自1952年毛泽东同志提出南水北调的宏伟构想以来，党中央始终把缓解北方水资源供需矛盾、保障广大群众饮水安全作为出发点和落脚点，经过几代人接续奋斗，为中华大地开通了新水脉。

南水北调工程是坚持"以人民为中心"发展思想的生动实践。保障群众饮水安全事关人民群众的生活质量和生命安全，事关人民群众的根本利益，是"国之大事"。解决好广大人民群众的吃水问题，始终是我们党治国理政的重要任务。南水北调工程作为保障和改善民生的重大战略性基础设施，得到了历届中央领导集体的高度关心、关注。习近平总书记特别强调"南水北调工程事关战略全局、事关长远发展、事关人民福祉""功在当代，利在千秋"。南水北调东、中线一期工程建成通水后，超过1.4亿人喝上优质放心的南水北调水，沿线城市供水保证率提高到90%以上，广大人民群众的获得感、幸福感、安全感持续增强，充分彰显了中国特色社会主义制度和国家治理体系的巨大优势。

南水北调工程是解决沿线群众饮水问题的客观需要。在南水北调通水之前，黄淮海流域人均水资源量仅为462立方米，为全国平均水平的1/5，其中北京为全世界大城市中第一缺水城市，人均水资源量仅为97立方米，远低于国际公认的人均500立方米的"极度缺水标准"。2000年以来，北京、天津、石家庄、济南等多个城市发生供水危机，特别是天津市不得不多次引黄应急，烟台、威海被迫限时限量供水，人民群众饮水安全受到严重威胁。河北省东南部的衡水、沧州一带，由于长期饮用含氟量较高的深层地下水，氟骨病和甲状腺病蔓延，严重危害当地群众身体健康。持续干旱、地表水过度开发、地下水长期超采，甚至局部地区地下水资源接近枯竭等因素，造成华北地区的本地水源严重不足，以南水北调工程输入的外地水源保障广大人民群众的基本生活用水需求，成为迫切的现实选择。

南水北调工程是回应群众饮水新期盼的有力举措。喝好水、用好水直接关系到广大人民群众的美好生活质量。近年来，随着国民经济的持续快速发展和城市化进程的加快，广大群众对饮用水的期盼也越来越高，已从"有水喝"向"喝好水"转变。南水北调工程水质长期持续稳定达标，特别是中线输水干线水质各项指标稳定达到或优于地表水Ⅱ类指标，深受沿线群众认可。南水北调中线工程供水已连续几年出现供不应求的局面，东、中线一期工程规划供水范围外的一些市县提出新增用水需求，西线受水区沿黄省市也提出了强烈的用水需求，群众期盼南水北调工程提供更加有力的水资源供应。一些缺少应急备用水源的城市、尚未普及自来水的农村地区，也迫切希望南水北调工程提供优质可靠水源。

南水北调工程保障群众饮水安全的成效显著

南水北调东、中线一期工程全面通水以来，受水区正逐步实现从"喝得上"到"喝得好""喝得美"的转变，沿线受水群众对南水北调水的认可度和依赖度不断升高，南水北调水已经成为沿线受水群众不可或缺的必需品。

受水区供水保障能力明显提升。南水北调东、中线一期工程全面通水以来，通过不断强化工程安全管理、科学精准调度水量等措施，工程供水效益不断发挥，调水量稳步增长，受益范围逐步扩大，供水保证率不断提升。目前，南水北调工程已惠及河南、河北、北京、天津、江苏、安徽、山东等7省市沿线40多座大中城市和280多个县市区，受水区生活用水量和用水比例稳步提高，受益人口已从通水之初的1.1亿人增加到1.4亿人。截至2022年5月10日，南水北调工程累计调水量超530亿立方米，其中，东线调水52.88亿立方米，中线调水477.15亿立方米。东线各受水城市的生活和工业供水保证率从最低不足80%提高到97%以上，中线各受水城市的生活供水保证率从最低不足75%提高到95%以上，工业供水保证率达90%以上。

南水北调水成为沿线许多城市的主力水源。随着受水区消纳能力的逐步增强，南水北调水供水保障率高、水质优良等优势日益凸显，越来越受到北方众多城市和广大群众的欢迎。在北京，截至2021年12月底，中线工程已累计调水超73亿立方米，南水北调水已占北京城区日供水量的75%；在天津，14个主城区居民全部用上南水北调水，南水北调水占天津城区日供水量的95%以上；在河北，石家庄、邯郸、沧州等10个省辖市已全部实现水源切换，80个市县区用上南水北调水；在河南，供水范围涵盖11个省辖市及7个县级市和25个县城，多个城市主城区100%使用南水北调水，郑州中心城区90%以上居民生活用水为南水北调水，基本告别饮用黄河水的历史；山东实现了长江水、黄河水和当地水的联合调度，供水覆盖范围超60个县（市、区），每年增加净供水量超过13亿立方米。目前，受水区对南水北调工程的依赖越来越大，工程已经由规划时的沿线大中城市生活用水补充水源转变为生产生活的主力水源，这种"辅"变"主"的变化，反映的正是人民群众对于饮水安全保障的迫切愿望，提升的是人民群众对南水北调保障饮水的认可满意度。

工程沿线群众饮水质量显著改善。南水北调工程始终把水环境保护放在突出位置，有关部门及沿线各省市实行了一系列铁腕治污和持续强化监督管理的综合性水环境保护措施，确保工程供水水质长期稳定达标，为沿线群众输送优质放心水。南水北调东、中线一期工程全面通水以来，丹江口水库水质稳定保持在地表水水质Ⅱ类水标准，绝大多数能达到地表水水质Ⅰ类标准，中线输水干线水质各项指标稳定达到或优于地表水Ⅱ类指标；东线源头扬州三江营调水水源保护区全年水质均达地表水水质Ⅱ类标准，东线干线水质稳定在地表水水质Ⅲ类标准。北京市自来水集团的监测结果显示，置换为"南水"后，自来水硬度由原来的380毫克每升降至120~130毫克每升，居民普遍反映"南水"入京后自来水水碱变少，口感变甜，水质明显改善。河北省沧州、衡水、邯郸、邢台等地所在的黑龙港地区水源切换为南水北调水，500多万群众彻底告别了长期饮用高氟水和苦咸水历史，摆脱了氟斑牙、氟骨病等地方病的长期困扰。调入天津的南水北调水水质常规监测24项指标，一直保持在地表水水质Ⅱ类标准及以上，自来水出厂水、管网水浊度明显下降，市民饮用水口感、观感显著提升。

应急保供成效凸显。南水北调工程除完成规划供水任务外，还多次扮演"及时雨"的关键角色，承担了提供可靠水源的应急保供任务。南水北调工程在应对受水区发生的极端干旱事件中发挥了巨大作用。2014年7月，河南遭遇60多年来最严重的"夏旱"，多地供水告急，其中平顶山市旱情尤为严重，作为城区主要水源地的白龟山水库蓄水持续减少,一度启用水库死水位进行供水,市区百万人口面临用水危机。在南水北调中线工程尚未正式通水的情况下,46天内利用中线干渠向白龟山水库应急调水5011万立方米,保障了平顶山市百万人口的饮水需求。2017年、2018年山东大旱,南水北调东线一度成为保障青岛、烟台等城市供水安全的主力军。同时,南水北调工程在保障国家重大活动方面也发挥了重要作用。为保障2008年北京夏季奥运会期间用水需求,先期建成的南水北调中线北京—石家庄段,年度应急供水能力4亿立方米,调度河北省岗南、黄壁庄、王快和西大洋4座水库向北京供水,保证了奥运会期间首都供水安全。2022年,南水北调中线工程冰期输水持续保持稳定,确保了国家体育场、国家速滑馆、首都体育馆等重要场馆的供水安全,为北京冬奥会和冬残奥会的成功举办提供了水资源保障。

不断筑牢保障群众饮水安全的生命线

党的十九大描绘了新时代中国特色社会主义宏伟蓝图,部署了实现共同富裕的宏伟目标,对南水北调工程持续稳定保障群众饮水安全提出了更高要求,必须始终坚持以人民为中心,实施更加精确精准的调度,进一步强化安全管理,促进工程提质增效,加快推进后续工程规划建设,让人民群众享有更加安全、更加可靠、更加优质的水资源。

加强水量调度管理,更好满足群众饮水需求。通过多种措施更加全面、细致地掌握调水区来水情况和受水区用水需求,统筹经济社会发展和生态环境保护需要,综合考虑工程沿线不同地域、不同受众、不同水情,优化水量省际配置和工程运用方案,细化制定水量分配方案,科学编制年度水量调度计划。充分利用物联网、大数据、云计算、人工智能等技术,全面提升工程调度运行的数字化、智能化水平,更加精确精准调水,最大限度满足受水区合理用水需求,确保优质水资源安全送达千家万户。

强化安全管理,持续推进工程提质增效。建立完善的安全风险防控体系和应急管理体系,健全安全风险分级管控和隐患排查治理双重预防机制,加强对工程设施的监测、检查、巡查、维修、养护,加强穿跨邻接工程监管,防范和遏制各类安全事故发生,确保工程安全。充分挖掘工程供水潜力,在确保完成年度调水任务的基础上力争实现调水量新突破。加大生态保护力度,加强水源区和工程沿线水资源保护，完善水质监测体系和应急处置预案，确保水质安全。

推进后续工程规划建设，继续提高供水保障能力。统筹区域调蓄平衡，加快推进南水北调中线调蓄工程建设，进一步提高中线输水能力，提高沿线供水保证率。加快组织开展东线二期、引江补汉、西线等后续工程相关工作，推动区域水网、地方水网规划建设，为进一步扩大工程供水范围、进一步增加南水北调水消纳能力奠定基础，为更广大人民群众提供饮水保障。全面推进数字孪生南水北调建设和数字化转型，不断提升工程供水保障能力和水平。

（李发鹏　刘啸　《中国水利报》　2022 年 5 月 18 日）

南水北调：筑牢复苏河湖
生态环境的生命线

确保南水北调东线工程成为复苏河湖生态环境的生命线，是习近平总书记在江都水利枢纽考察调研时提出的殷殷嘱托。

南水北调东线、中线一期工程通水以来，承担起"国之大事""世纪工程"的使命，为解决受水区水生态、水环境长期性累积性问题提供了重要替代水源，为我国生态文明建设和绿色发展提供了重要的战略支撑，为建设美丽中国作出了积极贡献。

进入新发展阶段，要进一步发挥好南水北调工程的生态效益，必须坚持系统观念，加大生态环境保护力度，筑牢复苏河湖生态环境的生命线，不断满足受水区人民日益增长的优美生态环境需要。

深刻理解南水北调工程对复苏受水区
河湖生态环境的重要意义

习近平总书记在推进南水北调后续工程高质量发展座谈会上指出，南水北调等重大工程的实施，使我们积累了实施重大跨流域调水工程的宝贵经验。

其中一条经验是：尊重客观规律，科学审慎论证方案，重视生态环境保护，既讲人定胜天，也讲人水和谐。南水北调东线、中线工程建成通水及其生态效益的发挥，充分说明了水利工程与生态环境保护的辩证关系，是习近平生态文明思想的生动实践，具有十分重要的理论和现实意义。

南水北调工程是贯彻落实习近平生态文明思想的实践要求。党的十八大以来，我国生态环境保护取得了历史性成就，根本在于以习近平同志为核心的党中央坚强领导，在于习近平生态文明思想的科学指引。坚持山水林田湖草沙一体化保护和系统治理，是习近平生态文明思想的核心要旨。2021年，习近平总书记在推进南水北调后续工程高质量发展座谈会上强调，要加强生态环境保护，坚持山水林田湖草沙一体化保护和系统治理。绿色始终是南水北调工程的底色。《南水北调工程总体规划》提出，南水北调的根本目标是改善和修复黄淮海平原和胶东地区的生态环境。持续发挥南水北调工程生态效益、复苏受水区河湖生态环境，必须以习近平生态文明思想为指导，坚持系统观念，处理好发展和保护、利用和修复的关系，多措并举，严守生态安全的底线，筑牢复苏河湖生态环境的生命线。

南水北调工程是构建我国生态安全格局的战略考量。生态安全是人类生存发展的基本条件，是经济社会持续健康发展的重要保障，是国家安全体系的重要基石。黄淮海流域分布着多个国家重点生态功能区、生物多样性保护优先区域、国家级自然保护区和国家公园等自然保护地，是我国生物多样性最为丰富的区域之一，流域生态系统服务功能显著，是构建我国"两屏三带"生态安全战略格局的重要基础。黄淮海流域也是我国水资源承载能力与经济发展矛盾最为突出的地区。南水北调工程把长江水引向黄淮海等严重缺水的华北地区，沿南水北调东线、中线工程形成的两条绿色生态长廊把长江和黄河连接起来，重构了我国的水系格局，对于构建国家生态安全格局、提升国家生态安全保障能力，具有十分重要的意义。

南水北调工程是解决受水区严重水生态环境问题的现实需要。黄淮海流域是我国严重缺水地区之一，上世纪末本世纪初，流域经济社会发展与水资源之间的矛盾十分尖锐，导致整体生态环境严重恶化，黄河下游河道断流，海河流域"有河皆干、有水皆污"，淮河流域水污染接近失控。人口增长、社会经济快速发展导致用水需求增加，华北地区长期大规模超采地下水，超采区面积占平原区面积的77%，年均超采量占全国超采量的60%，已成为全世界最大的漏斗区，并引发湿地干涸、局部地区水资源衰减并伴随地下水污染等一系列水生态问题。由于资源性缺水，即使充分发挥节水、治污、挖潜的可能性，黄淮海流域仅靠当地水资源仍不能支撑经济社会可持续发展。南水北调工程建成通水，为地下水压采提供了重要替代水源，带动了沿线治污、河道整治、生态修复等一系列工作，为维护河湖生态系统功能，提升水生态系统质量和稳定性发挥了重要支撑保障作用。

南水北调工程为复苏受水区河湖生态环境注入了生命源泉

南水北调东线、中线一期工程有效缓解了受水区的地下水超采局面，使北方地区水生态恶化的趋势初步得到遏制，并逐步恢复和改善生态环境。在全球气候变暖、极端气候增多条件下，增加了国家抗风险能力，为经济社会可持续发展提供了保障。

华北地区地下水超采综合治理成效显著。按照党中央、国务院决策部署，水利部会同京津冀三省（直辖市）人民政府，统筹南水北调引江水、引黄水、引滦水、当地水库水、再生水、雨洪水等水源，实施华北地区河湖生态补水，通过河湖入渗回补地下水。截至今年4月中旬，中线工程已累计向北方50多条河流进行生态补水，补水总量达79亿立方米，其中，向华北地区补水51亿立方米，华北地区浅层地下水水位持续多年下降后实现连续两年回升，浅层地下水总体达到采补平衡。截至目前，南水北调受水区城区压减地下水超采量超50亿立方米，受水区地下水超采缓解效果明显，地下水水位下降趋势得到有效遏制，部分地区水位总体止跌回升。2021年年底，京津冀平原区地下水治理区浅层地下水水位较2018年同期总体上升了1.89米，深层承压水水位平均回升了4.65米，地下水亏空得到有效回补。

受水区河湖水量增加、水质改善。截至今年2月，南水北调受水区补水河湖沿线有水河长和水面面积分别较补水前增加967公里和348平方公里，补水河道周边10公里范围内浅层地下水水位同比上升0.42米，地下水储量得到有效补充。东线工程输水期间，补充了沿线湖泊的蒸发渗漏水量，确保了湖泊蓄水稳定，济南"泉城"再现四季泉水喷涌景象，京杭大运河于今年4月底全线水流贯通。北京密云水库蓄水量自2000年以来首次突破35亿立方米，永定河865公里河道于2021年9月底实现了1996年以来首次全线通水，河北省10余条天然河道得以阶段性恢复，并向白洋淀补水。在生态补水的同时，实施一系列综合水质保护措施，水体自净能力提升，水环境容量扩大，河流水质明显改善。东线一期工程输水干线水质稳定在地表水水质Ⅲ类以上，丹江口水库水质稳定保持在地表水水质Ⅱ类，白洋淀入淀水质由劣Ⅴ类提升至Ⅲ类，滹沱河、滏阳河、南拒马河等部分河流水质明显改善。

受水区生态环境质量明显改善。生态补水以来，沿线河湖水系生态多样性提高，工程沿线曾经干涸的洼、淀、河、渠、湿地重现生机，初步形成了河畅、水清、岸绿、景美的亮丽风景线，为当地百姓营造了优美的亲水环境，增强了群众的幸福感、获得感。南四湖在10多年前是谁都不愿靠近的"酱油湖"，如今水面清澈、水天相接，绝迹多年的银鱼、鳜鱼、毛刀鱼等对水质要求比较高的鱼类重新出现，多年罕见的震旦鸦雀、赤麻鸭以及号称"水中凤凰"的水雉也飞回湖畔。滹沱河过去一度是石家庄北部主要沙尘污染源，如今干涸河段水流再现、碧波荡漾，补水支线子牙新河和子牙河鱼类种类增加了25%左右，底栖动物耐污物种比例明显下降，生物群落结构得到优化。中线一期工程还带动了沿线生态带建设，工程沿线相继划定总干渠两侧水源保护区，形成了一条1200多公里长的生态景观带，宛如一条绿色走廊。

牢牢守住复苏河湖生态环境的生命线

南水北调东线、中线一期工程虽然缓解了黄淮海流域严重缺水的状况，但区域水资源情势仍呈北缺南丰的格局，加之海河流域及山东半岛受水区地表水资源量减少、河湖生态保障要求提高、地下水压采和部分规划供水工程未实施等因素影响，生态环境保护任务十分艰巨。当前及今后一个时期，要全面贯彻落实习近平总书记在推进南水北调后续工程高质量发展座谈会上的重要讲话精神，进一步加大生态保护力度，筑牢南水北调工程这条复苏河湖生态环境的生命线。

加大受水区和沿线生态治理力度。深入推进华北地区地下水超采综合治理行动，严控地下水开发强度，压减地下水超采量，多渠道增加水源补给，加快地下水水源置换，实施超采区地下水回补，逐步实现地下水采补平衡。

实施大运河水生态保护修复，推进南水北调东线输水河道沿线及重要湖泊的生态廊道建设。

持续发挥南水北调工程生态功能。坚持和完善科学调度工作机制，合理优化南水北调东线、中线一期工程的运行方案，科学制定落实水量调度计划，加强水资源统筹调配，在满足受水区合理用水需求基础上，保障河道合理生态流量，抢抓来水丰沛时机，加大生态补水力度，助力滹沱河、白洋淀、永定河、大运河等河湖综合治理与生态修复，持续改善水生态环境。

强化南水北调工程沿线水资源保护。坚持"先节水后调水、先治污后通水、先环保后用水"原则，把水质安全摆在更突出的位置，加强南水北调工程沿线水质监管，抓好输水沿线区和受水区污染防治和生态环境保护工作，加强水质监测基础能力建设，全面提升水污染事件应急处置能力，开展水污染防治专项治理，不断完善水质保障体系，确保水质安全。

加快推进南水北调后续工程建设。加快推进后续工程前期论证工作，统筹指导和推进后续工程建设，通过南水北调东线、中线、西线工程，连通长江、淮河、黄河、海河四大水系，形成长江流域向北方战略性输水通道，进一步提升供水能力，促进工程生态环境效益长效发挥，确保工程成为复苏河湖生态环境的生命线。

（庞靖鹏　郭妹妹　严婷婷　《中国水利报》　2022年5月19日）

南水北调：畅通南北经济循环的生命线

南水北调工程对畅通南北经济循环、促进南北方协调发展、推动构建新发展格局具有重大作用。围绕解决南北方之间开始凸显的不均衡发展问题，南水北调工程通过发挥水资源战略配置作用，挖掘和释放北方地区优势资源要素和经济要素的潜力，发挥产业比较优势，实现南北之间各类资源和经济要素的优势互补、畅通流动，提高整体资源配置效率，为构建全国统一大市场和形成畅通的国内大循环提供支撑，显著提升国家发展内生动力、综合实力、全局竞争力。

促进南北之间产业结构平衡和经济要素流动循环

南水北调工程具有供水、防洪、土地增值、地区开发、环境等方面的综合效益。工程的建设与运营，对经济发展带来影响，包括直接拉动经济增长；促进北方地区产业结构调整，为沿线地区工业换代升级、发展第三产业提供契机；充分发挥北方地区资源和要素优势，促进南北经济要素流动循环等。

南水北调东、中线一期工程建设期间，工程投资平均每年拉动我国GDP（国内生产总值）增长率提高约0.12个百分点，并通过乘数效应进一步扩大对经济增长的影响。工程运行期间，以2016—2019年全国万元GDP平均用水量70.4立方米计算，至2022年3月，超过510亿立方米的"南水"，有效支撑了受水区7万亿元GDP的增长。

南水北调工程通水后，受水区同步强化水资源刚性约束作用，坚持"四水四定"原则，加快产业结构调整，向合理化与高层次化发展。一个明显的标志是南水北调受水区各省市第三产业占比均有显著提高。例如河北省，作为一个以钢铁、煤炭、石化、装备制造为主的资源型、重化工大省，实施调水后，地区工业和生活用水的紧张趋势大大缓解。当地一方面发挥钢铁、石化和装备等传统领域产业优势，另一方面促进新能源和生物医药等领域制造业的发展，工业产业结构由重化工业向高加工产业转变。2020年三次产业结构比例为11∶37∶52，形成"三二一"顺序，产业结构不断优化。

南水北调工程有效破解北方水资源制约难题，释放北方潜在优势资源要素生产能力，更好发挥华北地区在高端服务、部分高端制造上的产业优势以及西北地区在传统能源、新能源、化工、原材料等上游产业链的优势，使之转化为结构转型与经济发展的基础条件，并通过已经成熟的能源通道、交通基础设施等，与调水通道相得益彰，构成多种经济和资源要素与水要素的南北畅通流动和循环，为构建新发展格局、带动经济增长质量提高提供支撑。

推动南北地区间共同富裕和共享发展成果

南水北调工程通水以来，发挥了多方面社会效益，促进就业增长，提高居民收入水平，助力脱贫攻坚和乡村振兴经济发展，满足人民群众对美好生活的需要，为贯彻落实好"共享、协调"理念、推动共同富裕给予有力支撑。

南水北调需要动用大量人力资源参与工程建设，这是直接就业；工程需要的水泥、钢材、原木、汽油等生产及所需粮食、服装的生产所拉动的就业，为第一次间接就业，如此类推，引起工程多次间接就业。根据水利投资就业系数计算，东线和中线投资带来的就业量是每年 50 万～60 万人；整个建设期直接和间接的就业带动量总计为 2100 多万人次。南水北调工程运行期，同样对就业有重要影响。实施调水后，因水资源供给增加，有利于受水区充分利用资源优势，扩大生产规模，将吸纳一部分劳动力就业。调水还带来受水区整体经济、社会、生活及生态环境的改善，带来城市基础设施及投资环境的改善，有利于吸引国内外投资，提高就业。

南水北调工程投资具有需求拉动作用与供给推动作用，对我国国民收入的增长有一定积极作用，同时工程建设有利于扩大就业，直接促进居民收入增长；工程还在一定程度上缓解消费需求增长的"硬瓶颈"制约，促进城乡居民交通运输、邮电等方面消费需求增长。国务院发展研究中心的相关研究表明，2010 年前南水北调一期工程投资对我国 GDP 的贡献中，有 1292 亿元为劳动者增加的报酬。工程运行后，随着水资源的增加，城市工业生产力提高、土地增值，有利于新经济增长点形成，促进城镇居民收入水平提高。

南水北调工程在助力脱贫攻坚中发挥了重要作用。北方受水区水资源的增加，改善了贫困人口的经济发展环境，加快贫困人口的脱贫步伐，建立起有特色的主导产业。通过对南水北调中线工程水源区的对口协作和帮扶，水源区当地民众结合水源保护，推动农业产业结构调整，促进绿色农业发展，推动水源区深度融入长江经济带发展，主动对接京津冀协同发展，形成南北水源区与受水区之间互利共赢、协同发展长效机制。

推动南北地区间水资源布局与粮食生产格局相协调

筑牢国家粮食安全防线，确保社会大局稳定，是任何时候都不能放松的"国之大者"。全国 13 个粮食主产区，黄淮海平原占据 5 个，黄淮海流域占据 6 个，对于保障国家整体粮食安全的作用不言而喻。历史上，我国长期维持"南粮北调"格局，但在自然规律和经济规律的双重作用下，近几十年来迅速转变为"北粮南运"。南水北调工程对弥补水资源关键短板、保障国家粮食安全意义重大。

南水北调工程缓解农业用水被挤占局面，提高粮食生产用水保障程度。南水北调东、中线一期工程的通水，使农业、工业、生活及生态环境竞争用水的局面得到缓解，原来被挤占的农业 15 亿立方米水量退还于农业，同时城市污水达标处理后的 16 亿立方米水量退还河道保证生态用水，也间接改善了农业生产用水条件，从而显著增强了农业抵御干旱灾害的能力，提高了灌溉保证率，充分挖掘粮食增产潜力，促进稳产增产和增效增收。据统计，东、中线一期工程通水提高了黄淮海平原 50 个区县共计 4500 多万亩农田灌溉保证率，小麦、玉米、棉花等作物生产效益大大提高。

南水北调工程探索直接向灌区供水。在河南南阳引丹灌区，南水北调中线工程每年平均向其直接供水约 6 亿立方米，有力保障了邓州市、新野县两市县国家粮食核心产区春耕备耕工作。

南水北调工程对粮食安全的战略意义，并不在于直接向农业生产供水，而是要从根本上协调和平衡好北方地区粮食生产与生态环境保护的关系，提高粮食生产的水资源综合保障程度。加快推进南水北调后续工程建设，将为北方粮食主产区提供更为坚强的水资源保障，为保障全局粮食安全奠定坚实基础。同时，通过"南水北调"和"北粮南运"，形成南北之间水要素和粮食要素的互为支撑，这也是畅通南北经济循环、促进南北方协调发展的题中应有之义。

推动南北地区间城市化协同高质量发展

南水北调工程显著增强了受水区城市发展的水资源承载能力，为京津冀城市群、沿黄城市群发展提供保障，并为河南、山西、山东等深度参与黄河流域生态保护和高质量发展战略、推动中西部地区常住人口城镇化率年均提高 1 个百分点以上提供有力支撑，促进南北地区城市化协同高质量发展。

在投资建设期对促进城市化发挥重大作用。南水北调工程投资促进工业发展，直接或间接促进农村剩余劳动力向非农产业转移，提高城市人口比例；对水泥制造业、炼铁业、炼钢业、机械工业、交通运输业、建筑业的相关产业的拉动，带来规模效益，有利于城市发展；主体工程施工及城市配套工程建设，城市水、电、交通等各种设施加快完善，增加城市发展动力，促进城市化加速。根据对我国城市化水平与人均 GNP（国民生产总值）的相关性模型分析估算，南水北调工程投资对我国城镇化率提高的贡献率约为 0.3 个百分点，对北方地区城镇化率提升的贡献率约为 0.5 个百分点。

在工程运行期促进城市化进程。南水北调工程运行后，可提升北方地区人均生活用水水平，直接或间接推动第三产业发展，为高质量城市化提供支撑；同时，由于水资源供给增加，城市的经济集聚效应、规模效应和规模溢出效应，为大中城市的郊区和周边地区、城市群带地区、城市走廊间，带来生产要素集聚和人口聚集，改变生产方式和生活方式，促进城市化发展。2014 年年底中线工程通水以来，为京津冀协同发展等重大战略提供有力支撑；有效缓解了北京水资源紧张局面，北京市城区"南水"已占自来水供水量的 75%，实现多水源保障；天津 14 个区全部用上"南水"，在城镇供水总量中的比重超过八成；河北省 9 个城市用上"南水"，受水区已有 116 个水厂、14 个江水直供项目全部切换为"南水"，有力保障城市发展。

发挥重要城市群带动引领作用。京津冀区域作为中国经济第三极，要建设世界级城市群。据估算，在充分考虑节水挖潜以及维持南水北调东、中线一期工程供水指标前提下，如果没有其他外调水源，到 2035 年，京津冀地区仍缺水 49 亿立方米，缺水率为 16%。发挥好南水北调东、中线一期工程作用，推动南水北调后续工程，有助于破解水资源要素对生产能力的束缚，为京津冀城市群发展提供坚强保障，对于整个北方地区高质量发展具有全局性意义。同时，南水北调后续工程将加强沿黄地区城市群发展的水资源保障程度，为推动落实黄河流域生态保护和高质量发展战略提供有力支撑，黄河几字湾城市群在引入水资源后，区域产业实力和制造业能力将显著提升，均有发展成超大城市的潜力，并确保河西走廊若干城市的稳定繁荣。

南水北调工程对畅通南北经济循环、缩小南北差距、促进南北方协调发展具有重要意义。一方面，通过南水北调工程破解水资源要素的制约，促进华北地区具有比较优势的生产要素进一步发挥作用，保障京津冀世界级城市群发展，推进华北地区进一步释放更大生产力，为提高地区经济竞争力提供坚实基础，切实发挥对北方地区发展的带动引领作用。另一方面，黄河流域和西北地区在保障生态、粮食、能源、国防等安全方面具有重要意义，特别是能源基地数量众多，可再生能源非常丰富，是保障国家能源和粮食安全的"压舱石"，同时是促进实现碳达峰、碳中和目标的重要支撑力量。南水北调工程增强水资源保障，使黄河流域和西北地区产业优势充分发挥出来，并由此形成能源、粮食和水资源要素的南北畅通流动循环和支撑互济，为促进南北协调发展提供有力支撑，进而促使西北地区在更广范围内、更深层次上、更多领域内与世界各国加强开放和合作。考虑到西北地区对接"一带一路"的特殊地位，这一战略意义尤其凸显。

（李肇桀　张旺　王亦宁　刘璐　《中国水利报》　2022年5月20日）

千里调水　润泽京城

2014年12月12日，南水北调中线一期工程通水，同年12月27日，奔流1276公里的丹江口水库来水入京，南水北调中线工程"南水"正式进京。

千里调水，润泽京城。数据显示，截至2022年4月底，"南水"入京突破76亿立方米，惠及全市1300万人口，发挥出了巨大的经济、社会、生态效益。随着江水的源源不断汇入，北京水资源紧缺形势得到有效缓解，河湖生态环境显著改善。

因水而润　精细化调度保障"南水"惠民生

北京市水资源调度管理事务中心负责人表示，全面通水7年多来，"南水"已逐渐成为北京市中心城区自来水厂的主力水源。经统计，76.49亿立方米的"南水"中，50.19亿立方米供给自来水厂，7.43亿立方米存入大中型水库和应急水源地，18.87亿立方米替代密云水库涵养地表、地下水源。

每年年初，市水务局全方位谋划调水、补水路径，研究、制定调度方案，并按照水务折子工程要求，坚持"节、喝、存、补"的调度优先顺序，形成切实可行的日常调度流程，科学、精细地开展水资源优化配置和统一调度，最大限度地利用水资源。同时，根据北京市多水源现状形成的调度分散性特点，充分发挥水资源合理调配的生态效益、经济效益和社会效益，建立水资源统一调度联席机制和应急响应沟通机制，实现多水源、多目标、多部门的联合调度。

因水而兴　助力北京水生态环境改善

北京市水务局采取多种措施,利用南水北调水源向密云、怀柔、大宁等大中型水库存蓄,并利用"南水"和密云水库上游来水实施密怀顺区域地下水回补涵养。同时,采用"常态热备,高峰补充"方式管控地下水开采量,适时加大地下水回补力度。

去年9月,一场跨流域多水源生态补水工作持续开展,永定河、潮白河、北运河、泃河、拒马河五大河流全线贯通入海。经统计,北京市新增有水河长452.61公里,永定河、北运河、潮白河中各类支流、灌渠均有所涉及。截至5月11日,全市平原区地下水平均埋深为16.96米,与2015年同期对比,地下水水位回升9.52米,地下水储量增加48.7亿立方米。

北京市水务局还严格执行"优水优用、分质调度"原则,采取充分利用再生水、合理调度官厅水库水源、适度利用"南水"等措施保障中心城区河湖生态环境用水,并通过官厅山峡向永定河平原段、山峡段补水,推进永定河综合治理与生态修复,最终形成流动的河、绿色的河、清洁的河、安全的河。

因水结缘　对口协作促进水源地发展

一泓清水向北流,对口协作成效显。7年多来,北京市与湖北省十堰市、河南省南阳市等水源区紧紧围绕"保水质、强民生、促转型"工作主线,深入推进水质保护、产业合作、教育医疗等领域协作,取得了显著成效,有力推动了水源区绿色发展,调水水质稳定达标并持续向好。

北京市水务局主动对接北京市扶贫支援办和水源区相关省市水利部门,持续发挥水务行业在"保水质"上的专业优势,找准对口协作发力点。北京市水务局投资计划处相关工作人员介绍:"多年来,我们始终保障对口协作项目,其中'保水质'类项目资金占比不低于30%;与水源地水利部门保持密切沟通,完善相关工作机制;组织开展水务交流与培训工作,派专家赴水源区开展专家咨询活动。"

相距1200公里的十堰与北京,因一渠清水结缘。"扎实开展对口协作工作、促进水源区生态保护和高质量发展、回馈水源区的深情厚谊，是我们的责任与担当。"北京市水务局相关负责人说。

（吕博 张爽 李述 袁敏洁 严晨雨 《中国水利报》 2022年5月20日）

中国南水北调集团中线公司：
筑牢输水安全防线

中国南水北调集团中线有限公司（以下简称"中线公司"）牢记习近平总书记的殷殷嘱托，一年来把确保工程安全、供水安全、水质安全的重大政治责任扛在肩上，风雨同舟，日夜守护，在千里输水线上筑起一道安全防线。

全面加固 确保工程安全

2021年汛期，南水北调中线工程经受了历史罕见特大暴雨的考验。汛后，中线公司把应对洪水袭击的经验迅速转化为完善和加固工程安全风险防控体系的措施，全面提高工程设施的监测、检查、巡查、维修和养护能力；针对监测发现的重大数据异常问题，使用水下机器人检查巡查，及时开展水下衬砌板修复、渠道沉降异常等加固项目。目前，通过北斗自动化变形监测技术试点、无人机高精度渠坡变形巡测等新技术，中线公司已经建立了一个全方位安全监测系统网络。

工程安全重在日常维护。中线公司从维修养护项目确定到完工验收，全流程精细化管理；开展问题自查，对安全风险和问题隐患拉网式排查和系统性研判，建立了安全风险数据库及"红橙黄蓝"四色安全风险预警，构建起预防事故发生的双重机制；全力做好今年汛前工作，到工程现场专项检查防汛安全，全面排查沿线水库坑塘，协调地方做好病险水库的除险加固工作，确保度汛安全。

细化完善　确保供水安全

2021 年汛期，中线公司紧急调整陶岔渠首入渠流量 23 次，累计下达调度指令 4300 多次，有效控制了入渠流量和渠道水位稳定。2021 年冰期恰逢第 24 届冬奥会、冬残奥会在北京举办，中线公司科学制定冰期输水调度方案，全面检查养护各类设备，发挥冰情预报预警系统作用，有效保障了冰期输水安全平稳。

机电设备安全是全线供水安全的重要保证，中线公司多措并举保障机电设备安全，充分利用陶岔电厂甩负荷试验后的停机时机，迅速完成机组停机启动条件优化工作，电厂并网运行更加平稳。

加强信息自动化，由闸站监控系统、日常调度系统、水量调度系统组成的中线工程自动化调度核心生产系统，实现了对节制闸、退水闸、分水口门的统一远程精准调度和集中控制，保障了供水安全。

联合防控　确保水质安全

确保一渠清水永续北送，做好水质安全风险防控是核心。

加强企地联合，集聚各方合力，守好水质安全生命线。中线公司稳步推进水质监测、水质保护和风险防控等水质保障工作，建设完成总干渠水质预警预报业务化管理平台，探索建立了"政府主导、企业参与、社会监督、多方配合"的治污模式，抓好水质保护工作；与水源公司建立信息共享机制，统筹开展水质安全综合防控体系建设；与沿线地方应急和生态环境管理部门建立了突发事件应急处置机制，及时协调、协同处置。

建设调蓄库，实现工程分段检修，充分利用好沿线已有水库和新建水库进行调蓄。

中线公司将牢记习总书记嘱托，筑牢生命线的安全防线，助推南水北调高质量发展。

（许安强　《中国水利报》　2022 年 5 月 24 日）

中国南水北调集团东线公司：
砥砺奋进北延供水新征程

2021年5月14日以来，中国南水北调集团东线有限公司（以下简称"东线公司"）坚决贯彻落实习近平总书记"5·14"重要讲话精神，心怀"国之大者"，牢记"三个事关"，坚定不移把"工程安全、供水安全、水质安全"的政治责任扛在肩上，建立健全安全生产体系，全力做好汛期安全施工、安全输水工作，保障了南水北调东线北延应急供水工程正常、安全供水，谱写了东线事业发展新篇章。

多措并举守好工程安全
"防护线"

安全是一切工作的基础和保障。东线公司强化管理体系建设，建立健全"四个体系"，明确作业技术标准，同时克服疫情、汛情影响，优化工程实施方案，不仅保障了工程安全，抢回了工期，也保障了工程建设期间防汛排涝、群众生产生活用水、东线鲁北段调水及验证性通水工作的顺利完成；强化检查巡查，加强质量安全巡查，不定期开展安全生产综合检查和集中整治，层层压实责任，狠抓工程质量、安全生产工作落实；组织开展质量安全月、质量安全大评比等活动，深入工程现场对施工工序、工艺及安全生产情况进行抽查检查，将安全隐患、质量隐患及时消灭在萌芽状态，切实强化了北延应急供水工程质量和安全，工程建设期间未发生一起安全及质量安全事故。

从严从细筑牢供水安全
"保障线"

今年3月25日，北延应急供水工程2021至2022年度调水工作正式启动。东线公司始终坚持以高质量完成调水工作为目标，以建立健全运行管理制度为保障，以细化责任分工、加强过程管控为抓手，全力以赴确保调水工作安全平稳推进。

　　严抓疫情防控安全，严格落实集团公司疫情防控工作部署，保障调水工作安全运行和疫情防控安全，调水近两个月来调水工作人员主动放弃节假日持续奋战在调水一线；严抓工程运行安全，通过建立健全运行管理制度、组织开展隐患排查和应急预案演练、加强输水沿线巡护检查等措施，严把供水安全每一道关口，做到重要岗位全到位、关键环节不遗漏、日常工作有安排，确保工程输水安全和员工人身安全；坚持以党建为引领，以"五月青年行，共护大运河"青年志愿者等专项活动为媒介，主动协调工程沿线地方政府、工程管理单位及流域机构，协同做好调水监管工作，确保了调水工作安全平稳推进。

全力以赴守护水质安全
"生命线"

　　水质安全是调水工作的"命脉"。北延调水期间，东线公司精心谋划、细化分工，在输水沿线400多公里河道设置4个巡查组，巡查小组每日严格开展巡护检查工作，密切关注水情、工情、水质变化，确保巡查范围无死角。

　　根据沿线水质监测断面采集的数据显示，本次调水水质各指标均符合要求。其中，耿李杨、南运河第三店、杨圈、九宣闸4个断面持续达到地表Ⅱ类水水质标准，是北延三次调水以来最好成绩。

　　在北延应急供水工程的大力保障下，京杭大运河也实现了近百年来的首次全线贯通，充分彰显了北延应急供水工程的工程效益、社会效益、经济效益、生态效益，也赋予了南水北调东线工程新的使命、开启了新的篇章。

　　踔厉奋发启新程，笃行不怠向未来。东线公司将积极践行中国南水北调集团"志建南水北调、构筑国家水网"的初心使命，当好南水北调东线工程"三个安全"的守护者，全力以赴做好北延应急供水工程建设和年度调水工作，为南水北调高质量发展贡献力量。

（詹力　《中国水利报》　2022年5月24日）

南水北调中线水源公司：当好水源工程守护者

安全是南水北调后续工程高质量发展的基础和前提。南水北调中线水源有限责任公司（以下简称"中线水源公司"）牢记习总书记嘱托，坚定不移把维护南水北调工程安全、供水安全、水质安全的责任扛在肩上，守住工程安全底线，追求供水安全高线，筑牢水质安全防线，当好水源工程的守护者，以满腔赤诚护卫汩汩清泉永续北上。

守住工程安全底线——风险归"零"与"零"事故

安全，是南水北调中线水源工程全面进入运行管理阶段后的工作核心，也是必守的底线。

2021年5月以来，中线水源公司坚持用精益求精的态度实现工程安全"零"事故，用密不透风的防范措施将工程安全风险归"零"。

2021年汛期，汉江流域秋雨连绵，丹江口水库发生7次1万立方米每秒以上量级的入库洪水过程。洪水当前，中线水源公司与汉江集团加强大坝工况监测，狠抓各项风险隐患排查治理。同时，丹江口大坝自动化安全监测系统的应用，实现了对大坝坝体及库区的可视化监控，成为人工巡查监测的强有力支持。

完善规范运行管理工作方案、健全突发事件应急管理体系、强化内部监管和人员培训……中线水源公司理顺体系、建章立制，扎实推进工程运行管理的规范化、标准化、精细化、信息化建设，确保工程设施、设备安全稳定运行。截至目前，中线水源工程连续安全生产超3900天。

追求供水安全高线——由"辅"变"主"足额北送

自2014年通水以来，南水北调中线工程正在经历供水地位由"辅"变"主"的重大变化。如今汩汩丹水，已经从原规划的补充水源变成了解渴北方的供水主动脉。

供水的首要目标是保证水量。通水几年间，中线水源公司统筹考虑防洪、供水需求，在满足汉江中下游需求的前提下，通过调整下泄流量、压减用电

负荷等一系列措施，全力保障南水北调中线工程实现足额供水。

2021年10月10日14时，丹江口大坝加高工程首次达到正常蓄水位。为确保库区安全，中线水源公司及时编制高水位运行巡查监测方案，建立与相关单位的汛期信息联络共享机制，开展库区地灾隐患点现场巡查等，全力保障供水安全，为切实维护南水北调供水安全交上了一份优异的答卷。

筑牢水质安全防线——保持丹江口水库水质优良

千里调水，水质是关键，源头清水更是重中之重。

中线工程通水以来，丹江口水库水质始终稳定在地表水 Ⅱ 类以上，这离不开中线水源公司倾力建成的水质监测保障体系，以及所有"源头护水人"的付出。

2021年秋汛期间，丹江口水库发生多次洪水过程，为确保源头水质安全，中线水源公司严格落实汛期水质加密监测方案。截至目前，中线水源公司已经建立了严密的水质监测体系。逐步建设并完善的监测站网，可实现对水质状况的自动实时监测和信息技术传递，大幅提高水质监测的精度与效率，也为核心水源地提供全方位立体化的监护、切实维护源头水质安全提供了坚实保障。

同时，中线水源公司近年来逐步扩大鱼类增殖放流规模，有力保障了水生物多样性，促进了水质调节改善，优化了库区水生态环境。

南水奔流润华夏，中线水源显担当。中线水源公司将以履行好中线水源工程运行管理职责为主线，切实维护工程安全、供水安全和水质安全，助力一库碧水永续北送。

（岳鹏宇　蒲双　《中国水利报》　2022年5月24日）

南水北调东线一期工程北延应急供水
工程完成年度供水任务

5月31日20时，位于山东省武城县的六五河节制闸缓缓关闭，标志着

2021—2022年度南水北调东线一期工程北延应急供水工程加大调水工作圆满完成。本年度东线北延工程累计向黄河以北调水1.89亿立方米，超出计划3.3%；向南运河补水1.59亿立方米，超计划完成补水任务，全面助力京杭大运河全线通水。

根据水利部发布的调水实施方案，东线北延工程于3月25日启动年度调水。4月1日，水头抵达天津市九宣闸。4月14日，东线北延工程和潘庄引黄入冀工程开始联合调度运行。4月28日，岳城水库来水进入南运河，东线北延工程、潘庄引黄和岳城水库联合调度运行，京杭大运河实现全线通水。4月30日，按照水利部制订的东线北延工程后续水源利用工作方案要求，启动两湖段邓楼、八里湾泵站从上级湖调水北送。5月16日，台儿庄、二级坝泵站启动调水。同日，江苏境内运西线各梯级泵站陆续开机运行，东线一期工程13个梯级14座泵站参与调水。本次调水各水质断面监测结果显示水质稳定在Ⅲ类以上，确保了一渠清水北上。

中国南水北调集团公司多次召开专题会议研究部署，专门成立领导小组，做好任务分工，落实各级责任，加强组织协调，及时研究解决有关重大问题，调研检查工程运行情况，提早落实调水准备工作，抓实抓细调水实施安排，强化安全运行管理，优化工程调度运行，确保精确精准调水。

此次东线北延工程供水工作，增加了向黄河以北地区供水，进一步发挥了南水北调东线工程效益，为华北地区地下水压采和复苏河湖生态环境提供了宝贵水源。东线北延工程供水作为京杭大运河2022年全线贯通重要补水水源之一，本次应急供水共向南运河补水1.59亿立方米，为京杭大运河百年来首次实现全线水流贯通提供了有力支撑。

（石珊珊　李季　朱吉生　《中国水利报》　2022年6月2日）

2022年南水北调东线北延应急供水工程
向天津调水完成

记者从天津市水务局获悉，南水北调东线北延应急供水工程向天津市年度调水圆满完成。天津市九宣闸累计收水 4891 万立方米，超额完成调水任务，入境水质全部符合国家地表水Ⅲ类水体以上标准，为保障南部地区农业灌溉和生态用水发挥了重要作用。

今年 3 月 25 日起，南水北调东线北延应急供水工程向河北、天津实施年度调水，有效置换河北、天津部分地区农用地下水，助力地下水压采工作，也为京杭大运河百年来首次实现全线贯通提供了有力支撑。此次调水任务创下近年来天津市南部地区外调水补水水量之最的纪录，有力支撑了华北地区地下水超采综合治理，沿线滨海新区和静海区 8 个镇农业灌溉水源得到了有效补充，累计实现农业灌溉面积 10.57 万亩。同时，还改善了沿线河道水质状况，缓解了南部地区缺水局面。

（韦应魁　王延　中国水利网　2022 年 6 月 7 日）

打好南水北调防汛"主动仗"

2021 年 5 月 14 日，习近平总书记在推进南水北调后续工程高质量发展座谈会上强调，要从守护生命线的政治高度，切实维护南水北调工程安全、供水安全、水质安全。

在深入学习贯彻习近平总书记"5·14"重要讲话一周年之际，中国南水北调集团公司党组书记、董事长蒋旭光强调，一定要提高政治站位，确保"三个安全"，把安全摆在各项工作的首要位置，将防汛备汛工作作为当前工作的重中之重。

集团上下认真贯彻落实习近平总书记重要指示精神，提高站位，周密部署，以安全度汛为目标，有序开展各项防汛准备工作。

提前周密部署　层层落实责任

2021 年汛期，南水北调工程经历了通水以来最严峻的暴雨洪水考验，南水北调集团坚决贯彻习近平总书记关于防汛救灾工作的重要指示和李克强总理重要批示精神，坚持人民至上、生命至上，在国家防总和水利部的统一指挥下，打赢了这场防汛抗洪抢险救灾攻坚战。

今年年初，春节刚过，南水北调集团便开始部署防汛工作。在3月1日召开的2022年防汛准备工作专题会议上，蒋旭光强调，要针对去年郑州"7·20"特大暴雨期间暴露的安全隐患问题，系统检查梳理，及早采取有针对性的措施，抓紧推进实施完成水毁修复工程。

4月18日，南水北调集团召开防汛与安全生产工作会议，全面部署2022年防汛备汛工作。水利部副部长刘伟平对集团公司今年防汛工作提出指导意见，要求深刻认识工程沿线雨情水情的严峻形势、精准分析应对工程面临的外部风险隐患、持续夯实防御暴雨洪水的工程基础、细化实化"四预"（预报、预警、预演、预案）措施提升防洪能力、科学精准调度确保汛期供水安全。

4月24日至5月9日，南水北调集团党组成员分别带队，分段检查督导南水北调东线、中线工程，重点检查了防洪加固项目质量与进度、防汛风险项目管控、防汛物资储备、"四预"措施落实等情况，进一步督促各单位落实各级防汛责任制。

中线公司编制下发2022年防汛演练计划，全线计划开展27次防汛演练，在河北、河南各组织开展一次大型防汛联合演练。同时，认真审查分公司防汛风险项目排查评估结果，组织分公司和现地管理处编报完成防汛工程度汛方案、防汛应急预案和超标洪水防御预案等。

东线公司成立东线工程安全生产协调领导小组，明确防汛工作目标，细化工作举措，统筹协调推进东线工程安全生产、防洪度汛和应急保障等各项工作。"自备汛工作启动以来，我们扎实修订预案，提前做足充分准备。在疫情防控最艰难的时期，连续几周驻扎在工程现场，保证防汛物资备得足、调得动、运得出、用得上。"参与东线沿线防汛工作的相关人员说。

深入排查隐患　做好水毁修复

南水北调中线、东线工程河渠交叉建筑物类型多，特别是中线左岸上游水库、交叉河道等受洪水冲击风险大。如何保证薄弱环节安全度汛？

各级单位按照集团统一部署，全面开展风险隐患排查评估，重点排查堤防、渠道和河流交叉部位等薄弱环节，动态更新问题隐患和制度措施"两个清单"，倒排工期，挂图作战，确保加快完成重点项目防洪加固任务。中线工程今年计划重点实施的 21 个防洪加固项目中，20 个项目已完成主体工程施工任务，另外 1 个项目的主体工程将于主汛期前完工，为工程安全度汛奠定坚实基础。

中线公司认真组织修订防汛风险项目等级判定标准，开展防汛风险项目排查评估，在各分公司和管理处防汛检查的基础上，开展"线上线下"防汛检查。主汛期临近，考虑总干渠沿线各地市疫情形势，中线公司计划继续通过视频连线、电话等形式检查抽查各级机构和工作场所。

东线公司针对北延工程防汛重点部位、机电设备运行情况，认真开展安全检查，确保问题及时整改到位。

加强沟通协调　形成防汛合力

在今年的防汛备汛工作中，南水北调集团充分利用河湖长协调机制，加强与地方沟通联络。

中线各分公司、管理处及时与地方政府、水利主管部门联系，配合地方开展总干渠左岸上游水库排查、交叉河道行洪能力复核等工作。同时，充分融入地方防汛体系，与地方防汛应急管理相关部门、存在防汛风险的村庄或企业建立联系。中线公司今年还借助信息化手段，在融合现有防汛管理有关软件系统的基础上，开发建设了应急管理指挥系统，将水利部信息中心雨水情信息、上游水库信息等接入应急指挥系统，实现防汛应急管理全过程规范化、智能化。

东线公司计划近期与地方防指、相关单位联合模拟演练汛情应急调度和险情抢险处置，提高队伍实战能力。还将会同苏鲁两省相关单位，共同做好东线工程雨情、水情、险情、灾情"四情"防御，全力做好防汛度汛各项工作。通过建立同防汛有关部门的沟通联络机制，与东线工程各单位充分实现信息共享，在确保所辖工程安全的同时，协助地方排涝泄洪，保障沿线百姓生命财产安全。

据悉，中线、东线工程将以现场为单元，开展拉练、比武等多种方式的演练，南水北调集团也将联合地方政府组织防汛抢险综合应急演练，全面提高指挥协调能力、应急处置能力和应急准备能力，确保打好防汛"主动仗"。

（李季　徐小波　车传金　于茜　《中国水利报》　2022 年 6 月 7 日）

山东聊城市 2021—2022 年度南水北调
配套工程引调水结束　年度调引水
5000 多万立方米　加快江水地下水水源切换

山东省聊城市 2021—2022 年度南水北调配套工程引调水工作日前全面结束，南水北调配套水库共引水 5698 万立方米（包括引蓄东平湖分泄洪水），引水量超出计划 1448 万立方米。

截至目前，聊城市南水北调配套工程已平稳运行六个调水年度，共计引水量 2.84 亿立方米。该市同时推动南水北调东线北延应急输水工作顺利进行，自 3 月 25 日北延应急供水正式启动以来，过境水量达 1.92 亿立方米，本年度北延供水目标是黄河以北供水 1.83 亿立方米。

依托 8 个南水北调配套工程，聊城市各有关受水县市分别建立了配套的水厂及供水管网，为该市企业转型升级和巩固农村饮水安全脱贫攻坚成果提供了有力的水安全保障。其中，冠县、莘县水库以下供水配套工程分别于 2019 年底和 2020 年初开始城乡供水，截至目前两县供水约 6900 万立方米，使当地群众告别了重金属、高氟、高碱饮用水，实现了城乡供水"三同"目标，惠及群众 110 多万人。

近些年，聊城市不断加大地下水压采力度，在封填企业自备井、加强取用水动态监管等方面一直采取高压态势，严厉打击查处非法取水活动，加快进行江水地下水水源切换，确保了县域工业发展及城乡生活用水安全，经济、社会和环境效益全面提升。

（唐兆广　《中国水利报》　2022 年 6 月 21 日）

中国南水北调集团中线有限公司
为南水北调存档　为大国重器留史

6 月 9 日是第 15 个国际档案日，也是中国南水北调集团中线有限公司（以下简称"中线公司"）档案管理的第 18 个年头。历经 18 载，中线公司档案涉猎内容之广泛、体量之大在调水工程中独占鳌头。贡献档案智慧、彰显档案作为，中线公司深耕细作，全力为南水北调存档，为大国重器留史。

见证历史　传承文明

中华上下五千年，创造了璀璨的华夏文明。能够让中华文明传承至今的，是以不同载体为基础的历史档案。

1952 年，毛泽东在视察黄河时，首次提出了南水北调的宏大设想。经历了50 多个方案比选后，2002 年 12 月 27 日，南水北调工程正式开工建设，同时也创造了诸多工程之最：国内单体顶升高度最高的武当山遇真宫文物保护工程、世界水利移民史上最大强度的 34.5 万移民搬迁工程、世界规模最大的 U 形输水渡槽工程等，都可以在中线档案中得到佐证。这些具有重要历史价值的档案，不仅留存了工程的珍贵记忆，更进一步增强了工程建设者的自豪感。

历史是最好的老师，经验是不可多得的财富。在当前重要的历史交汇期，全面总结工程建设过程中的方法经验，既要尽力而为，也要量力而行，还要为未来发展留有空间，这就体现了档案的力量。

勠力同心　革故鼎新

《"十四五"全国档案事业发展规划》指出，要立足新发展阶段，贯彻新发展理念，构建新发展格局，深入推进档案资源体系建设，全面记录经济社会发展进程，实现覆盖面更广泛、内容更丰富、形式更多样、结构更优化的目标。中线公司档案作为重要信息资源和独特的"中线记忆"文化遗产，价值日益凸显，对各项事业的基础性、支撑性作用更加突出。

根据档案资源体系建设的有关要求，中线档案资源以不断满足中线工程高质量发展和档案事业双重需求为导向，以资源体系覆盖面更广泛、内容更丰富、形式更多样、结构更优化为总体目标，以完整记录中线公司发展历程为总体任务，以健全需求侧、供给侧管理的资源价值生产链为主线，以创新驱动和功能打造为核心，着力围绕党建引领、数据转型、文化赋能等高质量发展战略，不断丰富拓展渠道。

开放全线"馆室库"数据共享。逐步完成智能化管理系统、"馆室库"协同系统开发和历史数据迁移、开放档案全文和档案工作数据的汇集，促成全线档案统一管理，发挥档案数据聚能、增效作用。

健全中线数字档案馆功能。丰富档案在线编研、档案数字展陈、档案新媒体传播等功能，打破资源开发边界隔阂，实现"一次开发、矩阵输出"。

坚持创新驱动。面向南水北调工程高质量发展和国家水网构建，加快档案领域科研攻关和技术标准制定，积极推动协同创新，加快信息化建设，助力数字孪生南水北调。

坚持精神传承。弘扬南水北调精神，大力挖掘"红色档案"与"移民档案"的历史价值，打造"中线史志"品牌，擦亮中国南水北调名片，增强南水北调品牌影响力。

应时而动　乘势而为

正值国企改革三年行动的攻坚之年、关键之年，中线公司档案工作更加聚焦重点任务，更加注重激发活力，更加突出创新发展，形成灵活高效的市场化经营机制。

讲政治，聚焦重要指示批示精神，提高政治站位。提高政治站位，确保档案工作沿着正确政治方向前进；抓重点、厚优势、补短板、强弱项，持续抓好档案资源体系、利用体系、安全体系"三个体系"建设。

讲大局，聚焦南水北调发展战略，增强大局意识。科学认识和把握"国之大者"，使档案工作围绕中心、服务大局，更好地服务党和国家、服务人民群众；聚焦打造"三个一流"战略目标，在深化学习中转变观念、凝聚共识，积极主动作为，凝聚起干事创业的强大力量。

促改制，聚焦现代企业治理和中线公司改制，推动高效完成。面临公司改制的新形势，档案工作立足新发展阶段、贯彻新发展理念、构建新发展格局，在守正创新上实现更大作为。

促发展，聚焦南水北调高质量发展，发展迈上新台阶。牢牢把握构建国家水网的历史机遇，顺应水利和国企改革发展的时代潮流，记录奋斗历史、传承红色基因、贡献档案智慧、彰显档案作为。

（王浩宇　《中国水利报》　2022 年 6 月 21 日）

连通高质量发展的大动脉

——写在南水北调后续工程中线引江补汉工程开工之际

2022年，7月7日，相隔千里的北京和湖北丹江口。

密集的数字信号在高频对接。两群人因为同一项重大水利工程同时在紧张地忙碌。

湖北丹江口、北京，两个地方，因为南水北调中线工程而紧密相连，一头是水源区，一头是受水区。今天的"主角"与此相联，但远不只这些。

南水北调后续工程引江补汉工程开工动员大会以视频连线方式在两地同步开始。

北京主会场，深红的底色营造着庄重热烈的气氛。中共中央政治局常委、国务院副总理、推进南水北调后续工程高质量发展领导小组组长韩正等领导在前排就座。

湖北丹江口分会场，彩旗猎猎，机械林立。一条巨大的红色条幅上写着"深入贯彻落实习近平总书记重要讲话指示批示精神，全面推进南水北调后续工程高质量发展"40个大字。两面巨大的电子屏幕直播着北京主会场的会标。

上午10时，动员大会在两地全体与会人员嘹亮的中华人民共和国国歌声中拉开序幕。

中共中央政治局委员、国务院副总理胡春华主持大会。

南水北调工程是重大战略性基础设施，习近平总书记高度重视南水北调，多次作出重要讲话指示批示，强调南水北调工程事关战略全局、事关长远发展、事关人民福祉。南水北调规划东、中、西三条线，连通长江、淮河、黄河、海河四大流域，形成我国"四横三纵、南北调配、东西互济"的水资源配置格局。从1952年毛泽东主席提出南水北调伟大构想以来，南水北调工程承载着中国共产党人治水兴邦、为民造福的初心和使命。

经过几代人接续奋斗，东、中线一期工程于2014年12月全面建成通水，成为我国改革开放和社会主义现代化建设的标志性成就。通水7年多来，累计调水540多亿立方米，直接受益人口超1.4亿人，成为优化水资源配置、保障群众饮水安全、复苏河湖生态环境、畅通南北经济循环的生命线。

一部南水北调工程视频短片，以惊人的数据和富有冲击力的画面，刷新了与会人员对"大国重器"的认识和理解。

南水北调后续工程受到习近平总书记的高度重视。2021年5月14日，习近平总书记主持召开座谈会，亲自擘画、亲自部署推进。李克强总理、韩正副总理、胡春华副总理多次进行研究部署。在党中央、国务院的坚强领导下，在有关各方的共同努力下，引江补汉工程形成广泛共识，并在短时间内履行完成基本建设程序。

引江补汉工程是加快构建国家水网主骨架和大动脉的重要标志性工程，是南水北调工程中线"增源挖潜扩能"的重要水源项目，对增加中线工程北调水量、提高供水保证率，增强汉江流域水资源调配能力具有十分重要的作用。南水北调集团董事长蒋旭光在动员会上报告："我们一定要坚决贯彻落实党中央、国务院决策部署，切实履行南水北调集团主体责任……坚决把这一光荣而艰巨的历史任务完成好！"

"引江补汉工程的正式开工，是国家水资源配置战略中的大事，也是推动湖北经济社会高质量发展的要事！"湖北省委书记王蒙徽在发言中说，进入新发展阶段、贯彻新发展理念、构建新发展格局，形成全国统一大市场和畅通的国内大循环，促进南北方协调发展，需要水资源的有力支撑。"湖北始终牢固树立'全国一盘棋'的大局意识，坚决扛起服务保障南水北调工程、确保一库清水永续北送的政治责任，切实履行好'守井人'的职责，全力维护南水北调工程安全、供水安全、水质安全"。

建设好引江补汉工程，责任重大，使命光荣。水利部部长李国英在致辞中表示："水利部将坚决贯彻落实习近平总书记重要指示和李克强总理重要批示要求，按照党中央、国务院决策部署，心怀'国之大者'，以高度的政治责任感和对历史极端负责的精神，统筹发展和安全，指导参建各方精心组织施工，强化质量和安全控制，高标准、高质量推进工程建设，努力把引江补汉工程建设成为经得起历史和实践检验的精品工程、安全工程！"

引江补汉工程正式开工建设，标志着推进南水北调后续工程高质量发展从此拉开帷幕。工程建成后，将有效提升汉江流域水资源调配能力，增加南水北调中线工程北调水量，对保障北京、天津等沿线重要城市供水安全和改善汉江中下游生态环境具有重要作用。

不仅如此，引江补汉工程还可以促进扩大有效投资。国家发展和改革委员会副主任赵辰昕说，在当前经济社会发展形势下，迫切需要进一步发挥有效投资关键作用，深化工程投融资体制机制改革，形成政府、企业和资本市场合力，加快工程建设进度和形成实物工作量。

"国家发展改革委将加快推进引江补汉工程等一批水利、交通、能源等重大项目落地，适度超前开展基础设施建设，全力扩大国内有效需求，保持经济运行在合理区间。"赵辰昕说，"国家发展改革委将全力支持配合工程建设！"

大国重器就是要充分发挥社会主义制度集中力量办大事的显著优势，全国上下就是要在党中央国务院的坚强领导下，各行各业各地做到一盘棋，形成高标准、高质量推进工程建设的强大合力。

10时28分，现场骤然安静，所有人屏住呼吸，等待着历史性的一刻。

韩正副总理健步走到话筒边："我宣布，南水北调后续工程中线引江补汉工程，开工！"

顿时，两个会场的大屏幕上同时传来了隆隆的爆破声，数堆土石从山体上轰然而起，挖掘机巨大的挖斗把土石倒入巨型装载车厢，施工车辆往来穿梭……

"报告北京主会场，引江补汉工程顺利开工！"

10时30分许，工程建设总指挥、中国南水北调集团副总经理孙志禹郑重报告。

沸腾的掌声久久不息，与挖掘机、运输机的轰鸣声交织在一起……

口罩遮不住灿烂的笑脸，距离挡不住共同的喜悦。开工动员会在欢快的《步步高》乐曲声中结束。两个会场里为引江补汉工程付出智慧和汗水的论证者、设计者、建设者、决策者，拱手道贺，相视而笑，合影留念。

"这是我们水利人、南水北调人的大事、喜事！"在丹江口分会场，刚刚参加完开工动员大会的水利部南水北调工程管理司副司长袁其田激动万分，"我们一定从守护'生命线'的政治高度，确保南水北调工程安全、供水安全和水质安全，使南水北调工程永远造福人民、造福民族。"

大国重器，为民族复兴助力，为人民群众造福！引江补汉工程，这条绵延194.8千米的地下输水"巨龙"，连通了两条大江大河，连通两个大国重器，是在单项调水工程的基础上打造的国家水网主骨架和大动脉，是支撑经济社会高质量发展的水利大动脉。

（李先明　石珊珊　席晶　樊弋滋　《中国水利报》　2022年7月8日）

社论：奋力续写南水北调后续工程
高质量发展新篇章

长江汉江，碧水泱泱，世纪工程，联袂结网。备受瞩目的南水北调后续工程中线引江补汉工程于7月7日正式开工建设，这是一个具有里程碑意义的重要时刻！以此为标志，南水北调后续工程高质量发展正式拉开帷幕，构建国家水网主骨架和大动脉迈出关键一步。

南水北调工程事关战略全局、长远发展、人民福祉。2021年5月14日，习近平总书记主持召开南水北调后续工程高质量发展座谈会并发表重要讲话，为推进南水北调后续工程规划建设指明了方向、提供了根本遵循。一年来，水利系统把深入学习贯彻总书记重要讲话精神作为重大政治任务，以高度的政治自觉、强烈的使命担当，实现南水北调后续工程高质量发展水利工作良好开局。在有关各方共同努力下，引江补汉工程成为南水北调后续工程首个开工项目，正是落实习近平总书记重要讲话精神的具体举措。

引江补汉工程是加快构建国家水网主骨架和大动脉的重要标志性工程，对于推进南水北调后续工程高质量发展具有重要意义。作为中线工程的后续水源，引江补汉工程是一条从长江三峡库区引水入汉江的"补水生命线"，"国之重器"与"国之大事"交相辉映，让丹江口水库一渠清水永续北上有了更强劲的动力。它将增加中线工程调水量，提高中线供水保障率，有效缓解汉江流域水资源供需矛盾，改善汉江中下游生态环境。同时，它还将连通起长江、汉江流域与华北地区，继续完善长江流域向北方战略性输水通道，发挥"四条生命线"作用，加快构建国家水网，实现水利基础设施网络经济效益、社会效益、生态效益、安全效益相统一，实现一举多得、南北两利。对于完善我国水资源优化配置格局，增强我国水资源统筹调配能力、供水保障能力和战略储备能力，对保障国家水安全、促进经济社会发展、服务构建新发展格局具有重要作用。

引江补汉工程是一项极具挑战性的水利工程，具有输水隧洞单洞距离长、埋深大、开挖洞径大、地质条件复杂等特点。工程涉及范围之广、要素之多、条件之复杂、技术难度之大在我国水利工程建设史上并不多见。规划设计上，从水源区到受水区，要考虑水资源情势、工程调控状况，也要考虑国家区域战略需求；要考虑与诸多已建工程的衔接配合，也要考虑与后续未建工程的协同互济；要技术可行、经济合理，也要统筹兼顾各方需求……如此把握"最大公约数"、实现综合效益最大化，实属不易。建设管理上，工程采用深埋长隧洞输水，不仅要穿越我国第二阶梯向第三阶梯的过渡地带，面临十分复杂的地质条件，还要同步解决好生态环境保护和移民问题，未来建成后的运行调度更是一项复杂的系统工程。引江补汉工程与最近开工建设的其他重大水利工程，不仅是功在当代、利在千秋的战略工程，其工程自身建设过程也有着不可低估的重大现实意义。工程开工建设，将发挥有效投资关键作用，带动用工、机电设备、原材料等需求，促进就业和农民增收，有效拉动相关产业发展，对稳增长、扩内需、保就业将发挥积极作用，必将为做好"六稳""六保"工作、稳定宏观经济大盘做出水利贡献。放眼长远，黄淮海流域在国家发展格局中具有举足轻重的作用，关乎经济安全、粮食安全、能源安全和生态安全。引江补汉，补的是经济社会发展的源头活水，生态文明建设的青山绿水，逐梦共同富裕的上善若水，引江补汉工程必将为我国经济社会发展提供更强有力的水利支撑。

坚定不移推进南水北调后续工程高质量发展，要以引江补汉工程开工建设为新的起点，锚定目标接续奋斗。我们要继续深入贯彻落实习近平总书记"节水优先、空间均衡、系统治理、两手发力"治水思路和关于治水重要讲话指示批示精神，始终心怀"国之大者"，以高度的政治责任感和对历史极端负责的精神，统筹发展与安全，指导参建各方精心组织施工，强化质量和安全控制，高标准、高质量推进工程建设，努力把引江补汉工程建成经得起历史和实践检验的精品工程、安全工程。要扎实做好推进南水北调后续工程高质量发展各项工作，确保南水北调工程安全、供水安全、水质安全，充分发挥南水北调工程"四条生命线"作用。要科学谋划、攻坚克难，加快构建国家水网主骨架和大动脉，完善现代化水利基础设施体系，全面提升国家水安全保障能力。

一脉连接历史、现实和未来。2022 年是南水北调宏伟构想提出 70 年，《南水北调总体规划》批复、南水北调工程开工建设 20 年。引江补汉工程在这一年开工，可谓意义特殊而时空巧合。70 年波澜壮阔，新时代激流勇进。历史交汇点上的引江补汉工程，是中央的重托、人民的期盼，也是新时代赋予水利人的使命与荣光。让我们铭记初心使命、凝聚奋进力量，以气壮山河的担当作为，奋力续写南水北调后续工程高质量发展新篇章，把民族复兴的历史伟业不断推向前进！

（《中国水利报》 2022年7月9日）

南水北调中线工程累计调水500亿立方米

记者从水利部获悉，截至2022年7月22日10时，南水北调中线一期工程陶岔渠首入总干渠水量突破500亿立方米，相当于为北方地区调来黄河一年的水量，工程受益人口超过8500万人，为推进国家重大战略实施、推动经济社会高质量发展、加快构建新发展格局提供了坚实的水安全保障。

全面通水以来，通过实施科学调度，中线一期工程年调水量从20多亿立方米持续攀升至90亿立方米，沿线地区水资源配置格局持续优化。在做好精准精确调度的基础上，充分利用汛前腾库容的有利时机，挖掘工程输水潜力，向北方多调水、增供水，2020年、2021年中线一期工程供水量连续两年超过规划多年平均供水规模。目前，中线供水工程已成为沿线大中城市供水的生命线：北京城区7成以上供水为"南水"，天津市主城区供水几乎全部为"南水"，河南、河北两省的供水安全保障水平都得到了新提升。

全面通水以来，工程有效保障了群众饮水安全。通过长期持续加强水源区水质安全保护，丹江口水库和中线一期工程通水以来供水水质一直稳定在地表水水质Ⅱ类标准及以上。北京自来水硬度由过去的380毫克每升降至120毫克每升。河南省11个省辖市用上"南水"，其中郑州中心城区90%以上居民生活用水为"南水"，基本告别饮用黄河水的历史。河北省沧州、衡水、邯郸等地区，500多万群众告别了长期饮用高氟水和苦咸水的历史。中线工程供水已由规划时的补充水源跃升为多个重要城市的主力水源。同时，为巩固拓展脱贫攻坚成果与乡村振兴有效衔接，中线一期工程还通过不断完善的配套水网向农村地区供水。

中线一期工程通过向沿线50多条河流湖泊生态补水，串联起沿线的山水林田湖草，形成了一个良好的绿色生态系统，生态效益显著发挥。截至7月22日，已累计生态补水超89亿立方米，受水区特别是华北地区，干涸的滹、淀、河、渠、湿地重现生机，河湖生态环境复苏效果明显。目前，华北地区浅层地下水水位持续多年下降后实现连续两年回升，浅层地下水总体达到采补平衡。监测数据显示，2021 年年底京津冀治理区浅层地下水水位较 2018 年同期总体上升 1.89 米，深层地下水水位平均回升 4.65 米。通过向北京十三陵、怀柔、密云等水库存水，有效扩大了水域面积，2021 年 10 月 1 日，密云水库蓄水量达 35.79 亿立方米，创造了新的纪录。2021 年 8 至 9 月，中线一期工程通过生态补水，助力永定河实现了 1996 年以来 865 公里河道首次全线通水。河北省统筹"南水"、黄河水和水库水，向白洋淀生态补水，淀区面积由补水前的 170 多平方公里扩大到 250 平方公里左右，有"华北之肾"美誉的生态湿地功能逐步恢复。

中线一期工程贯穿京津冀豫，形成了水系互联、互通、共济的供水格局，有力助力疏解北京非首都功能，推动京津冀协同发展以及黄河流域生态保护和高质量发展，推动河北雄安新区和北京城市副中心建设，有力推动经济社会发展。截至 7 月 22 日，中线一期工程累计向雄安新区供水 7800 万立方米，为雄安新区建设，以及城市生活和工业用水提供了优质水资源保障。此外，沿线受水区置换出大量地下水和地表水，使农业、工业、生活及生态环境争水的局面得到缓解，显著增强了农业抵御干旱灾害的能力，沿线地区农田灌溉保证率，小麦、玉米、棉花等作物生产效益大大提高。

（杨晶 《中国水利报》 2022 年 7 月 23 日）

南水北调东中线一期工程全部完工验收

8 月 25 日，南水北调中线穿黄工程在河南省郑州市通过水利部主持的设计单元完工验收。至此，南水北调东、中线一期工程全线 155 个设计单元工程全部通过水利部完工验收，标志着工程全线转入正式运行阶段，为完善工程建设程序，规范工程运行管理，顺利推进南水北调东、中线一期工程竣工验收及后续工程高质量发展奠定了基础。

水利部高度重视南水北调工程验收工作，成立了部领导任组长的南水北调工程验收工作领导小组，将完成完工验收和竣工验收准备工作纳入推进南水北调后续工程高质量发展工作计划；南水北调集团按照水利部相关部署，加强组织领导，夯实工作责任，按验收计划全力推动验收工作。

通过各方努力，南水北调东、中线一期工程设计单元按计划如期保质通过完工验收，将为南水北调后续工程建设管理积累经验，为丰富基本建设验收管理手段、提升大型跨流域调水工程验收管理水平提供参考借鉴。

自 2014 年 12 月东、中线一期工程全线通水以来，工程运行安全平稳，水质持续达标，工程投资受控，累计调水超过 560 亿立方米，受益人口超过 1.5 亿，发挥了显著的经济、社会和生态效益。

此次通过验收的中线穿黄工程是南水北调的标志性、控制性工程，工程规模宏大，是我国首次运用大直径（9.0 米）盾构施工穿越大江大河的工程，在黄河主河床下方（最小埋深 23 米）穿越黄河，工程单洞长 4250 米，设计流量为 265 立方米每秒，加大流量为 320 立方米每秒。工程于 2005 年开工，攻克了饱和砂土地层超深竖井建造、高水压下盾构机分体始发、复杂地质条件下长距离盾构掘进、薄壁预应力混凝土内衬施工等一系列技术难题。经过 9 年建设、8 年运行，累计输水超过 348 亿立方米，工程各项监测指标显示，工程运行安全平稳。

水利部将认真贯彻落实党中央、国务院关于南水北调后续工程高质量发展的工作部署，加快推进工程竣工验收各项准备工作，不断提升工程综合效益，以优异成绩迎接党的二十大胜利召开。

（李博远　原雨　《中国水利报》　2022 年 8 月 26 日）

南水北调中线工程超额完成
第八个年度调水目标

10 月 31 日，南水北调中线一期工程顺利完成 2021—2022 年度调水任务，年度调水 92.12 亿立方米，调水量为年度计划的 127.4%，连续 3 年超过工程规划的多年平均供水规模 85.4 亿立方米。

今年以来，水利部指导中国南水北调集团加强科学调度，强化安全监管，有效保障了工程安全平稳运行、供水正常有序、水质稳定达标。特别是在7—9月遭遇汉江丹江口水库来水偏少6成多的情况下，水利部统筹流域和跨流域水资源优化配置，兼顾受水区和调水区用水需求，通过科学精准调度，实施中线水量调度计划按旬批复并严格监管实施，有效保障京津冀豫四省（直辖市）的正常供水。

南水北调东、中线一期工程自2014年全线通水以来，工程安全平稳运行，东线干线水质稳定达到地表水Ⅲ类标准，中线干线水质稳定在Ⅱ类标准及以上，累计调水总量已突破576亿立方米，其中东线调水52.88亿立方米、中线调水523.29亿立方米，惠及沿线7个省份42座大中城市和280多个县，直接受益人口达1.5亿人；工程累计向50多条（个）河流（河湖）生态补水92.33亿立方米，有效改善沿线河湖生态环境。

（袁凯凯　杨晶　《中国水利报》　2022年11月3日）

时代赋能高质量发展　匠心打造世界一流企业

——中国南水北调集团有限公司成立两周年综述

在党的二十大胜利闭幕之际，10月23日，中国南水北调集团有限公司（以下简称"南水北调集团"）迎来了两周岁生日。

2020年10月23日，在习近平总书记的亲切关怀下，南水北调集团在京正式成立。两年来，南水北调集团党组深入学习贯彻习近平总书记关于南水北调的重要讲话和指示批示精神、关于国有企业改革发展和党的建设重要论述精神，完整、准确、全面贯彻新发展理念，以高质量发展为主线，带领全体干部职工抢抓机遇、乘势而上，扎实推进南水北调后续工程高质量发展，加快构建国家水网主骨架和大动脉，全力打造调水供水行业龙头企业、国家水网建设领军企业、水安全保障骨干企业。

历经两个春夏，南水北调事业高质量发展取得喜人成绩：后续工程取得重要突破，中线引江补汉工程作为后续工程首个项目正式开工建设；东中线一期工程平稳运行，供水规模屡创新高，工程综合效益日益提高；多元业态初步形成，江汉水网、水务、新能源、生态环保、水网智科、文旅等子公司相继成立，涉水产业蓬勃发展；企业改革深入推进，国企改革三年行动即将圆满收官，现代企业制度逐步完善……

坚持党的领导
坚定高质量发展信心决心

"伟大的事业必须由伟大的党来领导，今天的南水北调承载着更加宏阔奇伟的发展目标、更加光荣艰巨的使命任务，在推进南水北调后续工程、国家水网高质量发展，建设世界一流企业新的伟大征程中，更要始终坚持党的领导，加强党的建设。"南水北调集团党组书记、董事长蒋旭光多次强调。

集团党组第一时间成立推进南水北调后续工程高质量发展工作领导小组，加强组织领导和统筹协调，细化明确各项工作任务，逐项制定落实方案，不折不扣将习近平总书记重要讲话精神转化为具体工作举措和工作成效。

集团党组以政治建设为统领，全面加强思想、组织、作风、纪律建设，将制度建设贯穿其中，组织实施"党建＋"工程，全面促进党建与业务深度融合，为南水北调事业高质量发展提供坚强政治保证。

两年来，南水北调集团党组研究确立了"志建南水北调、构筑国家水网"的战略使命和"打造国际一流跨流域供水工程开发运营集团化企业"的目标愿景，明晰了牢记"三个事关"、坚守"三个安全"、建设"三条线路"、扛起"三个责任"、打造"三个一流"的"五个三"总体发展思路，聚焦主责主业，重点围绕建设运营南水北调工程、构建国家水网、多业态提升工程效益"三件大事"谋篇布局。

运行安全高效
工程管理机制日益完善

"南水北调，国之大事。"安全是发展的基础和前提。

"我们制定了工程建设项目管理、安全生产管理、突发事件应急管理等10多项管理制度，构建了《突发事件总体应急预案》为主的'1＋N'预案体系、安全生产、防汛应急、调度运行、工程建设、质量监管等各项业务管理工作机制日益完善，运转顺畅。"南水北调集团党组副书记、总经理汪安南说。

两年来，南水北调集团加强与地方紧密协作，充分发挥南水北调工程河湖长制作用，主动融入地方防汛体系，南水北调安全防御体系渐趋完备。

面对历史罕见的特大暴雨袭击、多轮新冠肺炎疫情防控压力、大流量输水等复杂工况考验，以及冰期、汛期、冬奥会、冬残奥会、全国"两会"、党的二十大等特殊重要时期安全输水任务，南水北调集团周密部署、科学谋划、一线督导，以"时时放心不下"的责任感，强化执行力，千方百计排查化解各类安全风险隐患。

两年来，广大干部职工坚守岗位、攻坚克难，确保了南水北调东中线一期工程全线 155 个设计单元全部通过水利部完工验收，工程全线转入正式运行，运行安全平稳，供水规模屡创新高。

综合效益显著
满足人民群众对美好生活的需要

两年来，南水北调集团不断挖掘释放受水区经济社会发展潜能，为京津冀协同发展、黄河流域生态保护和高质量发展、雄安新区和北京城市副中心建设等国家重大战略的实施，提供了强有力的水资源保障。

南水北调集团积极发挥市场主体作用，坚决扛起实现国有资产保值增值的经济责任，协同有关部委和地方不断健全完善供水价格机制，科学的水费管理体系逐步完善。

两年来，中线一期工程供水规模不断创出新高，2021 供水年度完成调水 90.54 亿立方米，2022 供水年度已提前超额完成年度供水计划；生态供水效益更加显著，2021 供水年度完成生态补水 19.90 亿立方米，2022 供水年度已完成生态补水 19.70 亿立方米，两年均超额完成补水任务。

两年来，南水已经成为受水区主力水源，惠及沿线河南、河北、北京、天津、江苏、安徽、山东等 7 个省市 40 多座大中城市和 280 多个县市区，受益人口超 1.5 亿人。南水改善了水生态水环境，有效遏制了地面沉降等生态环境恶化趋势，为我国生态文明建设作出了重要贡献。

坚持创新驱动
为后续工程高质量发展赋能助力

两年来，南水北调集团按照"东线一干多支扩面、中线增源挖潜扩能、东中成网协同互济"思路，优化东中线总体布局，积极参与总体规划评估修编、后续工程规划设计和有关重大专题研究，科学有序推进工程规划建设。

两年来，南水北调后续工程前期工作加速推进。在南水北调集团大力推动下，引江补汉工程比原计划提前半年开工，跑出了南水北调速度，打造了水利系统前期工作样板。集团积极参与后续工程高质量发展顶层设计，牵头或配合开展 13 项重大专题研究，配合国家发展改革委、水利部开展东中线后续工程多方案比选论证，为后续工程高质量发展指明方向、提供遵循。

南水北调集团成立专班、制订方案，提前介入、深度参与南水北调工程总体规划修编；及时成立西线领导小组和西线办，全面参与西线调研，大力推动西线工程前期工作，力促工程早日决策立项；谋篇布局，参与制定国家水网指导意见，为加快构建国家水网贡献力量。

加快多元布局
争当现代水产业链"链长"

2022 年 4 月 13 日，南水北调集团新能源投资公司与中国铁建合作的南水北调北京段房桥光伏发电项目顺利通过验收，投入运行。这是南水北调集团贯彻落实习近平总书记生态文明建设思想，积极响应国家"双碳"战略目标，聚焦主责主业，拓展多元产业，加强央地合作、央企合作模式的重要探索。

南水北调集团成立以来，坚持以实现国有资产保值增值为目标，围绕南水北调工程和国家水网建设，延长水产业链条，推动战略合作，争当现代水产业链的"链长"。集团先后与河南、江苏、天津、北京等 8 省市政府，三峡、中铁建等 15 家大型央企、民企，以及多家金融机构签订战略合作协议，逐步构建起区域、产业生态圈，为南水北调后续工程高质量发展营造了良好氛围。

南水北调集团积极谋划推动多元发展，着力构建市场化经营机制，按照

"一主引领、多点布局、分层协同"原则，有序推进集团区域战略，推动经营开发项目落地。截至目前，水务投资落地实施项目总额达69.3亿元，建立了约600亿元投资规模项目库。

南水北调集团市场化经营理念进一步强化，初步建立起完善的现代企业制度，正向着打造国际一流跨流域供水工程开发运营集团化企业的目标加速迈进。

党的二十大为全面建设社会主义现代化国家、全面推进中华民族伟大复兴进行了总动员、总部署。南水北调集团将深入学习贯彻党的二十大精神，心怀"国之大者"，砥砺"志建南水北调、构筑国家水网"的初心使命，深入实施"通脉、联网、强链"发展战略，全面推进南水北调后续工程高质量发展，加快构建国家水网主骨架和大动脉，埋头苦干、奋勇前进，为全面建设社会主义现代化国家、全面推进中华民族伟大复兴作出新的更大贡献！

（中国南水北调集团有限公司宣传中心 《中国水利报》 2022年11月8日）

"蓝色生命线"奏响发展最强音

——山东南水北调这十年

题记：党的二十大报告指出，高质量发展是全面建设社会主义现代化国家的首要任务。习近平总书记多次就南水北调后续工程高质量发展作出指示要求，为我们系统总结、持续推进南水北调工程建设管理经验，提升工程运行管理水平指明了前进方向，提供了根本遵循。

党的十八大以来，山东南水北调由建设转向运行，水质持续向好，水量稳步提升，工程效益逐步显现，提质增效，创新发展，在高质量、精细化运管大道上走出了山东特色的铿锵步伐，以昂扬的姿态书写下了荣耀的历史篇章。一个个闪亮的数字，一项项节点性工程，一次次历史性超越……今天，我们从"优化水资源配置、保障群众饮水安全、复苏河湖生态环境、畅通南北经济循环"这四条"生命线"的维度，记录下山东南水北调工程发展变化、效益显现的十年。这些数字片段，量化了山东南水北调工程的质效提升，标注了大国重器由诞生到崛起的奋斗足迹，解析了水利行业时代变革的沧海桑田。

这，是每个南水北调人引以为荣的十年。

南水北调工程功在当代，利在千秋。习近平总书记指出，南水北调工程事关战略全局、事关长远发展、事关人民福祉。从 2013 年 11 月 15 日南水北调东线一期工程胜利通水，到如今东线工程全面运行通水将满九周年，山东南水北调工程完成了累计调引长江水 53 亿多立方米的历史重任，全面实现了工程安全、供水安全、水质安全，在保障城市供水、抗旱补源、防洪除涝等多方面发挥了重要作用。

十年间，源源南来之水持续滋养着齐鲁大地的千里沃野，增强了受水区人民群众的获得感、幸福感、安全感，也彰显出大国重器的巨大效益。

优化水资源配置

党的二十大前夕，在山东省委宣传部举行的"山东这十年"水利发展成就新闻发布会上，南水北调东线一期山东段工程作为全省供水保障体系中至关重要的组成部分，其建设成就和工程效益被重点介绍发布。1191 公里碧水清渠，以每年可引入 13.53 亿立方米水的调度能力，承载着千万建设管理者的笃笃深情，将南来之水播洒在齐鲁大地 13 个市、68 个县（市、区），为山东经济社会高质量发展提供了可靠的水资源保障。

建成现代化水网体系一直是山东人民的夙愿和期盼。早在 2002 年南水北调工程开工建设时，就提出了"以南水北调工程开工为契机，对全省水利建设进行全面规划，以南水北调东线、胶东输水干线为骨架，构筑山东水网，不断增加水资源量"。历经 11 年艰苦建设，2013 年 11 月南水北调东线山东段工程顺利实现通水运行，2016 年 3 月调引长江水到达山东省最东端的威海市，标志着山东南水北调东线一期工程 13 个设区市的规划供水范围全部实现，以南水北调工程为骨干的山东水网体系初步建成。南水北调东线一期工程把省内的骨干水利工程与南水北调工程形成互联互通的水网，南北相通、东西互济，通过以南水北调干线工程构建的水网体系，实现长江水、黄河水、当地水的联合调度、优化配置。

南水北调山东段工程通水运行九年来，累计调引长江水 53.68 亿立方米，向胶东地区输送黄河水、雨洪水 10.78 亿立方米，生态补水 7.37 亿立方米，改变了南四湖、东平湖无法有效补充长江水的历史；为小清河补源 2.45 亿立方米，为济南市保泉补源供水 1.65 亿立方米，改善了小清河流域水质和沿线生态环境，保证了济南泉水的持续喷涌；多次配合地方防洪排涝，累计泄洪、分洪 5.48 亿立方米，有效减轻了工程沿线地市的防洪压力；打通东平湖、南四湖到长江水上通道，实现了山东内河航运通江达海；北延应急供水 2.66 亿立方米，为缓解华北地区地下水超采、促进京津冀协同发展提供了重要支撑和保障；向大运河补水 1.56 亿立方米，助力京杭大运河百年来首次实现全线通水。南水北调山东段工程作为综合性多功能调水工程，在全省优化水资源配置中的地位和作用不断显现，助推山东省多水源保障水平大幅提升，成为山东省名副其实的"第一大水利工程"。

以省内骨干河湖水系及重大水利基础设施为主骨架，构建与国家骨干水网相衔接的水流网络通道与调配网络，山东省于近期被确定为国家首批省级水网先导区。以南水北调工程为骨干的山东现代水网，将全面构建起"一轴三环、七纵九横、两湖多库"的省级水网总体布局。南水北调工程将在全力确保调水安全的同时，继续在服务乡村振兴战略、新旧动能转换、水安全保障体系中充当主力军，为全面开创新时代现代化强省建设新局面提供可靠的水资源支撑。

保障群众饮水安全

南水千里奔流滋润齐鲁大地，造福亿万人民，成为齐鲁人民渴求的"生命线"。这条奔涌流淌的蓝色生命线每年可为山东省增加 13.53 亿立方米的净供水能力，南水北调工程不仅成了一时的救命工程，而且将成为山东城市供水安全的重要保障。

提起 2014—2017 年连续三年的胶东大旱，很多人记忆犹新。青、烟、威、潍四市进入连续多年枯水期，降水持续偏少，未能形成有效径流，水库基本干涸见底，当地水源严重不足。为保障胶东四市城市供水安全，省委省政府部署安排，统筹组织南水北调等工程，向胶东四市实施抗旱应急调水，并连续三年实施汛期调水，累计通过南水北调工程向胶东四市供水 13.57 亿立方米，其中长江水达 9.94 亿立方米。更值得铭记的是，青岛市南水北调净供水量 3.84 亿立方米，已占到该市工业和城市居民用水量的 60.2%，潍坊市南水北调净供水量 3.84 亿立方米，占到该市工业和城市居民用水量的 28.8%。可以说，南水北调工程在山东最需要的时候、最关键的时刻，起到了稳定民心、稳定发展的作用，不愧被百姓赋予"蓝色生命线"的称谓。

"以前，一直喝的地下水含氟量高，黄牙病很常见。现在喝上长江水，口感好，水垢少，连庄稼也长得好了。"山东省德州市武城县郝王庄镇庞庄村的张金云说。地处鲁北腹地的武城县是典型的地下水氟超标县，长期饮用高氟水，曾给百姓身体造成很大危害。自 2015 年南水北调山东干线工程大屯水库的江水成为饮用水源后，武城迎来了改变。近十年间，一渠"南水"不但有效解决了饮用水氟含量超标问题，还保护了周边地下水资源，改善了当地水环境。"南水北调工程帮我们结束了喝地下水的历史，现在我们还有了黄河水和长江水两个水源保障，群众打心眼儿里满意。"

如同武城县一样，越来越多的县市区、广大百姓切身感受到，自从南水北调工程调引长江水接入自来水厂，不仅保障了供水安全，同时大大改善了水质状况，居民用水品质得到明显提升，"服务百姓、惠泽民生"有了实实在在的体现。

与此同时，南水北调工程通水后，按照国家规定，受水区的供水顺序是南水北调水—当地地表水—当地地下水，由此，地下水资源得以作为战略储备逐步涵养以应对不时之需。山东省地下水长期过量开采引发地面沉降、塌陷和裂缝等地质灾害以及海水入侵等生态灾害将得到解决，南水北调工程所发挥的经济社会综合效益将愈发明显。

改 善 沿 线 生 态 环 境

改善沿线生态环境、走出一条可持续发展的科学之路，这是南水北调工程早在规划设计时就重点关注和管控的题中之义。无数工程建设管理者为打响南水北调水质保卫战竭尽全力，开创性地通过"治""用""保"并举、"截、蓄、导、用"齐抓等多种方式进行沿线治理，取得了可喜成果。

南四湖作为北方最大的淡水湖，不仅承接苏、鲁、皖、豫四省 36 个市、县的客水，更是充当着东线工程的重要通道，其水质直接决定调水的成败。南四湖流域经过一番轰轰烈烈的"南水北调水质保卫战"，通过"治""用"

"保"并举的小流域污染综合治理的思路，从遏制上游工业污水源头，修复数万亩生态湿地，已形成一条"绿色生态长廊"。如今，山东南水北调已成立"南四湖水资源监测中心"，定期对水质进行预警监测。据悉，南四湖流域已建成人工湿地水质净化工程近25万亩，修复自然湿地23余万亩，生态系统健康状态已达到较高水平。

守护一渠清水北上，水质安全是重中之重。经过十几年的不懈努力，山东水环境显著改善。2012年，南水北调东线工程已全线实现了地表水Ⅲ类水质目标。南水北调山东段工程始终加强水质应急监测和在线监测能力建设，做好监测数据分析、研判、预警等工作，坚持"先治污后通水"，坚持"治污染调结构并进"，坚持"环保优先和谐发展"，为保障水质安全做了大量工作，有力保证了水质长期稳定达标。

南水北调工程不仅是一条缓解北方水资源短缺状况的调水线，而且已日渐成为一条复苏河湖生态的生命线，一条践行"生态文明"的发展线。南水北调作为民生工程、生态工程，将在水环境治理、水生态保护、打造生态屏障、推进山东生态保护与修复中发挥更大作用，构筑复苏河湖生态的生命线，促进人水和谐可持续发展。

畅 通 南 北 经 济 循 环

南水北调工程的运行通水，在为沿线地区提供了重要用水保障的同时，也悄然开启了古运河的复活之旅。京杭大运河作为我国最古老的运河之一，曾在历史上发挥重要作用。新中国成立后，国家加大对已废弃的运河段进行综合治理，济宁市南部运河段得到重新利用，但济宁市以北的航道问题一直悬而未决。南水北调东线一期工程通水后，成功解决了这一难题。

东平湖和南四湖作为山东境内两大调蓄湖泊，水量充沛，构成南北输水干线的咽喉部分。两湖段输水工程充分利用京杭运河河道调水，利用梁济运河和柳长河航运接合设置输水线路，使南四湖至东平湖段南水北调工程建设与航运相结合，打通了两湖段的水上通道，新增通航里程62千米，将东平湖与南四湖连为一体，有效改善了山东内河航运条件，延伸了通航里程，打破京杭运河济宁以北不通水的局面。据有关部门调查显示，两湖段通水接合航运工程正式运行后，预计每年将新增通航量数百万吨，社会效益及经济效益极为可观，将为工程沿线经济社会发展注入新的动力。

此外，京杭运河韩庄运河段航道由三级航道提升为二级航道，航运作用明显提升，枣庄市紧紧抓住南水北调通水机遇，成功组建"一港四区"，新建泊位115处，建成港口年总吞吐能力8000余吨，不断成为枣庄市优化产业布局、发展"沿运"经济带、实施"以港兴市"战略的重要依托。

"以前河道很小，碰到干旱年份就断航了，自从南水北调输水线路建成后，航道就变得繁忙起来，连沿岸城市工业都慢慢带动起来了。"济宁市港航局相关管理人员说。

以2016—2019年全国万元GDP平均需水量70.4立方米来估算，南水北调东、中线工程的运行通水有效支撑了受水区7万亿元GDP的增长，切实增强了北方地区经济发展后劲，为地区间经济社会协调发展提供了优质的水资源支撑，为两岸经济发展增添了新的澎湃动力。

（邓妍　庞博　《中国水利报》　2022年11月8日）

打造南水北调幸福长渠
描绘国家水网世纪画卷

天河沃野通南北，千里水脉惠民生。

南水北调工程事关战略全局，事关长远发展，事关人民福祉。十年来，在以习近平同志为核心的党中央坚强领导下，南水北调东中线一期工程从全面建成通水到全面发挥综合效益，再到后续工程高质量发展，南水北调事业取得历史性成就。

2020年10月23日，中国南水北调集团有限公司（以下简称"南水北调集团"）成立。两年来，南水北调集团抢抓机遇、乘势而上，着力建设安全工程、民生工程、战略工程、绿色工程、科技工程，全力推进南水北调后续工程高质量发展。

安全工程　责任至上

2021年盛夏，南水北调中线河南、河北段工程遭遇极端强降雨，郑州地区降水量突破历史极值，工程告急的消息在工作群不断刷新……面对暴雨洪水严峻考验，南水北调集团按照水利部工作部署，全力以赴做好工程防汛抢险救灾工作。集团党组书记、董事长蒋旭光率领领导干部冲在一线，河南、河北段干部职工全员在岗排查风险，协同地方抢险救灾，坚守在工程急难险重部位，筑起了一道道钢铁防线。

南水北调东中线一期工程全面通水近8年来，特别是近两年来，牢固树立总体国家安全观，统筹发展与安全，坚定不移把"三个安全"的政治责任扛在肩上，建立健全安全生产责任体系、组织体系、制度体系、工作体系、监督体系，加快构建系统完备的南水北调安全防御体系。南水北调各单位提早预警、主动布防，严格落实"四预"措施，科学做好各项应急处置，经受住了一次次特大暴雨、台风、寒潮等极端天气考验，圆满完成了历年汛期、冰期特殊时期以及冬奥会、冬残奥会、全国两会等重要时期安全输水工作，工程安全平稳运行，供水量持续增长，水质稳定达标。

南水北调中线一期工程连续近8年不间断运行。截至2022年9月30日，南水北调中线一期工程安全运行2849天，东中线一期工程累计调水超567亿立方米。

民生工程　利民惠民

满足人民群众对优质水资源、健康水生态、宜居水环境的美好生活需要是推进南水北调事业高质量发展的根本出发点和落脚点。

南水北调东中线一期工程全面通水以来，受水区供水保障能力明显提升。东线各受水城市供水保证率从最低不足80%提高到97%以上，中线各受水城市供水保证率从最低不足75%提高到95%以上。

南水北调水占北京市城区供水的7成以上，天津主城区供水基本全部为南水北调水，河南省11个省辖市用上南水，其中，郑州中心城区90%以上居民生活用水为南水，基本告别饮用黄河水的历史。河北省沧州、衡水、邯郸等地区，500多万群众告别了长期饮用高氟水和苦咸水的历史。

近期，为应对重大旱情，南水北调东线工程助力沿线抗旱调水，宝应站和淮安四站开足马力，调水超13亿立方米，有效保障了沿线群众生产生活用水。

南水北调工程效益不断彰显，沿线人民群众的获得感、幸福感、安全感显著增强。南水北调工程已成为人民满意、百姓称赞的幸福渠。

战略工程　保障发展

在南水的滋养下，新城雄安拔节生长。截至 2022 年 9 月 30 日，中线一期工程累计向雄安新区供水 6699 万立方米，为雄安新区建设以及城市生活和工业用水提供了优质水资源保障。

源源不断的新增优质水资源，挖掘和释放受水区优势经济资源要素潜力，实现了南北之间各类经济资源要素的畅通流动、优势互补，助力疏解北京非首都功能，推动京津冀协同发展和黄河流域生态保护和高质量发展，推动河北雄安新区和北京城市副中心建设。

2022 年 7 月 7 日，南水北调后续工程首个开工项目中线引江补汉工程开工，吹响了全面推进南水北调后续工程建设的铮铮号角。引江补汉工程将南水北调工程与三峡工程两大"国之重器"紧密相连，进一步打通长江向北方输水新通道，促进中线工程效益发挥，提高中线工程供水保证率，缓解汉江流域水资源供需矛盾问题，改善汉江流域区域水资源调配能力减弱和汉江中下游水生态环境问题。

为了推进南水北调后续工程高质量发展，南水北调集团积极协调推动参与总体规划评估、后续工程规划设计和有关重大专题研究，根据东、中、西三条线路的各自特点，紧密对接国家战略，加强顶层设计，优化战略安排，遵循确有需要、生态安全、可以持续的重大水利工程论证原则，科学推进工程规划建设，努力创造经得起历史、实践和人民检验的一流业绩。

绿色工程　人水和谐

绿色是高质量发展的底色，也是南水北调工程的底色。2022 年 4 月 28 日，南水北调东线一期工程助力京杭大运河实现百年来首次全线通水。

南水北调中线一期工程通水以来，治理水土流失防治责任面积 40745 公顷，相当于 5.7 万个标准足球场大小。通过与地方规划深度结合，昔日一些弃渣场化身为当地知名的景观公园。

在焦作城区，以中线总干渠为依托，一个约 10 公里长的开放式带状生态公园投入使用，大大提升了焦作市的水环境和水生态；在雄安新区，中线一期工程向白洋淀及其上游河道生态补水 8 亿立方米，使白洋淀水质从劣 Ⅴ 类水整体提升至 Ⅲ 类水。

南水北调集团一方面积极探索建立生态环保和治污工作新模式，强化水源区和工程沿线水资源保护，深入开展后续工程环境影响评价，妥善处理好发展和保护、利用和修复的关系；一方面加大生态补水力度，截至目前，南水北调东中线一期工程累计向沿线河湖生态补水超 90 亿立方米，仅 2021 年就实施生态补水近 20 亿立方米，是年度计划的 3 倍多。瀑河、南拒马河、大清河、永定河、白洋淀等再现碧波荡漾、水鸟翻飞的生态盛景，游人如织，人水和谐。华北地区地下水超采区水位持续 40 年下降后，止跌回升，2021 年治理区浅层地下水、深层承压水较 2018 年平均回升 1.89 米、4.65 米。

科技工程　创新引领

南水北调东中线一期工程建设过程中，破解了新老混凝土结合、高填方深挖方施工、膨胀土处理，以及复杂地质条件下穿黄隧洞工程关键技术研究等一系列世界级技术难关，取得了工程建设领域举世瞩目的成就。

坚持科技创新是推进南水北调后续工程高质量发展的强大动力。引江补汉工程采用深埋隧洞输水，是我国在建长度最长、洞径最大、一次性投入超大直径 TBM 设备最多、洞挖工程量最大、引流量最大、综合难度最高的长距离引调水工程。

南水北调集团自觉履行高水平科技自立自强的使命担当，不断完善科技创新体系，围绕南水北调后续工程和国家水网建设加大核心关键技术研发，全面推进数字化转型，努力建设数字孪生南水北调，不断提升基础设施技术自主可控能力。南水北调工程正向着智慧化、数字化发展方向大步迈进。

新征程上，南水北调集团将继续心怀"国之大者"，牢记"三个事关"，坚定"志建南水北调、构筑国家水网"的初心使命，聚焦主责主业，大力实施"通脉、联网、强链"发展战略，加快推进南水北调后续工程高质量发展，奋力绘好国家水网这一世纪画卷。

（《中国水利报》　2022 年 11 月 8 日）

"超额保供"背后的多维支点

——写在南水北调中线水源有限责任公司圆满 完成年度供水任务之际

第 8 个年度，92.12 亿立方米，127.4%……10 月 31 日，在全国上下学习贯彻党的二十大精神的浓厚氛围里，一组关于调水的数据，引发社会广泛关注。

这一天，南水北调中线一期工程顺利完成 2021—2022 年度调水任务，年度调水 92.12 亿立方米，调水量为年度计划的 127.4%，连续 2 年刷新供水纪录，连续 3 年超过工程规划的多年平均供水规模 85.4 亿立方米。

这份优异的成绩单，成为南水北调中线水源有限责任公司（以下简称"中线水源公司"）为党的二十大献上的一份厚礼。成绩背后，是执着的坚守和不懈的努力，是来自多层面、全方位的强力支撑。

原动力：始终坚定的信念与认知

丹江口水库，南水北调中线工程水源地。汩汩南水由此始发，不舍昼夜一路向北，通过"人间天河"滋养沿线 24 个大中型城市、200 多个县市区，解渴 15.5 万平方公里土地。

"南水北调工程事关战略全局、事关长远发展、事关人民福祉。要从守护生命线的政治高度，切实维护南水北调工程安全、供水安全、水质安全。"习近平总书记在推进南水北调后续工程高质量发展座谈会上的殷殷嘱托，始终激励着中线水源公司的每一个员工。"三个安全"，已成为他们奋进新征程中的明灯、必须坚守的信念。

信念就是力量。近年来，中线水源公司以习近平总书记重要指示精神为指引，严格落实"第一议题"学习制度，自觉对表对标，坚守"当好中线水源地的守卫者、工程安全的管理者、供水安全的引领者、水质安全的呵护者"的初心和使命，积极推动党建工作与业务工作深度融合、相互促进，不断凝聚推动高质量发展的合力。

按照规划，丹江口水库多年平均供水规模 85.4 亿立方米。事实上，

2020—2021 年度，中线水源公司以超 90 亿立方米的供水量，为这一年度的供水任务划上圆满句号，创下历史新高；2021—2022 年度，供水量又超 90 亿立方米，再创新高，再次圆满完成第 8 个年度调水任务。

两次历史新高体现了对工程供水量的考量，但从根本上讲，如果没有供水水质和工程自身安全，"圆满"不可能实现。对于中线水源公司来说，"三个安全"紧密交织，缺一不可。

始终坚定的信念和高度统一的认知，成为中线水源公司全体干部职工守护"三个安全"的最大源动力和内驱力，也成就了中线水源工程创造出更多亮眼数据：截至 10 月 31 日，中线水源工程安全生产超过 4000 天；2021—2022 供水年度，陶岔渠首断面水质均符合河流Ⅰ～Ⅱ类水质标准，其中Ⅰ类水质标准达 145 天，占比 39.73％；中线工程通水以来，累计向北方供水超 520 亿立方米，通过实时优化调度，实现了连续 8 个年度供水量持续攀升。

推动力：日趋完善的支撑保障体系

工欲善其事，必先利其器。守好中线水源工程"三个安全"，不仅需要科技手段的硬支撑，还需要管理水平的软实力。近年来，中线水源公司持续加强自身能力建设，不断探索创新管理模式，改进监测设施设备，升级数字信息系统，为确保"三个安全"打下坚实基础。

中线水源公司以"机关化管理、企业化运作"理念为引领，通过理顺体系、建章立制，不断完善规范运行管理工作方案，健全突发事件应急管理体系、强化内部监管和人员培训，聚焦工程管理、库区管理、供水管理以及党的建设、人才建设、财务管理、企业文化等各方面，全面提升自身能力和管理水平。

作为全开放型饮用水水源水库，丹江口水库拥有 1050 平方公里水域面积、4600 多公里的库岸线，库区沿线涉及河南、湖北两省六县（市、区）。在中线水源公司的积极探索下，政企协同管理机制应运而生：一方发挥技术、资金等优势，一方发挥属地管理和行政执法优势，政企双方通过取彼之长补己之短，不仅破解了过去很多单打独斗无法攻克的难点，日益密切的政企关系还不断催生出库区管理的"新火花"。由于效果突出，从 2021 年 3 月到 2022 年 9 月，短短一年半时间，中线水源公司便推动实现了库区六县（市、区）政企协同管理试点全覆盖。

在水质监测方面，丹江口大坝右岸水质监测站网中心实验室配备了目前国内最先进的水质监测设备，中线水源公司已经形成以陶岔渠首断面每日常规水质 9 个参数人工监测、7 个自动监测站每 4 小时常规水质 10 个或 15 个参数趋势监测，库中 16 个断面每月水质 31 个参数人工监测、16 个入库支流断面每月水质 24 个参数人工监测，每季度水生生物监测，每年生物残毒、底质和 109 项全指标人工监测为主干，信息系统为支撑的水质监测体系。同时，通过开展鱼类增殖放流促进库区生态修复，2021 年首次达到增殖放流 325 万尾的设计规模，目前已累计投放鱼苗 582 万尾，维护了库区鱼类资源生态平衡，促进了水质优化。

2021 年以来，中线水源公司加快推进"数字库区、智慧水源"建设，通过提升综合管理信息平台系统性能，推进丹江口水库管理全面数字化转型。目前，由中线水源公司牵头组织开展的数字孪生丹江口工程建设正在向纵深推进。

软硬兼具的多维度支撑保障体系日趋完善，为托起"三个安全"底线提供了强劲的推动力。

行动力：目标之下的全力付出

今年 6—9 月，汉江流域来水持续偏枯，丹江口水库来水较多年同期偏少 6 成。临近汛末，丹江口水库迎来秋汛洪水，洪峰流量达 1.35 万立方米每秒。水利部统筹流域和跨流域水资源优化配置，兼顾受水区和调水区用水需求，通过科学精准调度，实施中线水量调度计划按旬批复并严格监管实施。中线水源公司严格按照长江委调度指令开展工作，充分发挥水库拦蓄作用，拦洪约 31 亿立方米，成功应对了汛期反枯和汛末洪水双重叠加考验，在确保防汛安全的同时，为下一年供水奠定了坚实基础。

这次优化调度，折射出中线水源公司多年来在调水实践中不断积累的丰富经验。

笃行致远，惟实励新。有效保障工程安全平稳运行、供水正常有序、水质稳定达标的背后，是中线水源公司以"三个安全"为核心目标，持之以恒、扎扎实实开展的各项行动。

库区巡查管理作为一项基本职责，琐碎但意义重大。截至 2022 年 10 月 31 日，今年中线水源公司共组织巡查 1000 余人次，巡查里程超 8.9 万公里，组织配合核查库区填库违建、网箱养鱼等共计 2900 余处；定期开展大坝设备设施巡检，今年汛前按时完成 185 项维修养护工作，确保设备设施完好率 100%；参加水利部组织的"守好一库碧水"专项整治行动，复核点位 684 个、现场核实项目 57 处，目前河南、湖北两省共完成涉库问题整改 886 个，专项整治行动成效显著。

自今年 3 月起，中线水源公司每月开展 1 次陶岔渠首锑浓度监测，确保水质安全。监测结果显示，陶岔渠首锑浓度低于地表水环境质量标准限值。针对丹江口水库总磷浓度升高问题，4—5 月，中线水源公司在何家湾、江北大桥等水域增设 10 个监测断面，每旬开展 1 次包括总磷在内的 9 项水质指标监测工作。监测数据表明，增设断面水质均符合湖库水质 II 类及以上标准。

2022 年，是中线水源工程转入运行管理的开局之年，也是中线水源公司"十四五"规划实施的关键之年。中线水源公司全体党员和干部职工将把学习党的二十大精神转化为推进南水北调后续工程高质量发展的精神引领和自觉行动，做好"水源大文章"，赢取发展大格局。公司总经理马水山表示，中线水源公司将有序组织实施公司顶层设计规划，切实维护南水北调中线水源工程"三个安全"，以水源担当助力新阶段水利高质量发展。

（田灵燕　蒲双　《中国水利报》　2022 年 11 月 8 日）

南水北调东线一期工程启动
大规模年度调水

1 月 13 日 10 时，南水北调东线一期工程正式启动 2022—2023 年度调水。根据水利部水量调度计划安排，南水北调东线一期工程计划向山东调水 12.63 亿立方米，净供水量 9.25 亿立方米，均创历史新高。

南水北调东线工程起于江苏扬州江都水利枢纽，全长 1467 公里，工程自 2013 年 11 月正式通水 9 年来，已累计向山东调水 52.88 亿立方米（不含北延应急供水水量），沿线受益人口超过 6700 万，为受水区经济社会发展提供有力水资源支撑和保障，经济、社会、生态等综合效益显著，南水北调工程已经成为优化水资源配置、保障群众饮水安全、复苏河湖生态环境、畅通南北经济循环的生命线。

水利部和中国南水北调集团将以党的二十大精神为引领，全面贯彻落实习近平总书记关于南水北调的系列重要讲话和指示批示精神，切实维护南水北调工程安全、供水安全、水质安全，充分发挥已建工程效益，进一步提高水资源支撑经济社会发展能力，全面推进南水北调后续工程高质量发展，为形成全国统一大市场和畅通的国内大循环、促进南北方协调发展提供有力的水安全保障。

（杨晶 《中国水利报》 2022 年 11 月 15 日）

南水北调东线江苏沙集泵站
加固改造工程开工

11 月 14 日，江苏省"十四五"水利重点加固改造工程项目、总投资 6996 万元的沙集泵站（以下简称"沙集站"）加固改造工程举行开工典礼。该工程对保障南水北调、江水北调工程高质高效安全送水北上将起到关键性作用。

地处江苏省徐州、宿迁两市交会处的沙集站，是 1992 年江苏省第一批利用世界银行贷款兴建的水利项目，由抽水站、节制闸及配套建筑物组成，是南水北调第五梯级泵站、江水北调第四梯级泵站，具有灌溉、供水、防洪、排洪及发电等多种功能，在保障徐州地区工农业生产、航运、环保及调节骆马湖水位方面发挥着主要作用。丰水季节沙集站利用上游多余涝水进行反向发电，节制闸主要承担着黄墩湖地区部分涝水的外排任务，并在汛期作为骆马湖分洪的通道之一分流上游洪水。该站自 1992 年 4 月建成使用以来，已累计通过苏北徐洪河向上游抽水 56 亿多立方米，相当于近 2 个洪泽湖库容量、7 个骆马湖库容量，排涝 42 亿多立方米，利用泄洪弃水发电 4635 万千瓦时。

经过 30 年长期运行，沙集站主电机滑环表面电蚀明显，定转子绝缘表面均出现老化开裂现象，转子连接电缆老化开裂，电机未进行干燥处理时，绝缘电阻吸收比均不合格；主电机定子绕组吸湿现象严重，运行时温升高、噪声大，绕组线圈连接棒绝缘老化开裂，电机绕组引出线绝缘老化，绝缘层开裂，安全类别评定为三类；主水泵老化严重，水泵叶片、导叶体等过流部件气蚀严重，多个叶片存在裂纹，出现叶片断裂现象，轴承磨损严重，安全类别评定为四类；上游出水河道与闸站的中心线存在约 25 度的夹角，导致抽水时的出水流态与泄洪时排涝流态差，河道淤积，影响机组安全运行和汛期行洪安全。

经江苏省发改委批准，沙集站加固改造工程列入江苏省"十四五"水利工程加固改造计划，具体内容包括：更换主机泵 5 台；更换泵站高低压开关柜、直流屏、励磁屏、辅机控制柜、高低压电缆和控制信号电缆等，进行自动控制和视频监视系统升级改造；移位新建上下游清污机桥，进行上下游引河清淤、混凝土表面防碳化处理等；移装现状上下游原回转式清污机 10 台套，更换闸站启闭机 16 台套，进行闸门喷锌防腐等。工程等别为Ⅱ等，工程规模属大（2）型，泵站站身、出水池、防渗范围内的翼墙等主要建筑物级别为 2 级，其他次要建筑物级别为 3 级，施工临时围堰为 4 级；防洪标准设计为 50 年一遇、200 年一遇校核。改造工程计划 2023 年 5 月底前完成工程水下部分，同年 8 月具备临时调水运行条件。

加固改造竣工后，沙集站将跨入一类泵站行列。

（姚雪枫　张前进　楚轩　《中国水利报》　2022 年 11 月 22 日）

南水北调北京地下供水"一条环路"贯通

冬日，在北京市团城湖至第九水厂输水工程二期二号盾构井施工现场，工人们井然有序地进行着巡检、清扫等收尾工作。

跟随工作人员沿工程步梯来到距地面 32 米深的盾构井底，只见内径 4.7 米的输水隧洞，在临时照明光源映衬下，幽深厚重，正等着接受水流的"检阅"。

11 月 16 日，随着暗挖连接段最后一仓混凝土浇筑顺利完成，团九二期输水隧洞主体结构全部完工，具备通水条件，标志着北京南水北调地下供水

"一条环路"闭环输水在即。

"'一条环路'是指南水北调配套工程沿北五环、东五环、南五环及西四环形成的输水环路。这条环路建成后，将一头连接南水北调中线总干渠，一头连接密云水库至第九水厂的输水干线。"北京市水务建设管理事务中心团九二期项目部部长汝俊起说。

团九二期工程作为"一条环路"的最后一段，建成后将使"一条环路"真正成为"闭环"，连接起南水北调中线总干渠西四环暗涵、团城湖至第九水厂输水工程（一期）、南干渠工程和东干渠工程，形成全长约 107 公里的全封闭地下输水环路。

"'一条环路'的建成，不仅能满足南水、密云水库水、地下水三水联调的需要，还将提高环路供水调度中应对供水突发事件的能力，大幅度提升北京市供水安全保障。"汝俊起介绍，一方面，实现全封闭地下输水后，可解决团九一期工程地上明渠输水易受季节、天气等因素影响的弊端，输水保障率和安全性将大幅度提高；另一方面，作为北京市南水北调配套工程的重要组成部分，团九二期工程承担着向市第九水厂、第八水厂、东水西调工程沿线水厂的供水任务。在南水北调发生停水时，团城湖调节池可把南水北调水源切换为密云水库水源，通过团九二期隧洞提供应急供水，从而保障供水安全。

团九二期工程起点位于团城湖调节池环线分水口，终点位于团九一期龙背村闸站二期控制闸，全长约 4 公里。虽只有短短 4 公里，却存在众多特一级风险源，水文地质条件极为复杂，并经过如电力、污水、给水、燃气、轨道交通等多处重要基础设施。

市水务系统首次采用了"深埋泥水平衡盾构方案"，开创了最深的盾构埋深、最深的基坑开挖、最大的地下水压、最复杂的地质条件等多项北京地区"盾构施工之最"；开创性提出了"盾构动态施工管理"的理念，通过地质、岩土、机械等多领域专业人员集体协作，将盾构掘进过程中的主要参数信息进行统一分析、科学研判，成功应对了复杂地质条件带来的盾构掘进的不均匀性和突变性，特别是顺利完成了在极高石英含量地层中掘进等高难度施工。

"团九二期工程的完工，为北京在复杂综合条件下实施水利工程建设，积累了极为宝贵的实践经验。"汝俊起说。

（许睿 《中国水利报》 2022 年 11 月 23 日）

"南水"助力密云水库蓄水量
再超 30 亿立方米

11 月 21 日 8 时，北京市密云水库水位达 151.78 米，蓄水量 30.024 亿立方米。这是自 7 月 10 日以来，密云水库蓄水量再次突破 30 亿立方米。

今年汛期，密云水库流域降雨及来水偏少。北京市水务局充分发挥密云水库"调蓄库""调节器"的功能和作用，于 9 月 14 日启动南水北调调蓄工程向密云水库输水，日均输水量约 80 万立方米，截至 11 月 20 日，年度输水量 3770 万立方米。得益于"南水"入库、上游水库集中输水、降雨来水三方面因素，密云水库蓄水恢复至 30 亿立方米。

（杨晶　庄妍　王泽勇　《中国水利报》　2022 年 11 月 25 日）

南水北调中线工程启动
2022—2023 年度冰期输水

12 月 1 日，南水北调中线工程启动 2022—2023 年度冰期输水工作。水利部部署要求，牢牢守住工程安全运行底线，切实保障工程冰期平稳输水，确保工程安全和京津冀冬季用水安全。

根据预测，2023 年 1 月下旬至 2 月，冷空气强度逐渐加强，华北北部、华中西部等地气温较常年同期偏低，南水北调中线工程冰期输水面临持续寒冷天气、长时间高负荷运行、新冠疫情反复的多重压力。水利部要求，务必高度重视冰期输水工作，加强与沿线各有关省（直辖市）的沟通协调，组织运管单位提前部署，加强极端寒冷天气预测预报预警，及时修订年度冰期输水应急预案，适时组织冰期应急抢险科目演练，科学实施水量调度，加大值班值守力度，提升突发事件应对处置能力。水利部于 11 月底对工程冰期应急处置措施准备情况开展了视频检查。

面对冰期输水的严峻形势，中国南水北调集团十月下旬即召开专题会议进行部署，专门制定了《南水北调中线干线工程 2022—2023 年度冰期输水运行工作方案》和《2022—2023 年度冰期输水调度实施方案》。南水北调集团各部门、各单位严格落实冰期输水责任，依托已建立的中线工程冰冻灾害应急组织体系，扎实开展冰期输水工作。目前，工程沿线 104 道拦冰索维护安设布设已到位，180 套融冰设备检修及调试完毕，111 套扰冰设备检修及调试完成，15 座排冰闸及 4 套液压耙冰机检修工作已全部完成。针对可能发生的冰冻灾害险情，正组织开展冰冻灾害应急演练，并在工程沿线配置应急抢险保障队伍，设置冰期驻守点，配备应急抢险物资和设备，随时应对现场突发情况。

（杨晶 《中国水利报》 2022 年 12 月 2 日）

南水北调东线北延工程首次启动
冬季大规模调水

12月9日10时，随着山东段德州六五河节制闸缓缓开启，南水北调东线一期工程北延应急供水工程启动 2022—2023 年度向河北、天津调水工作，这是北延供水工程首次启动冬季调水。

北延供水工程运行通水是水利部和南水北调集团贯彻落实习近平总书记"节水优先、空间均衡、系统治理、两手发力"治水思路的具体实践，也是落实华北地区地下水超采综合治理行动和京杭大运河全线贯通补水的具体措施。自 2019 年应急试通水以来共开展了 3 次调水，累计向河北、天津调水 2.48 亿立方米。本年度调水计划至 2023 年 5 月底结束，将不间断持续输水 6 个月，较往年大幅度延长。穿黄断面计划调水量为 2.72 亿立方米，向河北、天津调水 2.16 亿立方米，均创历史新高。此次调水将有力保障津冀地区明年春灌储备水源，确保粮食安全，巩固地下水压采成效。

水利部会同南水北调集团将把完成北延供水工程年度调水目标作为深刻领会习近平新时代中国特色社会主义思想、深入学习贯彻党的二十大精神、落实国家水网建设规划纲要的主责任务，精心组织安排，守牢"三个安全"，确保一渠清水北上，为沿线地方经济社会高质量发展贡献力量。

（杨晶 袁凯凯 《中国水利报》 2022 年 12 月 10 日）

南水北调工程通水8年向北方调水586亿立方米

12月12日，南水北调东、中线一期工程迎来全面通水8周年。记者从水利部获悉，8年来工程累计向北方调水586亿立方米，直接受益人口超1.5亿，发挥了巨大的经济、社会和生态综合效益。

按照统筹发展和安全的要求，水利部强化底线思维、极限思维，全力做好汛期、冰期、冬奥会、冬残奥会等特殊重要时期安全输水工作，经受了极寒天气、河南郑州"7·20"特大暴雨、最大设计流量以及新冠肺炎疫情影响等风险和工况考验，保障了正常供水。目前，工程已连续安全平稳运行2922天，设备设施运转正常，中线水质持续保持或优于地表水Ⅱ类标准，东线水质持续稳定保持地表水Ⅲ类标准。

南水北调全面通水以来，通过实施科学调度，实现了年调水量从20多亿立方米持续攀升至近100亿立方米的突破性进展。中线一期工程2021—2022年度调水92.12亿立方米，再创新高，连续3年超过工程规划的多年平均供水规模。南水北调水已由规划的辅助水源成为受水区的主力水源，北京城区7成以上供水为南水北调水；天津市主城区供水几乎全部为南水北调水。南水北调东线北延应急供水工程发挥效益并将东线供水范围进一步扩展到河北、天津，进一步提高了受水区供水保障能力。

南水北调工程有力支持了国家重大战略。8年来，累计向京津冀地区供水335亿立方米，其中，向雄安新区供水9134万立方米，为京津冀协同发展、雄安新区建设、黄河流域生态保护和高质量发展等国家重大战略实施提供了有力的水资源支撑和保障。按照万元GDP（国内生产总值）用水65.1立方米计算，南水北调工程累计调水586亿立方米，相当于有力支撑了北方地区9万多亿元GDP的持续增长。此外，通过水源置换、生态补水等综合措施，有效保障了沿线河湖生态安全。中线已累计向北方50余条河流进行生态补水90多亿立方米，推动了滹沱河、瀑河、南拒马河、大清河、白洋淀等一大批河湖重现生机，河湖生态环境显著改善，华北地区浅层地下水水位持续多年下降后实现止跌回升。2021年8—9月，通过向永定河生态补水，助力永定河865公里河道实现了1996年以来首次全线通水；今年3—5月，东线北延应急供水工程向黄河以北供水 1.89 亿立方米，助力京杭大运河实现百年来首次全线贯通；6—7月，中线补水达 2.13 亿立方米，助力华北地区河湖生态环境复苏 2022 年夏季行动顺利完成。

水利部将以党的二十大精神为引领，深入贯彻落实习近平总书记重要讲话和指示批示精神，踔厉奋发，勇毅前行，早日构建国家水网主骨架和大动脉，推动南水北调后续工程高质量发展，不断提升国家水安全保障能力，为全面建设社会主义现代化国家作出新的更大贡献。

（杨晶 《中国水利报》 2022 年 12 月 13 日）

天河筑梦创奇迹 纵贯南北利千秋

——写在南水北调工程开工 20 年之际

在时光的长河中，总有一些耀眼时刻，标注历史的进程。

2002 年 12 月 27 日，经过半个世纪的伟大构想、科学论证，举世瞩目的南水北调工程在人民大会堂宣布开工。

20 年来，南水北调工程可歌可泣的伟大实践，创造了波澜壮阔、震撼人心的人类治水奇迹。攻坚克难的背后汇聚的是无数建设者、运行管理者的智慧与心血，凝结的是中国人民对美好生活的追求与梦想。

20 年来，天河浩荡，纵贯南北，造福亿万百姓。巨大成效充分证明党中央、国务院兴建南水北调工程的决策是完全正确的，充分彰显了中国特色社会主义制度的巨大优越性，为绘制国家水网"世纪画卷"奠定了坚实的基础。

筑梦——
中国智慧筑起"大国重器"

水是经济社会发展的基础性、先导性、控制性要素，水资源格局影响和决定着经济社会发展布局。

我国水资源"家底"并不富裕且分布不均：长江流域及其以南地区，水资源量占全国 80％以上，而黄淮海流域水资源量仅占全国的 7.2％。

如何从根本上解决北方干旱缺水问题，一直是党中央关注的重大事项。

"南方水多，北方水少，如有可能，借点水来也是可以的。"1952 年 10 月，毛泽东主席视察黄河时曾这样说道。一个宏伟设想由此横空出世，拉开了改变中国水资源时空分布格局构想的序幕。

50 年科学论证，50 多个方案比选，110 多名院士献计献策，千百名水利科技人员接续奋斗……2002 年 12 月，国务院正式批复同意《南水北调工程总体规划》。

2002 年 12 月 27 日，南水北调工程开工典礼在北京人民大会堂和江苏省、山东省施工现场同时举行，东线江苏三阳河、潼河、宝应站工程和山东济平干渠工程率先开工；

2003 年 12 月 30 日，中线京石段应急供水工程的永定河倒虹吸、滹沱河倒虹吸工程开工建设，标志着南水北调中线工程开工建设；

2005 年 9 月 27 日和 28 日，丹江口水库大坝加高和中线穿黄工程开工；

……

10 余万建设者历经 10 多年建设，"调南水，解北渴"的梦想变成现实。2014 年 12 月，南水北调东、中线一期工程全线通水。

这是书写"集中力量办大事"的生动实践——

在党的坚强领导下，坚持全国一盘棋，调动各方积极性，集中力量办大事。党中央、国务院牵头成立建设委员会及其办公室，全面统筹协调，相关单位和沿线各省市纳入联动机制，有效解决问题。各行业、各有关部门、沿线地方政府大力支持工程建设，广大移民舍家为国，移民干部大义担当。

这是开拓创新、攻坚克难的伟大创举——

世界最大输水渡槽、第一次隧洞穿越黄河、世界首次大管径输水隧洞近距离穿越地铁……南水北调工程创造了一个又一个世界之最。东线工程通过 13 级泵站让长江水攀越十几层楼的高度，中线工程越过 700 多条河道、1300 多条道路，近 60 次横穿铁路……一条调水线成为一条攻坚克难的"科技线"，63 项新材料、新工艺，110 项国内专利，南水北调建设者用中国智慧筑起世界最大的调水工程。

2022 年 8 月 25 日，南水北调中线穿黄工程和焦作 1 段工程通过由水利部主持的完工验收，这标志着南水北调东中线一期工程 155 个设计单元全部通过验收，为顺利推进南水北调东、中线一期工程竣工验收及后续工程高质量发展奠定了基础。

如今，一泓清水奔涌向北，编织着四横三纵、南北调配、东西互济的中国大水网。南水北调工程成为世界上建设规模最大、供水规模最大、调水距离最长、受益人口最多的调水工程。

2021年5月，习近平总书记视察南水北调工程时说，建设过程高质高效，运行也很顺利，体现了中国速度、工匠精神、科学家精神。

润泽——
南来之水综合效益不断彰显

一渠水，润民心，促发展。

截至2022年12月26日，南水北调工程已全面通水8年有余，累计调水590亿立方米，直接受益人口超1.5亿人，发挥了巨大的经济、社会和生态综合效益。

南水北调工程已经成为优化水资源配置、保障群众饮水安全、复苏河湖生态环境、畅通南北经济循环的生命线。

从苦咸到甘甜，一水北上润万家——

"现在可好了，拧开水龙头就能喝上清甜干净的自来水。你们真是为俺们老百姓干了件大实事儿！"谈起村里家家户户都用上了"南水"，河北省衡水市桃城区赵圈镇东郎子桥村村民李俊杰的脸上乐开了花。

甜在心里的不只有东郎子桥村的村民。

在北京，"南水"已占北京城区七成以上的供水，全市人均水资源量由原来的100立方米提升至150立方米；

在天津，14个行政区居民都喝上

"南水"，供水保证率大大提高。

在河北，石家庄、廊坊、保定、沧州等9个城市3158万人受益，特别是黑龙港流域500多万人告别了世代饮用高氟水、苦咸水的历史；

在河南，郑州、新乡、焦作等10多座省辖市用上"南水"，其中郑州中心城区90%以上的居民生活用水为南水北调水，基本告别了饮用黄河水的历史；

在山东，55.5 亿立方米"南水"北上而来，成为胶东地区城市供水生命线。

除完成规划供水任务外，南水北调工程还承担了提供可靠水源的应急保供任务，在北京及沿线城乡急需水源的关键时刻送上"及时雨"。

2014 年 7 月，河南遭遇 60 多年来最严重的"夏旱"，平顶山市的旱情尤为严重，在南水北调中线工程尚未正式通水的情况下，46 天内利用中线干渠向白龟山水库应急调水 5011 万立方米，保障了平顶山市百万人口的饮水需求；

2017 年、2018 年山东大旱，南水北调东线一度成为保障青岛、烟台等城市供水安全的主力军，东线工程被老百姓称为"蓝色生命线"。

水利部在做好精准精确调度的基础上，抢抓汛前腾库容的有利时机，充分利用工程输水能力，实施优化调度，向北方多调水、增供水。

如今，"南水"润泽的版图日益扩大，成为沿线 42 座大中城市、280 多个县（市、区）的重要水源，直接受益人口超过 1.5 亿人。

从回补地下水到复苏河湖生态，一水奔腾绿尽来——

2022 年 4 月，京杭大运河实现百年来首次全线通水。

全线通水的背后"南水"功不可没：2022 年 3—5 月，东线北延应急供水工程向黄河以北供水 1.89 亿立方米，助力千年运河迎来世纪复苏。

调水不仅要保供水，也要保生态，促发展。

东线沿线受水区各湖泊利用抽引江水及时补充蒸发渗漏水量，湖泊蓄水保持稳定，生态环境持续向好，济南"泉城"再现四季泉水喷涌景象；

中线累计向北方 50 余条河流进行生态补水 90 多亿立方米，推动了滹沱河、瀑河、南拒马河、大清河、白洋淀等一大批河湖重现生机，河湖生态环境显著改善。2021 年 8—9 月，通过向永定河生态补水，助力永定河 865 公里河道实现了 1996 年以来首次全线通水。

"全面通水以来，水利部采取水源置换、生态补水等综合措施，有效保障了沿线河湖生态安全。"水利部南水北调工程管理司副司长袁其田表示。

在复苏河湖生态的同时，"南水"还助力华北地区浅层地下水水位在持续多年下降后实现止跌回升。

水利部会同国家发展改革委、财政部、自然资源部组织开展的最新评估结果显示，截至 2020 年年底，南水北调东中线一期工程受水区城区地下水压采量已超 30 亿立方米，地下水水位止跌回升，浅层地下水总体达到采补平衡。

2020 年，天津、河北、山东、河南受水区深层地下水水位平均上升 1.94 米，其中天津上升 2.51 米，河北上升 1.61 米，山东上升 0.69 米，河南上升 0.73 米。

如今，"南水"惠及之地，处处碧波荡漾，生机无限，已然成为"流淌"的风景线。

从区域经济发展到国家重大战略，一水助力大发展——

除了供水和生态，南水北调沿线产业发展的水瓶颈也得以突破。

河南省禹州市神垕镇是"钧瓷之都"。"过去制作瓷器用水，都去驺虞河里拉水，河水干了之后，只好打深水井，电费高，水质差，便选择水窖接雨水用。"河南省禹州市供水有限公司神垕水厂董事长王敏霞说，"雨水若不够用，瓷器生产企业只好从 30 公里外拉水，每吨水近 40 元，很多企业支撑不下去。"

2015 年 1 月 12 日，南水北调中线一期工程向禹州市和神垕镇正式供水，年平均供水 396 万立方米，彻底解决了古镇缺水问题。"现在用'南水'烧制的瓷器釉表面光滑剔透，品质极佳，产品价格比以前提高了 20% 到 30%。"神垕镇瓷器生产企业的老板高兴地说。如今，充足的"南水"让神垕镇钧瓷产业实现了规模化发展，神垕镇 266 家钧陶企业年产钧瓷达到 150 万件以上，年产值达 28 亿元。

"南水北调全面通水以来，通过实施科学调度，实现了年调水量从 20 多亿立方米持续攀升至近 100 亿立方米的突破性进展。"水利部南水北调工程管理司运行管理处处长李益介绍，全面通水 8 年来，南水北调工程累计向京津冀地区供水 335 亿立方米。其中，向雄安新区供水 9134 万立方米，为京津冀协同发展、雄安新区建设、黄河流域生态保护和高质量发展等国家重大战略实施提供了有力的水资源支撑和保障。

据有关专家测算，按照万元 GDP（国内生产总值）用水 65.1 立方米计算，东、中线工程累计调水 590 亿立方米，相当于有力支撑了北方地区 9 万多亿元 GDP 的持续增长。

水资源格局决定着发展格局。南水北调不仅为沿线各地输送生命之源，还将为中华民族的复兴之路奠定生态之基、插上腾飞之翼。

使命——
加快构架国家水网主骨架

从万米高空俯瞰，南水北调东中线一期工程如两条巨龙蜿蜒千里。

在水利部指导下，南水北调工程沿线地方政府依托东中线一期工程之"纲"，初步构架起优化水资源配置的区域骨干水网之"目"，以重点调蓄工程和水源工程为"结"，不断编织我国从南到北、从城市辐射乡村的两条带状水网。

"加快构建国家水网"，是习近平总书记 2021 年 5 月 14 日在河南南阳市主持召开推进南水北调后续工程高质量发展座谈会上提出的明确要求。

这张水网是一张"解决水资源时空分布与经济社会发展用水需求不相适应问题，满足我国广大人民群众和经济社会发展对一定水量和水质的需求"的大网，是国家治水布局下的一盘大棋。在这个棋盘上，南水北调工程是关键棋子。

南水北调是跨流域跨区域配置水资源的骨干工程，是国家水网的主骨架和大动脉。在完善主骨架、大动脉的前提下，区域水网、地方水网才能更好发挥作用，才能真正实现国家水网"系统完备、安全可靠、集约高效、绿色智能、循环通畅、调控有序"的目标。

"目前，南水北调中线工程已由规划之初的补充水源成为主力水源，受水区对'南水'依赖度不断提高。科学推进后续工程规划建设，势在必行。"水利部规划计划司司长张祥伟说。

面对新形势新任务，"开源"摆上了推进南水北调后续工程高质量发展的重要议事日程。人们将目光聚焦位于长江干流的三峡水库。

2022 年 7 月 7 日，南水北调中线引江补汉工程开工建设，拉开了南水北调后续高质量发展的序幕。

不久的将来，一条近 195 公里的输水隧洞，出三峡，穿群山，连江汉，抵达南水北调中线水源地丹江口水库坝下汉江，长江干流将接入南水北调中线工程。

目前，在推进南水北调后续工程高质量发展领导小组的领导下，按照水利部和国家发展改革委工作部署，南水北调集团正积极促进开展南水北调总体规划评估、有关重大专题研究和东、中线后续工程规划设计，科学推进后续工程规划建设，确保经得起历史和实践检验。

习近平总书记指出，水网建设起来，会是中华民族在治水历程中又一个世纪画卷，会载入千秋史册。2022年中央财经委员会第十一次会议强调，要加强交通、能源、水利等网络型基础设施建设，把联网、补网、强链作为建设的重点，着力提升网络效益。随着南水北调后续高质量发展的序章奏响，推动加快构建国家水网主骨架、大动脉的合奏曲定将更加嘹亮。

使命呼唤担当，使命引领未来。正如水利部部长李国英所说，水利部将以中线引江补汉工程开工建设为新的起点，深入贯彻落实习近平总书记"节水优先、空间均衡、系统治理、两手发力"治水思路和关于治水重要讲话指示批示精神，完整、准确、全面贯彻新发展理念，扎实做好推进南水北调后续工程高质量发展各项工作。

南水北调，今朝已经成绩斐然，未来必将更加辉煌！

（杨晶 《中国水利报》 2022年12月27日）

北京用好南水北调城市主力水源

2022年12月27日，南水北调工程迎来水源进京8周年。8年间，84.08亿立方米的"南水"自丹江口水库源源不断流入京城，为首都加强城市供水保障、推动多水源优化配置、提高水资源战略储备、涵养回补地下水源等作出重要贡献。

北京累计建成南水北调中线干线80公里、市内配套输水管线约265公里，重点建设完成了南干渠、东干渠、东水西调改造工程等重点配套项目，新建和改造自来水厂11座。目前，约七成"南水"被用于北京城区自来水供水，成为保障北京城市用水的主要水源，全市直接受益人口超1500万。

以"南水"为主要水源，北京全面实施水资源统筹调度、精细配置，在确保本市自来水厂"喝饱水""喝好水"的前提下，采取多种措施向密云、怀柔、大宁等大中型水库存蓄南水北调水源，统筹多水源实施流域性生态补水，适时加大地下水源回补力度，基本建立起"多源共济"的首都水资源保障体系。

　　"南水"进京 8 年间，北京的水资源战略储备大幅度增加。密云水库蓄水量最高达 35.79 亿立方米，创建库以来最高纪录，并持续稳定在 30 亿立方米左右高水位运行；全市平原区地下水水位连续 7 年累计回升 10.11 米、增加储量 51.8 亿立方米。永定河连续两年全线通水，全市五大河流时隔 26 年全部重现"流动的河"并贯通入海，相比 2014 年同期，全市新增有水河道 44条、有水河长 852 公里。全市河湖生态环境全面复苏，水生态功能大幅度提升，健康水体比例从不足 60％提升到 87.2％，多个河流、湖库成为鸟类的迁徙驿站和栖息乐园。

　　"南水"来之不易，北京深入建设节水型社会，全面实施水资源"取供用排"全过程统筹协同监管，出台生产生活用水总量管控制度，推动建立水要素管控规划和区域水影响评价体系。在全市经济总量增长 44％的情况下，生产生活用水总量严格控制在 28 亿立方米以内，万元地区生产总值用水量、万元工业增加值用水量显著下降。

（许睿 《中国水利报》 2022 年 12 月 28 日）

维护工程安全、供水安全、水质安全

河北在南水北调工程全面推行河长制

2月15日，河北省河湖长制办公室印发《在南水北调工程全面推行河湖长制的实施方案》，要求在全省南水北调中线工程干线、南水北调东线一期工程北延应急供水工程相关河渠、南水北调配套工程明渠段全面推行河长制，建立河长组织体系，明确河长职责任务，完善协调协作机制，构建责任明确、协调有序、监管严格、保护有力的管理保护机制，维护南水北调工程安全、供水安全、水质安全。充分发挥河长制制度优势，及时协调解决南水北调工程管理保护中的突出问题。

建立完善河长组织体系。在南水北调中线工程干线（豫冀界—冀京界，全长465公里）分级分段设立省、市、县、乡、村五级河长组织体系。对南水北调东线一期工程北延应急供水工程涉及的东干渠、新清临渠、清凉江、清南连渠、南运河等河渠，以及南水北调配套工程石津干渠已建立的河长体系进行梳理确认，如有缺位，及时予以充实完善。

明晰河长工作职责和主要任务。南水北调工程各级河长的工作职责为：南水北调工程最高层级河长对责任段的属地管理保护负总责，分级分段河长对责任段的属地管理保护负直接责任。省、市、县、乡级河长负责深入贯彻党中央、国务院和省委、省政府关于南水北调工程管理和后续工程高质量发展、强化河湖长制的重大决策部署；协调上下游、左右岸、跨行政区域实行联防联控；对相关部门（单位）和下一级河长履职情况进行督导，对目标完成情况进行考核，强化激励问责，切实维护南水北调工程安全、供水安全、水质安全。村级河长负责贯彻落实上级党委、政府安排部署；对责任段工程开展日常巡查巡护，确保问题早发现、早处置。

南水北调工程各级河长的主要任务：省级河长定期或不定期开展巡查调研；安排部署突出问题专项整治，协调解决工程管理保护中的重大问题；推动建立上下游、左右岸、跨区域联防联控机制；组织对省级相关部门和市级河长履职情况进行督导,对目标完成情况进行考核。

市、县级河长定期或不定期对责任河道开展巡查调研;组织开展南水北调工程管理范围内突出问题的清理整治;组织开展南水北调工程保护范围内影响工程安全、供水安全、水质安全行为的排查整治;加强与南水北调工程交叉河道河长的沟通协作,组织开展交叉河道行洪影响工程安全问题的排查整治;协调南水北调工程汛期防洪所需应急抢险物资、抢险力量的调配;组织建立健全联合执法、日常监管巡查制度,严厉打击影响南水北调工程安全、供水安全、水质安全的违法行为;组织对本级相关部门和下一级河长履职情况进行督导,对目标完成情况进行考核;完成上级河长交办的任务。

乡、村级河长对责任段开展经常性巡查,发现危害南水北调工程安全、供水安全、水质安全的相关行为及时组织整改,不能解决的问题及时向上级河长、有关部门(单位)报告;完成上级河长交办的任务。

(赵红梅 《河北日报》 2022年2月17日)

南水北调工程北京段将推行河湖长制

记者从北京市水务局了解到,近日,北京市河长制办公室正式印发《关于在南水北调工程全面推行河湖长制的实施方案》,将南水北调中线一期北京段工程全面纳入河湖长制工作体系。

南水北调中线一期北京段工程起自房山区北拒马河,终点至颐和园团城湖,全长80公里,经由房山、丰台、海淀3区。工程主要包括北拒马河暗渠、惠南庄泵站、干线PCCP、大宁调压池、永定河倒虹吸、卢沟桥暗涵、西四环暗涵、团城湖明渠,除末端800米明渠外,其余均为地下管涵。南水北调工程自2014年正式通水以来,已累计向北京市供水74.2亿立方米,目前日供水量占城区自来水供水量的7成以上,成为首都供水的生命线。

根据最新印发的《关于在南水北调工程全面推行河湖长制的实施方案》,北京将设立南水北调工程市级河长,由分管水务工作的市领导担任。南水北调工程沿线区、乡镇（街道）、村均分级分段设立河长，其中区级河长由一名区级领导担任，乡镇（街道）级河长由乡镇（街道）党委和政府主要领导担任，村级河长由村级党组织主要负责人担任。

南水北调工程河长的主要任务包括：开展工程巡查执法，将南水北调工程纳入各级河长巡查任务，按照要求频次开展巡查，及时发现并制止工程管理保护范围内的"四乱"等行为；确保工程运行安全，组织开展南水北调工程管理保护范围内影响工程安全、水质安全问题的排查整治；保障工程安全度汛，组织开展南水北调工程交叉河道行洪影响工程安全问题的排查整治，协调工程防汛所需应急抢险物资、抢险力量的调配。

（王天淇 《北京日报》 2022年2月19日）

保护南水北调中线工程水源地
十堰3个重大林业项目获批复

近日，十堰市三个重大林业项目可行性研究报告获省发展改革委批复。这3个项目分别为：大巴山区生物多样性保护与水生态综合治理项目、丹江口库区生物多样性保护与水生态综合治理项目、堵河流域下游生物多样性保护与水生态综合治理项目。

据介绍，3个项目涉及十堰市丹江口市、郧阳区、房县、竹山县、竹溪县、张湾区、茅箭区7个县（市、区），项目主要建设内容包括人工造林3.8万余亩、封山育林108.9万余亩、退化林修复119.4万余亩、石漠化综合治理2432处等，项目估算总投资13亿多元，建设工期3年。

据十堰市林业局介绍，项目建成后，可有效提升鄂西北秦巴山区生物多样性保护、水源涵养、水土保持等生态屏障功能，对于保护南水北调中线工程水源地具有重要意义。

（汪训前 严基桓 李镇海 《湖北日报》 2022年3月18日）

南水北调东线经河北向天津
供水 4600 万立方米

4月1日上午，青县流河节制闸开启，南水北调东线一期工程北延应急供水工程经河北省开始向天津供水，计划供水 4600 万立方米。

3月25日，南水北调东线一期工程北延应急供水工程2021—2022年度供水工作正式启动，本次调水线路全长约500公里，河北省境内长240多公里，计划向黄河以北供水 1.83 亿立方米，其中，入河北境内约 1.45 亿立方米。

为确保此次调水工作在河北省顺利实施，省政府和沧州、衡水两市市政府高度重视、精心组织，相关部门积极深入一线，调研工程安全、水质安全、"四乱"清理和引、蓄、提水等情况，并对调水过程中涉及的河道施工提出了具体要求。

省水利厅多次和沧州、衡水两市水利部门、省水文勘测研究中心、省南运河河务中心进行沟通协商，对北延工程调水水源、过流能力、用水需求、工程瓶颈和常态化工作机制等提出相应的思路和办法，细化措施，加强力量，严格按照疫情防控要求和属地管理原则，加强河道清理管护，加大巡查检查力度，及时制止各类影响安全输水的行为，确保输水平稳、安全、有序进行。为保障输水安全和群众人身安全，南运河沿线各县市也相继向社会发布了通告。

本次输水可置换河北省和天津市农业用地下水，有效回补地下水量，缓解华北地区地下水超采状况。同时，还可以相机向南运河等河湖补水，改善河北中东部地区的生态环境，对大运河等河流生态修复将起到积极作用，并将为天津市、河北沧州市的城市生活应急供水创造条件，促进"四横三纵"国家骨干水网的构建工作，为京津冀协同发展提供重要水利支撑和保障。

（赵红梅　邢志红　任树春　《河北日报》　2022 年 4 月 4 日）

为南水北调后续工程高质量发展
作出湖北新贡献

南水北调后续工程高质量发展对我省而言，既是新挑战，也是新动能。

南水北调后续工程高质量发展的重点是构建现代水网体系，关键在优化水资源配置，核心在水生态环境的保护提升。实施好南水北调后续工程的最重要制度供给是在相关区域全面落实河湖长制。

要做好"护点、布线、拓面"三项工作，立足南北双赢、南北两利，谋深做实我省南水北调后续工程高质量发展大文章，与区域发展布局深度融合，依托得天独厚的丰沛水资源优势，努力在美丽中国建设中发挥更加突出的作用，彰显湖北在全国调水大局中的中心地位。

2021年5月14日，习近平总书记主持召开推进南水北调后续工程高质量发展座谈会并发表重要讲话，提出了继续科学推进实施调水工程的六点要求，为南水北调后续工程高质量发展指明了方向，提供了根本遵循。作为中线工程的水源地，湖北应深入学习贯彻习近平总书记重要讲话精神，聚焦丹江口水库水生态环境保护，扛牢"一库净水北送"的政治责任，在南水北调后续工程高质量发展中彰显湖北新担当，作出湖北新贡献。

牢记总书记嘱托，自觉履行责任担当

南水北调工程是事关战略全局、事关长远发展的重大民生工程，是党中央决策建设的重大战略性基础设施，是优化水资源配置、保障人民饮水安全、复苏河湖生态环境、畅通南北经济循环的生命线和大动脉，在全国水安全战略、生态安全和经济安全大局中举足轻重。湖北是长江经济带的中流砥柱，是国家"两型"社会建设综合配套改革试验区，也是南水北调中线工程水源区。水域面积超过1000平方公里的丹江口水库，是南水北调中线的龙头工程。2014年12月启动调水以来，水库工程运行安全高效，调水综合效益持续放大，累计调水达394亿立方米，成为中线北方四省沿线多个城市的主力水源，超过1.2亿人直接受益。推进南水北调后续工程高质量发展，湖北义不容辞，水利使命必达。作为中线工程水源地，湖北应深刻把握山水林田湖草沙是生命共同体的系统思想，强化"守井人"意识，积极参与构建国家水网主骨架和大动脉，确保一库净水永续北送；作为后续工程的主战场、主力军，全省水利系统应突出优化水资源配置体系、完善流域防洪减灾体系等重点，提高水生态环境保护工作的科学性、有效性；作为长江干流核心腹地，水库沿线各地应坚决扛起长江大保护政治责任，严守"共抓大保护，不搞大开发""生态优先、绿色发展"等基本遵循，从守护中华民族生命线的高度出发，探索把"绿水青山"转化为"金山银山"的实践路径，努力将水源地建设融入长江大保护、美丽湖北建设、重大跨流域调水工程和水生态文明建设大局，切实提高水质安全保障水平，实现调水工程与生态建设的交融共生，相得益彰。

积极探索实践，全力护好一库净水

南水北调后续工程高质量发展的重点是构建现代水网体系，关键在优化水资源配置，核心在水生态环境的保护提升。实施好南水北调后续工程的最重要制度供给是在相关区域全面落实河湖长制。习近平总书记发表"5·14"重要讲话一年来，全省以河湖长制为抓手，压实长江大保护、南水北调后续工程高质量发展责任，全力以赴守护好丹江口水库一库净水，取得了良好成效。

当好"守井人"，忠实履行河湖长责任。充分发挥各级河湖长作用，建立了"河湖长＋警长""河湖长＋检察长""河湖长＋法院院长"等联动机制，推行"河湖长＋直播"阳光监管模式，开展"跟着河（库）长去巡河（库）"网络直播活动。创新河湖长交叉巡河湖机制，对跨界河库不同管辖段组织异地交互巡查，上下游、左右岸相互监督、相互借鉴，提升了巡查发现问题的能力。库区各级河湖长心怀"国之大者"，践行"两山"理论，守好河库岸线，护好一库碧水，一级做给一级看，一级带着一级干，围绕共保一库好水，形成了横向到边、纵向到底的河湖长履职体系。

打好"组合拳"，确保一库净水向北送。编制实施丹江口库区及上游水污染防治规划，建立水源区产业准入负面清单，严格禁止高耗能、高污染、高排放项目建设。连续开展"攻坚行动""净化行动"等碧水保卫战主题行动，持续开展"关爱荆楚河湖·当好忠诚守井人"公益活动，全面开展"守好一库碧水"专项整治行动，库区面貌焕然一新，水质同比稳定提升，水环境明显改善，水生态有效恢复。强化治污减排，建立重点风险源防控清单，抓好水源地和库区五河的专项治理，全面治理不达标河流及其重点支沟，实现了库区流域水质稳定达标，库区地表水水质总体为优，局部水域水质达到了Ⅰ类。

"联"出好生态，推动同饮共治一江清水。丹江口水库上游流域涉及陕西、湖北、河南3省8市43县600多个乡镇。通过联动整治，上游流域的采矿冶炼、汽车电镀等众多排放不达标企业纷纷退出。下游的北京市与丹江口水源区河南、湖北两省开展对口协作，安排资金32亿元，实施项目900多个，帮助5万多贫困人口脱贫，减轻了对北送水质安全的影响。核心水源区湖北十堰市，在生态修复方面投资15.6亿元，完成45个汉江干支流、中小河流治理项目，治理水土流失约700平方公里，为高质量发展积蓄了后劲。

立足南北两利，夯实湖北中坚地位

南水北调后续工程高质量发展对我省而言，既是新挑战，也是新动能。我们应抓住契机，奋发作为，进一步深入学习贯彻总书记"5·14"重要讲话精神，立足南北双赢、南北两利，谋深做实我省南水北调后续工程高质量发展大文章，与区域发展布局深度融合，依托得天独厚的丰沛水资源优势，努力在美丽中国建设中发挥更加突出的作用，彰显湖北在全国调水大局中的中心地位。具体来讲要做好"护点、布线、拓面"三项工作。

护好"点"。即守护好丹江口水库这个南水北调中线后续工程高质量发展水质保障的"核心点"。通过强化丹江口水库管理主体责任与属地责任，促进输水区与受水区保护与发展联手，推动库区上游三省与省内各地各部门联动，建立水源区山水林田湖草沙系统治理跨部门、跨行业、跨领域、跨区域、跨省际、跨时空协作体制机制，实现各方面良性互动、各项政策衔接配套、各项举措相互耦合，共同保护水库水质，确保一库净水永续北送，有序推进湖北南水北调后续工程各级各项各环节工作，在统筹协调中提升整体效能。

布好"线"。即谋划布置好"引江补汉"这条南水北调中线后续工程高质量发展水量保障的"生命线"。"引江补汉"工程既是三峡水库和丹江口水库这两大"国之重器"的连接线，也是我省长江经济带、汉江经济带的水安全连接线，还是我省区域发展布局中"宜荆荆恩"与"襄十随神"这"两翼"的连接线，在国家长江经济带高质量发展南水北调后续工程高质量发展与湖北区域经济高质量布局中举足轻重。要立足南北统筹、保护与发展并重、当前与长远结合，协助配合国家相关职能部门谋划好线路走向、规模、功用，真正实现南北双赢、南北两利。

　　拓好"面"。即拓展构建好区域现代水网，为我省中心腹地"面上"高质量发展提供优质水支撑。"引江补汉"线路布好后，与长江武汉以上江段、汉江武汉以上江段正好构成我省三角核心骨架水网。应结合全省现代水网总体布局，以全面提升水安全保障能力为目标，以优化水资源配置体系、完善流域防洪减灾体系为重点，以数字赋能为驱动，统筹存量和增量，加强互联互通，加快构建中部三角区域水网主骨架，谋划好区域现代水网，设计好区域水工程布局。同时，坚持局部服从全局、地方服从中央的原则，将水源区水质保护纳入中央事权，建立完善以国家财政生态转移支付为主体、以生态补偿为手段、以对口协作支援为纽带、以地方责任落实为重点的政策投入机制，为该区域高质量发展提供新动能。

（廖志伟^① 《湖北日报》 2022 年 5 月 10 日）

长江与汉江，跨越时空再"牵手"

——写在引江补汉工程开工之际

七月七日，南水北调后续工程中线引江补汉工程正式开工现场（湖北日

---

　　① 作者系湖北省水利厅党组书记、厅长。

报全媒记者　陈迹　摄）

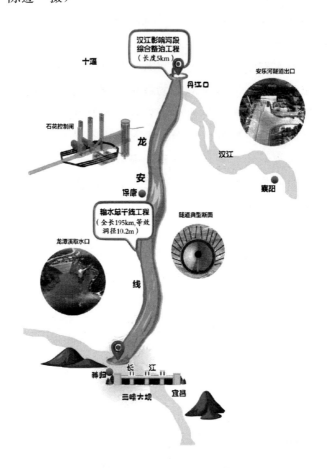

引江补汉工程总体布置示意图

滔滔长江，绵绵汉水，将在不远的未来欣喜"牵手"。

2022年7月7日，引江补汉工程在丹江口市三官殿街道办事处安乐河口挖下"第一铲"，数十年的等待，终于迎来开工这一天！

引江入汉梦想，可以追溯到半个多世纪之前。

1952年，毛泽东主席首次提出南水北调宏伟构想。之后，随着丹江口大坝建成，"近期引汉"的南水北调中线一期工程投入使用，"远期引江"开始纳入国家建设蓝图。2002年，国务院批复《南水北调总体规划》提出，南水北调二期工程可从长江补水。2017年，水利部批复《引江补汉工程规划任务书》。

2021 年 5 月 14 日，习近平总书记在推进南水北调后续工程高质量发展座谈会上强调，要审时度势、科学布局，准确把握东线、中线、西线三条线路的各自特点，加强顶层设计，优化战略安排，统筹指导和推进后续工程建设。

每一滴流淌的"南水"，都饱含深情。作为南水北调后续工程首个开工建设的项目，中线引江补汉工程建成后，将为京津华北地区提供更充沛的水源保障，并向汉江及工程输水沿线补水，造福亿万人民。

为汉江建一条"供水补给线"

夏日的北京密云水库，碧水浩渺，群鸟翔翔。

从丹江口奔涌而来的"南水"在此蓄积。密云水库从 2014 年底蓄水量不足 9 亿立方米，增至目前 30 亿立方米。

2014 年 12 月 12 日，随着南水北调中线工程顺利通水，京津冀豫缺水难题极大缓解。中线通水 7 年以来，近 500 亿立方米汉江甘霖源源不断输送北方，50 多条河流累计生态补水 70 多亿立方米，7900 多万人受益。

优良的水质，让 75％的北京人、95％以上的天津人喝上汉江水、爱上汉江水，用水量逐年递增，输水量屡创新高，南水供水地位由"辅"变"主"。

然而，华北平原水资源从"极度紧缺"变为"紧平衡"，承载能力依旧不足。京津冀协同发展、雄安新区建设、黄河流域生态保护和高质量发展等国家区域重大战略的实施，对中线北调水量和供水稳定性提出了更高要求。

与此同时，汉江上游引汉济渭工程通水在即，而汉江流域水资源承载能力正在逼近极限……

水是命脉，也是国脉，水资源格局决定着经济发展格局。2021 年 5 月 14 日，习近平总书记在推进南水北调后续工程高质量发展座谈会上强调，"加快构建国家水网主骨架和大动脉，为全面建设社会主义现代化国家提供有力的水安全保障。"

为保障一库碧水永续北上，亟待为汉江建立一条"供水补给线"。

引江补汉工程期待化蛹成蝶！

中国工程院院士钮新强介绍，三峡水库是长江流域的"大水缸"，丹江口水库是汉江流域的"大水盆"，引江补汉工程连通长江三峡和南水北调两个"国之重器"，连通长江、汉江流域与华北三地，是国家水网格局的重要组成部分。

引江补汉建成后，从长江引水约 39 亿立方米至汉江，中线工程年平均向北调水量将由 95 亿立方米增加至 115 亿立方米，相当于每年多调 160 个西湖的水量；最小年调水量达到 74 亿立方米，增加 21 亿立方米，约为北京全社会年用水量的一半。同时，汉江上游引汉济渭年均引水量由 10 亿立方米增至 15 亿立方米。

难度最大的引调水隧洞工程

引江补汉工程曾有 3 个方案：从三峡水库提水至丹江口水库的坝上方案、从三峡水库引水至丹江口水库坝下的坝下方案、坝上坝下双线引水方案。

综合比选，坝下方案胜出。

"坝下方案全程自流，线路短，投入小，通过水量置换增加中线北调水量，确保丹江口水库和北调水的水质安全，改善汉江中下游生态环境，同时具备向工程沿线宜昌市、荆门市和襄阳市的补水能力。"长江设计集团副总工程师宋志忠介绍。

工程取水口位于长江三峡库区左岸龙潭溪，出水口在丹江口大坝下游汉江右岸安乐河口，总长 194.8 千米，由进出口建筑物、输水隧洞、石花控制闸、检修交通洞等组成。此地段属大巴山系东段以及秦岭山系东南余脉，软质岩及碳酸盐岩广泛分布。为了选出最优隧洞线路，项目设计单位——长江设计集团采用航测、钻探、大地电磁等手段，对工程区约 9000 平方公里进行全面"体检"，尽量避开强可溶岩区和大断裂带。

特殊的地形地质条件，决定了这项工程规模宏大、施工周期长达 108 个月，也因巨大的技术挑战，创造一系列"全国之最"——

单洞长 194.3 千米、等效洞径 10.2 米！是我国在建长度最长、洞径最大、综合难度最大的有压引调水隧洞；

引水流量 212 立方米/秒！单洞洞挖量近 3000 万立方米！是我国在建工程量最大、引流量最大的长距离有压引调水隧洞；

直径 12 米级 TBM（隧道掘进机）数量达 9 台！是我国在建一次性投入超大直径 TBM 施工最多的隧洞；

最大埋深 1182 米，埋深超过 600 米的洞段占 50%！面临强岩爆、突泥涌

水、大断裂、软岩变形、高地温、有害气体等多重风险挑战……

为啃下这些"硬骨头",长江设计集团联合国内著名科研机构、设备厂家等单位开展联合攻关,省水利厅积极配合。最终,工程布局和线路方案顺利通过审查。

推动汉江流域生态经济带建设

引江补汉工程全境在湖北,荆楚大地也将从工程中获益巨大。

作为南水北调后续工程建设的主战场,省委省政府始终牢固树立全国一盘棋的大局意识,坚决扛起服务保障南水北调工程、确保一库清水永续北送的政治责任,推动工程顺利实施,全力服务保障工程建设,积极配合做好各项工作,扎实推进流域综合治理,强化用地、用料、用工等要素保障,为工程建设创造良好的环境。

据悉,工程建成后,向汉江中下游补水 6.1 亿立方米,工程输水沿线补水 3 亿立方米,改善汉江水资源条件;有力推动汉江流域生态经济带建设。此外,还可以在鱼类产卵期实施生态调度,通过汉江中下游梯级全部敞泄,形成人造洪峰、恢复天然河道状态,促进鱼类繁殖。

长江委副主任胡甲均介绍,在工程取水口和出水口,规划设计还将推进长江文化建设,将取水口龙潭溪与出水口安乐河口打造成节水、亲水、乐水的水上文化公园。

长江水、丹江水、汉江水三江汇流的壮举,必将做优做美水资源、水环境、水文化统筹协调推进的"水文章"。

重大水利工程,素来具有稳投资、促增长的作用。总投资近 600 亿元的引江补汉工程实施后,对稳定全省经济大盘将起支撑作用。

引江补汉工程开工,荆楚儿女几多期盼,更显担当!丹江口市相关负责人表示,为确保工程如期开工、顺利实施,该市成立协调、材料、后勤保障等 8 个专班。"为了工程,宜昌人民甘愿作出贡献。"宜昌市水利和湖泊局相关负责人介绍,征地涉及夷陵区、远安县 5 个乡镇 9 个村,征地总面积 2802.49 亩,需征迁房屋 3 万余平方米,涉及 142 户 435 人。

一滴汉江水,沿 1432 公里人工明渠,一路北上,滋润华北;一滴长江水,在深埋地下的 194.3 千米隧洞中奔流东进,汇入汉江……

南水北调，功在当代，利在千秋；引江补汉，南北两利，利国利民。

南水北调中线工程回顾

我国水资源时空分布极不均衡，人均水资源量仅占世界平均水平的1/4，尤其是北方黄淮海流域水资源总量仅占全国总量的7.2%，水资源承载能力与经济社会发展矛盾极为突出。

1952年10月30日，毛泽东主席在视察黄河时说："南方水多，北方水少，如有可能，借点水来也是可以的。""南水北调"宏伟构想就此提出，南水北调分为东中西线。

1953年2月，毛主席乘"长江"舰视察长江，与时任长江委主任林一山讨论了南水北调问题。为贯彻毛主席关于南水北调工作的指示，水利部与长江委经反复比选，最终确定了丹江口枢纽分期开发方案及中线近期从汉江丹江口水库取水、远期根据黄淮海平原的需水情况从长江三峡库区调水至汉江的水源方案。

1958年9月1日，丹江口水利枢纽正式开工建设，至1974年2月，枢纽初期工程建成。

2002年12月23日，国务院正式批复《南水北调总体规划》。2003年12月30日，南水北调中线一期工程开工建设；2014年12月，一期工程正式建成通水。至2022年4月，已累计向北方调水518亿立方米，7900多万人受益，经济社会生态效益显著。

2021年5月14日，习近平总书记主持召开推进南水北调后续工程高质量发展座谈会并发表重要讲话，要求扎实推进南水北调后续工程高质量发展，加快构建国家水网。

引 江 济 汉 工 程

引江济汉工程是南水北调中线一期汉江中下游四项治理工程之一，其主要任务是从长江上荆江河段附近引水至汉江兴隆河段，向汉江兴隆以下河段（含东荆河）补充因南水北调中线调水而减少的水量，同时改善该河段的生态、灌溉、供水和航运用水条件。

工程位于江汉平原腹地，地跨荆州、荆门、潜江三市，包括干渠和东荆河节制工程。干渠全长 67.23 公里，起于荆州市李埠镇长江左岸，止于潜江市高石碑镇汉江右岸，兼具通航功能，为限制性三级航道，可通行千吨级船舶。工程于 2010 年 3 月 26 日开工，2014 年 9 月 26 日建成通水。工程年平均输水 37 亿立方米，其中补汉江水量 31 亿立方米，补东荆河水量 6 亿立方米。

鄂 北 工 程

鄂北地区水资源配置工程（简称"鄂北工程"）是全国 172 项全局性、战略性节水供水重大水利工程之一。

工程以丹江口水库为水源，以丹江口水库清泉沟隧洞为起点，自西北向东南经过三市七县（襄阳市的老河口、襄州区、枣阳市，随州市的曾都区、随县、广水市，孝感市大悟县），输水线路总长 269.67 公里，工程全线自流引水，年均引水 7.7 亿立方米，利用受水区 36 座水库进行联合调度，设 24 处分水口，设计供水人口 480 万人，灌溉面积 380 万亩，总投资 180.57 亿元。

（崔逾瑜　黄中朝　艾红霞　饶扬灿　戴文辉　刘澍森

周玉娟　朱江　《湖北日报》　2022 年 7 月 8 日）

南水北调中线水源公司与丹江口签订
库区协同管理试点协议

7 月 8 日，南水北调中线水源公司与丹江口市政府签订丹江口库区协同管理试点工作协议，双方将携手全力维护南水北调工程安全、供水安全、水质安全。

协议明确，按照《中华人民共和国长江保护法》《南水北调工程供用水管理条例》《水利部关于丹江口水库管理工作的实施意见》等相关法律、法规规定和文件要求，在丹江口市河长制工作框架下，丹江口市政府建立并依托"县、乡镇、村"网格化管理组织体系，与中线水源公司协同开展在库区消落区管理、水域岸线保护、水资源保护、水土保持防护、库区管理设施保护、库区应急管理、水法律法规宣传、库区科研等方面的互补合作。协同管理试点范围为丹江口水库 170 米蓄水位土地征收线以下区域，包括丹江口水库湖北丹江口市范围内的水域、岸线、消落区等。

丹江口水库是南水北调中线工程水源区。自 2014 年 12 月 12 日通水以来，南水北调中线工程已向北方安全输水近 500 亿立方米，丹江口水库稳定保持在地表水二类及以上标准。7 月 7 日，南水北调后续工程中线引江补汉工程在丹江口开工，该工程连通南水北调中线工程和三峡水库，将进一步打通长江向北方输水通道，有效改善汉江水资源条件。

（戴文辉　湖北日报网　2022 年 7 月 9 日）

从氟超标的井水到南水北调的长江水

"苦水营"变成"甜水营"

衡水市景县苦水营村村民付书明说话时会习惯性微微抿起嘴巴，不轻易露出牙齿。"过去吃含氟高的井水，一张嘴一口大黄牙，出门都不敢张大嘴笑。"付书明笑着说，"现在的孩子们赶上了好日子，喝上了长江水，牙不黄了，笑容也灿烂了。"日前，说起村里江水置换的事儿，付书明抑制不住内心的激动，连夸政府给老百姓做了件大实事儿。

今年以来，苦水营村党支部书记付铁军一直在忙着一件事：向全村老少征集过去打井和吃氟超标水的老照片。他这是在为筹备中的村史展准备史料。从去外村借水到打井抽水，从吃氟超标的井水到吃南水北调的长江水，苦水营村的饮水历程，被村民们看作一部浓缩的村庄变迁史。

苦水营村的名字和村里的水直接相关。由于地处华北漏斗区，地下水含氟高，水又苦又咸，含氟量曾达到了饮用水标准的 3 倍，全村人都有不同程度的氟斑牙。付书明今年 80 多岁了，他大半辈子吃的是村里的"苦水"。"我年轻那会儿，井浅水苦。后来，村里陆续打了几口深井，水不怎么苦了，但含氟量依然超标。"

从 2006 年到 2015 年，景县先后建成 20 座农村集中供水厂，希望通过降氟使水质达到安全饮水的标准。但由于水源还是取自地下井水，水质苦涩且流量越来越小，村民用水极不方便。转折来自地下水压采治理。2016 年，衡水市实施农村生活水源江水置换工程，全市 332.21 万农村群众喝上了长江水。昔日"苦水营"蜕变为今日"甜水营"。

"长江水到达地表水厂净化处理后，通过农村水源置换的加压泵站，送到各村各户。"在苦水营村，地表水厂化验员蔡晓娜正在进行水质抽检。这样的抽检，每个月都会进行几次。"我们会对水进行 12 项检测，包括余氯、二氧化氯……确保人们的用水安全。"

在付书明家的小院里，摆放着昔日用过的 7 口储水缸。以前喝地下水时，因为放水不定时，经常出现断水的情况，这些缸就是用来存水的，现在有了自来水，这些缸也"下岗"了。付书明感慨，苦水营村的甜日子来了。

用上长江水后，付书明家的厨房安装了分离式冷热水龙头。"往左右两个方向拧，放出的水温度不同。冷热水分开，用水和城里人一样了。"付书明欣喜地说，"现在吃的水口感好，又甜又绵，24 小时供应，真是方便！"付书明一边唠着家常，一边拧开自来水管接了一壶水准备烧水泡茶。

吃水的问题解决了，苦水营村又开始做起更大的"水文章"。付铁军介绍说，今年春天，村里筹资 30 余万元，铺装了长达 5 公里的 3 条防渗管道，直接把流经村北留府渠的黄河水引到田间地头，让村民们用上便宜的外引水。今春全村 3000 亩小麦全部用上黄河水，以前浇地费时、费工、费钱，现在用渠水浇一次一亩就能省约 25 元。

（陈凤来 《河北日报》 2022 年 8 月 13 日）

92.12 亿立方米！

南水北调中线一期工程年度调水量再创历史新高

11 月 1 日中国南水北调集团消息，南水北调中线一期工程已于 10 月 31 日完成 2021—2022 年度调水任务，共向北京、天津、河南、河北四省市调水 92.12 亿立方米，为年度调水计划的 127.4%，年度调水量再创历史新高。

该工程于 2014 年 12 月通水。近 8 年来，工程累计调水超 523 亿立方米，已成为沿线 20 多座大中城市、200 多个县市区的供水生命线，直接受益人口达 8500 多万人。工程从根本上改变了受水区供水格局，改善了供水水质，提高了供水保证率，各受水城市的生活供水保证率由最低不足 75％提高到 90％以上，工业供水保证率达 90％以上。目前，"南水"已占北京城区供水七成以上，天津主城区供水基本为"南水"，河南 11 个省辖市用上"南水"，其中郑州中心城区 90％以上居民生活用水为"南水"。

作为工程水源地，十堰市坚持生态优先、绿色发展，协调推进节水治污、修复生态、科学调水等，丹江口水库水质多年达到或优于地表水Ⅱ类标准。

（戴文辉　叶相成　《湖北日报》　2022 年 11 月 3 日）

南水北调中线一期 2021—2022 年度调水任务完成

河北实际引江水 35.83 亿立方米

从省水利厅获悉，截至 10 月 31 日，河北圆满完成南水北调中线一期 2021—2022 年度调水工作。此次调水，河北实际引江水总量为 35.83 亿立方米，较上一年度多引水 1.31 亿立方米。其中，向城镇生活、生产供江水 24.13 亿立方米；向河湖生态补水 11.7 亿立方米。

2021—2022 年度调水从 2021 年 11 月 1 日开始，至 2022 年 10 月 31 日止，这是南水北调中线一期工程的第八个年度调水。八年来，河北累计调水超 163 亿立方米，其中，向滏阳河、七里河、滹沱河、白洋淀等省内重点河湖实施生态补水水量近 62 亿立方米。

省水利厅调水管理处有关负责人表示，2022—2023 年度调水工作已经启动，冰期输水即将来临。河北将围绕引足用好引江水，继续实施引江水、本地水联合调度，完善各类应急预案，加强工程安全管理，确保工程安全、供水安全。

（苑立立　任树春　《河北日报》　2022 年 11 月 5 日）

"团九二期"输水隧洞具备通水条件

本市南水北调地下供水环路贯通

工作人员在对"团九二期"输水隧洞
进行最后巡检（市水务局供图）

记者从北京市水务局了解到，团城湖至第九水厂输水工程二期（以下简称"团九二期"）输水隧洞主体结构于近日全部完工，具备通水条件。这标志着北京市南水北调地下供水环路贯通，"一条环路"闭环输水在即。

随着暗挖连接段最后一仓混凝土顺利浇筑完成，"团九二期"工程二号盾构井工地上，重型机械完成使命，剩余物料整齐地码放在隔离墙旁边，工人们正井然有序地进行着巡检、清扫等收尾工作。沿工程步梯来到距地面32米深的盾构井底，在临时照明光源映衬下，内径4.7米的输水隧洞显得幽深厚重，已准备好接受水流的检阅。

记者了解到，团城湖至第九水厂输水工程是北京市南水北调配套工程的一部分。自2014年年底南水北调中线工程北京段正式通水以来，除了团城湖至第九水厂仍采用明渠输水外，目前城区其他南水北调工程均已实现地下输水。"团九二期"工程正式完工后，本市城区南水北调将实现"一条环路"地下闭环输水。

"'一条环路'是指南水北调配套工程沿北五环、东五环、南五环及西四环形成的输水环路。这条环路建成后，将一头连接南水北调中线总干渠，一头连接密云水库至第九水厂的输水干线。"市水务建设管理事务中心团九二期项目部部长汝俊起介绍，团九二期工程作为"一条环路"的最后一段，建成后将使"一条环路"真正成为"闭环"。它将连接起南水北调中线总干渠西四环暗涵、团城湖至第九水厂输水工程（一期）、南干渠工程和东干渠工程，形成全长约107公里的全封闭地下输水环路。

"'一条环路'的建成，不仅能满足南水、密云水库水、地下水三水联调的需要，还将提高环路供水调度中应对供水突发事件的能力，大幅提升北京市供水安全保障。"汝俊起表示，一方面，实现全封闭地下输水后，可避免"团九一期"工程地上明渠输水易受季节、天气等因素影响的弊端，输水保障率和安全性将大幅提高。另一方面，作为北京市南水北调配套工程的重要组成部分，"团九二期"工程承担着向市第九水厂、第八水厂、东水西调工程沿线水厂的供水任务，位于环路上的水厂都具有双水源保障。在南水北调发生停水时，团城湖调节池可把南水北调水源切换为密云水库水源，通过"团九二期"隧洞提供应急供水，从而保障供水安全。

"团九二期"工程起点位于团城湖调节池环线分水口，终点位于团九一期龙背村闸站二期控制闸，全长约4公里。虽然只有短短4公里，却存在众多特一级风险源，水文地质条件极为复杂，并经过电力、污水、给水、燃气、轨道交通等多处重要基础设施。

汝俊起介绍，自开工以来，"团九二期"工程施工可谓"步步攻坚""招招克难"。比如，为确保工程顺利实施，市水务系统首次采用了"深埋泥水平衡盾构方案"，开创了最深的盾构埋深、最深的基坑开挖、最大的地下水压、最复杂的地质条件等多项北京地区"盾构施工之最"。并开创性提出了"盾构动态施工管理"的理念，通过地质、岩土、机械等多专业人员集体协作，将盾构掘进程中的主要参数信息进行统一分析、科学研判，成功应对了复杂地质条件带来的盾构掘进不均匀性和突变性，顺利完成了在极高石英含量地层中掘进等高难度施工。"'团九二期'工程的完工，为北京在复杂综合条件下实施水利工程建设，积累了极为宝贵的实践经验。"汝俊起说。

（王天淇 《北京日报》 2022年11月22日）

配备五感机器人完成运行巡视、机组控制、设备检测

南水北调配套工程建设数字孪生泵站

记者从北京市南水北调团城湖管理处了解到，今年以来，本市水务部门在南水北调配套工程试点建设数字孪生泵站，根据泵站运行不同场景，配备自助式门岗、带有 AI 视频识别能力的轨道机器人等智能设备，不仅提高了巡检精准度，还通过"以机代人"减少了人力投入。

231 个传感器建起动态监测网

作为南水北调的配套工程之一，南水北调来水调入密云水库调蓄工程，通过在京密引水渠沿途建设 9 级泵站，将南水反向输送至怀柔水库、密云水库，并为密怀顺水源地补水。此次试点数字孪生泵站建设的，是 9 级加压泵站中位于海淀区的第二站——前柳林泵站。

记者了解到，数字孪生泵站的建设，以泵站安全运行管理为核心，对照 70 大项 229 个细项的巡检指标，选取分别以视觉、触觉、听觉、味觉和嗅觉为主要识别手段的各类传感器 231 个。"这些传感器统称为'五感机器人'。"团城湖管理处相关负责人介绍，通过这些传感器，可建立起多对象、多要素的动态监测网络，自动生成巡检报表，实现无人式运行。

负责人表示，数字孪生技术具有实时性、互操作性、可预测性的特点和优势。"五感机器人"可以代替原有的经常性运行巡视、机组控制、设备检测等人工操作，提升工程运行预警能力、调度方案预演能力、机组健康预报及故障溯源能力，用"以机代人"实现"减员增效"。

自助式门岗 1 秒完成核验

"您好，请通过。"自助式门岗作为数字孪生泵站的头号展示元素，可承担安保人员的 24 小时工作，在近期"大展神威"。来访者通过扫描二维码登记来访信息，通过安全服务机器人完成防疫核验，配合门禁和语音通话，完成自助式进门。

相比以前，自助式门岗提供了无接触式服务。无论是单位职工、运行维护人员，还是施工人员或来访者，都可以通过人脸识别、身份证识别、预约码识别等任何一种方式，仅需 1 秒即可完成身份验证、智能测温、健康码查询、核酸结果及有效期检验、疫苗接种、来访登记 6 项信息同步精准核验，简化了进门的流程，实现安全、便捷、快速通行。

"最强安保" 提升安全系数

高压室为泵站运行提供电力来源，为保证安全，进入的人员通常需要一人操作一人监护。如今，数字孪生泵站在原有的电力控制系统基础上，增设可带有 AI 视频识别能力的轨道机器人，代替人工操作。原本每天两人两小时一次的人工巡检以及开机前的设备核验环节取消了，工作人员在中控室里就能远程一站式操作，降低了人员进入高风险场所频率，也提高了工作效率。

更为特别的是，数字孪生泵站还配备了无懈可击的"最强安保"。在团城湖管理处的后池区域，安装了带有违禁区识别能力的摄像头，利用热成像识别技术，可实现全天候无死角的入侵报警监控。"以前，工作人员通过普通视频进行监控，到了夜间光线不明，死角位置尤其不易发现异常情况。"团城湖管理处相关负责人介绍，现在，无论是白天还是夜晚，热成像技术识别到有人进入管理区域后，将自动通过扩音器进行语音提示，同时后台自动报警，解决了违法钓鱼、冬季冰捕、违法游泳的监控和管理问题，有效提升了后池运行安全系数。

此外，数字孪生泵站还能开启智能维修模式。通过建立机组健康监测系统，实时评价机组运行和劣化状态，预报机组维修养护时间，有力提升运维保障力度。

"'五感机器人'在团城湖管理处的成功上线，有效协助管理人员充分了解设备运行状态，不但减少了人力，同时也提高了巡检的精确度，确保了泵站安全运行。"团城湖管理处相关负责人表示，这对泵站的精细化、自动化管理具有重大意义，也标志着北京的水务事业已进入数字化发展的新阶段。

（王天淇　龚晨　《北京日报》　2022 年 12 月 2 日）

河北廊坊超额完成 2022 年度南水北调引江水消纳任务

初冬时节，坐落于广阳区九州镇东冯务村的廊坊市地表水厂调节蓄水池碧波荡漾。在这里，经南水北调中线工程引来的长江水作短暂停留后，再经过地表水厂的粗细格栅间、折板絮凝池、平流沉淀池、浸没式超滤膜层层处理，最终进入市政管网供应到千家万户。

南水北调工程是国家根据经济社会发展需要，为缓解北方水资源短缺和生态环境问题，促进水资源整体优化配置、实现空间均衡决策实施的重大战略性基础设施项目，事关战略全局、事关长远发展、事关人民福祉。南水北调工程的建成通水，为形成全国统一大市场和畅通的国内大循环提供了有力的水资源支撑。

在河北省廊坊市，南水北调工程已初步构筑起"三干六支九水厂"（'三干'是指保沧干渠、天津干线、廊涿干渠；'六支'是指固安县城、固安工业园区、永清县城、霸州市、胜芳、文安输水支线；'九水厂'是指固安县城、固安工业园区、固安新兴产业园区、永清县城、廊坊市区、霸州市区、霸州胜芳、大城县城、文安县城地表水厂）的供水网络体系，为廊坊市广阳、安次、固安、永清、霸州、文安、大城 7 县（市、区）持续供水。同时，南水北调廊坊市"北三县"供水工程正在有序实施，将有效解决三河、大厂、香河三县（市）水资源短缺问题。

引江水消纳是南水北调工程实施的重要一环。自 2014 年通水以来，廊坊市持续拓宽供水范围、扩大江水覆盖面，全市引江水消纳量逐年增长。截至 2022 年 10 月 31 日，已累计消纳引江水 8.29 亿立方米，特别是 2022 年已累计消纳引江水 2.2 亿立方米，超额完成南水北调引江水年度消纳任务，创通水以来年消纳量历史最好成绩。

"到今年 9 月底，全市深层地下水位平均埋深 57.07 米，同比上升 3.24 米。"廊坊市水利局党组成员、副局长郑伟介绍，引江水利用工作的开展，切实缓解了全市水资源短缺状况，有效改善了供水水质和水生态环境，城市发展用水需求得到进一步满足，城市供水安全得到有效保障，人民群众幸福指数显著提升。

（孟宪峰　河北新闻网　2022 年 12 月 3 日）

力保京津冀冬季饮水安全

南水北调中线开启 2022—2023 年度冰期输水

笔者从中国南水北调集团中线有限公司河北分公司（以下简称"中线河北分公司"）获悉，自 12 月 1 日开始，南水北调中线工程正式进入为期三个月的 2022—2023 年度冰期输水阶段。

南水北调中线工程冰期输水关系到京津冀三省市冬季，尤其是元旦和春节假期饮水安全，任务艰巨、责任重大。根据国家气候中心预测，2022—2023 年冬季气温变化的阶段性特征明显，2023 年 1 月下旬至 2 月，冷空气强度将逐渐加强，华北北部地区气温较常年同期偏低，南水北调中线工程冰期输水面临考验。为切实做好本年度冰期输水工程安全、供水安全、水质安全，中线河北分公司提前谋划、严密部署、狠抓落实，有力有序有效地开展冰期输水各项准备工作。

该公司编制印发冰期输水实施方案、冰冻灾害应急预案，筹备开展冰期输水应急抢险演练。积极加强队伍保障，设置冰期输水应急驻守点，安排应急抢险保障队伍全天候驻守，保证险情"早发现、早报告、早处置"。在冰期输水现场配置破冰、拦冰、融冰等各项设备及物资，以备应急情况及时使用。此外，为降低渠道左排建筑物冻胀破坏风险，该公司对石家庄以北段左排建筑物进出口采取挂帘保温措施，进一步提升安全系数。

（苑立立　徐宝丰　《河北日报》　2022 年 12 月 2 日）

南水北调　生态补水"增高"北京地下水

11 月 16 日，最后一仓水泥浇筑完毕，北京市团城湖至第九水厂输水工程二期输水隧洞主体结构全部完工。据北京市水务局消息，这标志着北京市南水北调地下供水闭环成功，其将在北京市内形成沿北五环、东五环、南五环及西四环的全长约 107 公里的全封闭地下输水环路。

在南水北调地下供水闭环成功背后，是北京市地下水位持续多年的回升。

2022 年 9 月，密云水库开始向潮白河生态补水（王奇　摄）

在人们记忆中，北京曾有一段地下水极度匮乏的时期。因人口、工业发展及连年干旱，北京自 20 世纪 80 年代起经历了地下水水位缓慢下降期、急剧下降期，平原地区地下水平均埋深最低时跌到 25.75 米。

2014 年年底，南水北调工程启动，"南水"引入北京；2015 年，北京市地下水正式进入"止跌回升期"。随后几年，在"南水"以及近年降水增多情况下，北京市水务部门启动地下水超采治理，并对永定河、潮白河进行生态补水。

数据统计，2022 年 11 月末，北京市地下水平均埋深为 16.04 米，接近 2001 年的埋深水平；与 2015 年同期对比，平均回升 9.71 米，地下水储量增加 49.7 亿立方米。

北京的地下水正在回归。

消　失　的　水

1994 年夏天，在北京市顺义区北小营镇西府村，白国营最后一次下到村前的箭杆河里摸鱼。那条河曾水质清澈，水产丰富，白国营在里面摸出过马口鱼、鲫鱼、黄骨鱼等。现是北京市水文总站地下水科科长的他清楚地记得，20 世纪 70 年代，河流有 20 余米宽；约莫从 20 世纪 80 年代起，河水逐渐变窄、变浅，直到 20 世纪 90 年代中期，河流彻底干涸。

1986 年，郭希良刚进入潮白河管理站工作时，这条北京市第二大河流、"顺义的母亲河"还是水草丰茂。从 20 世纪 90 年代起，潮白河水流量逐年减少，一直到 1999 年，牛栏山橡胶坝以北的潮白河河道完全干涸。

尔后的场景被郭希良称为"火星之域"：除了夏天长出少许青草外，潮白河的河道裸露着，一刮大风就黄沙漫天；许多发烧友来此地玩越野摩托，在黄褐色的河床上留下了多条轮胎印；有人在河床放羊、放牛；甚至有剧组在附近取景，拍摄沙漠的戏份。

"难得下大雨，河道积一些水，但很快就蒸发掉，或是渗到地下去——地下太干了。"郭希良说，这是地下水匮乏的直接表现。

在农村地区，这种匮乏与人们的生活有着更强的关联。

多位北京顺义区的居民表示，20 世纪 70 年代，顺义地区的农村依靠着两米深的井吃水；到 20 世纪 80 年代，这种浅井没有水了，须将一根铁管砸进地下深约 15 米处，才能用压水机压出水来；再往后，压水机也力所不逮了，村里实行集中供水，往地下打 100 米左右才能稳定供水。庄稼的长势也越来越差，发黄、打蔫儿，植物根系从地下汲取的水分不够，村民们不得不增加人工灌溉，挑水、建渠，农业成本上升。

20 世纪 90 年代末期，北京门头沟区斜河涧村民王鹏发现，紧随着不远处的永定河断流于 1996 年，村里的几眼泉水相继干涸了。斜河涧村位于妙峰山脚下，曾经地下暗流极多，在村里有四五处涌出点。斜河涧村的祖辈做饭、饮用、盥洗等，全靠村里的泉水。这种世代相传的生活习惯终结在 21 世纪到来前，斜河涧村也不得不打下百米深机井为村民们供水。

根据北京市水文总站提供的数据，1980 年，北京市平原区地下水平均埋深约在 7 米；1990 年，该埋深数据下降至 10 米出头；到 1999 年，该埋深数据下降至 15 米左右。随后的 16 年间，北京市平原区地下水埋深经历了急剧下降期，年均下降 0.82 米，并于 2015 年达到 25.75 米。

地下水匮乏的背后，是整个北京市的水资源短缺问题。"水资源的循环是环环相扣的。"水文总站的有关专家介绍，"大气降水到地面以后，一部分雨水形成了地表水，一部分雨水渗入地下变为地下水。地表水或蒸发或入海，地下水则沿着地下路径入海；江河湖海的水面蒸发，水又跑到天上去了——这循环之中的一环或者多环出了问题，就是区域性的水资源出了问题。"

严 重 的 水 危 机

北京曾是水资源丰富的水乡之地。有关资料显示，自元代起，北京内外城由水网连接，潮白河、通惠河等都可通船；北京城内及近郊有南淀、北淀、方淀、三角淀等大小九十九淀，今天的海淀区在元朝初年甚至还是一片沼泽地。永定河和潮白河两大河流更催生了两大地下水溢出带，涌出泉水无数，使北京一度到了"掘地成泉"的程度。

"从气候上讲，北京属于半湿润地区，随着城市化进程加快，人口高度集中，它自身的水资源是供不应求的。"清华大学水利系龙笛教授分析。据中国科学院生态环境研究中心何永等人发表的论文，1949 年，北京市常住人口420.1 万，城市总用水量 10.67 百万立方米；1980 年，北京市常住人口 904.3万，城市总用水量 763.42 百万立方米——为供应千万人口吃饭、喝水、洗漱、生产，31 年间，北京市城市总用水量增长率达 7054.83％。

人口与工业增长的同时，雨水少了。根据北京市水文总站数据，1999 年至 2007 年，北京经历了新中国成立后最为严重的干旱期，年均降水量比常态少了近两成；1999 年，北京市的年均降水量仅为 321.7 毫米，同年，上海年均降水量为 1420 毫米，广州年均降水量为 1577.2 毫米。

为此，北京的用水一度到了极其紧张的地步。统计显示，至 2014 年当年，北京人均水资源量仅有 94 立方米左右，为全国平均水平的 1/20，远低于国际公认的 500 立方米极度缺水警戒线。

为了满足居民日益增长的用水需求，保证居民的日常生活不受影响，北京市不得不于 1999 年左右开始大规模超采地下水。

"什么是超采？简单说，降雨少，补水少，但我们开采得却多了，地下水的排大于补，就是超采。"北京市水科院专家杨勇说，1999 年后，北京市各区县启用大量居民自备井，且各自来水厂以地下水为水源，怀柔、平谷、昌平、房山更是启用四个地下应急水源地，不间断汲取地下水；至南水北调开始以前，为满足每年 30 余亿立方米的生活生产用水总量，北京市年均开采地下水近 23.6 亿立方米。也是在此期间，北京市平原区地下水埋深下降近 11.5米；最高峰时，地下水超采面积有 6900 平方公里，严重超采区有 3422 平方公里。

地下水超采区有天然的致命危害——随着地下水水位不断下降，土壤如被挤出水分的海绵一般收缩，导致地表塌陷下降。"这种非均匀沉降，会导致公路、桥梁的形变、位移甚至断裂，在沿海区域，还会出现海水倒灌的现象，对周遭生态系统造成严重破坏。"龙笛介绍。

2016年，时任首都师范大学副教授陈蜜等学者发表论文指出，由于过度开采地下水，北京部分地区地面沉降日益加剧，其中最大的沉降点位于北京东部地区，2003年至2011年，该地的沉降速率超过了10厘米每年。有统计显示，2000年至2014年，北京市的自来水管道破裂事故有30%以上是由地基沉降引起。

在龙笛的研究与观察中，地下水超采并非北京一家之症。

"华北的邯郸、邢台、石家庄、天津等城市，国际上墨西哥城、墨尔本、雅加达、金奈、圣保罗、美国加州中央山谷等，都有严重的地下水下降危机。"他说，"考虑到天然条件和人口密集程度，这是一种严重的城市病，需要系统治理才能够解决。"

开源节流与"以水治水"

所幸的是，北京地下水的危机，从降水增多后开始放缓。

据北京市水文总站数据，2008年至2021年的14年中，北京市有8年的年降水量达到或是超过多年平均降水量，甚至于2021年达到了924毫米，比北京市多年平均降水量的1.5倍还多，更是北京1999年降水量的接近三倍。在一张地下水埋深与年降水量的对比图中，两者呈明显的正向关系。

龙笛在2020年发表的一篇论文中指出，相对于1999—2007持续干旱时段，自2008年以来的降水增加对地下水储量恢复的贡献为30%。

据龙笛估算，截至11月初，北京市2022年的年降水量约在450毫米，与去年同期相比减少了一半，"可以说是一个少雨、偏干旱的年份。"而目前北京平原区地下水埋深约为16.3米，较去年同期回升了0.85米——在少雨年份，这样不降反升的数据是很可观的。"这说明，除了难以琢磨的气候之外，水利工程的作用也是非常大的。"

2014年12月，南水北调中线工程正式通水，长江水从横跨湖北、河南两省的丹江口水库奔走1267公里，通过明渠、渡槽、暗涵、管涵、隧洞、倒虹吸等方式为北京市年均输水 10 亿立方米。此后，自 2015 年起，北京市地下水资源进入"止跌回升期"。

资料显示，南水进京后，结合南干渠工程、大宁调蓄水库、团城湖调节池及各水厂输水工程，直接供水覆盖面积达 3247 平方公里。

"南水一下替代了地下水，成了北京市的主力水源了，北京居民的生活用水有 70% 是南水。"北京市水资源调度管理事务中心副主任王俊文说，输水至今，南水已为北京增加水资源超 80 亿立方米，比两个密云水库的水量还多。

开源之后，节流也被提上日程。2015 年起，北京市水科院开展地下水超采治理工作，"对地下水控、管、节、调、换、补。"杨勇介绍，比较典型的措施是，在南水北调带来富裕水资源的基础上，将北京 13 家自来水厂的水源从地下转为地表；同时，大规模地展开自备井置换工作，截至目前，全北京已有 1200 多个单位的自备井的用水需求被市政自来水替换。

同时，农业灌溉效率提升和用水量下降。"采用更先进的灌溉技术，比如喷灌、滴灌等；鼓励调整作物的种植结构等降低了农业用水量。"龙笛介绍，北京市农业用水从 2003 年的 14 亿立方米下降到 2018 年的不到 5 亿立方米。据悉，2015 年，北京市地下水开采量约为 18 亿立方米，低于此前的年均 25 亿立方米；到 2020 年，这个数据已经下降至 13.5 亿立方米。

开源、节流的同时，"以水治水"的生态补水方案被提上了台面。

生态补水，即通过向河道输水，改善河流生态环境，回补沿河地下水。仰仗于密云水库、官厅水库的功能，就好比家中有一口水缸，用之不竭时将水存下，待到缺水的时候，再引水出来用。而经过生态补水以后的河流水量多了，河水就会向下渗，能够起到补充地下水的作用，这些措施能促进密云、怀柔等水源地、永定河流域等严重超采区的水源涵养和修复。

"每年年底，北京市水资源调度管理事务中心会对来年全市水资源做配置计划，何时补水，补多少水。比方说，与水文总站合作，预测来年官厅水库降雨多少，水位多少，可以放多少水。"王俊文说。

2019 年，永定河首次进行试验性生态补水，黄河万家寨、册田和友谊等水库向官厅水库调水 2.7 亿立方米，尔后，官厅水库以最大 40 立方米每秒流量向下游补水 2.3 亿立方米。2020 年春季，官厅水库以最大 100 立方米每秒流量向下游补水 1.66 亿立方米，最终在水库以下形成 248 公里连续水路，北京境内的永定河在断流 25 年后终于再次全线贯通。

潮白河的生态补水则启动于 2021 年 4 月 30 日。郭希良见证了这一开端：当天早上八点整，密云水库潮河输水洞以每秒 10.2 立方米流量放水出库；十点整，白河输水洞以每秒 10 立方米的流量放水出库。三十天后的 5 月 29 日，在累计补水 2.2 亿立方米后，补水水头到达潮白河白庙橡胶坝下，与下游有水河道汇合，这意味着，时隔 22 年后，潮白河北京段首次全线水流贯通。

潮白河补水期间，郭希良追随着水流的路径，只见到水头像小蛇一样向前蜿蜒，行动极慢——如同久旱逢甘霖，他发现潮白河的河床"好渴，好渴"，大部分的水流来不及往下游去，就渗入了黄褐色的河床中。

地 下 水 回 来 了

门头沟斜河涧村民王鹏记得，2020 年夏季的一场大雨后，村民们忽然奔走相告，"村里一溜三个泉水又出来了。"此前，这些泉眼已干涸二十余年。

据门头沟水务局数据，自 2019 年永定河实施生态补水后，门头沟区存在 30 余眼断流后复涌或流量明显增大的泉眼。而据北京市水务局数据，从 2021 年至今，北京地区共有 81 处泉眼复涌。

在北京东部的顺义区，牛栏山橡胶坝以北的潮白河段水流潺潺；位于潮白河右堤的潮白河供水所的职工们通过观测惊喜地发现，潮白河沿岸的地下水埋深恢复到最浅处地下 5 米；这个数据一度深达地下 45 米。

白国营说，截至 2022 年 11 月末，北京市地下水平均埋深为 16.04 米，接近 2001 年的埋深水平；与 2015 年同期对比，平均回升 9.71 米，地下水储量增加 49.7 亿立方米。

"如果 2019—2030 年的地下水开采量减少到每年 15 亿立方米，且多年平均降水量在 2008—2018 年平均水平（偏湿，每年 580 毫米），北京地下水储量有可能在 2030 年恢复至 20 世纪 90 年代的水平，即地下水埋深约 10 米。"龙笛在论文中推测。

这当然是一个可喜的推测，但水文专家们也有别的考虑：随着地下水的逐渐回升，各地区地下水位可恢复阈值应当被确立。

"埋深太浅了也不好，极端一点说，可能会泡着房子的地基，或是地下车库、地下垃圾掩埋场，造成地下水污染。"一位不具名的专家表示，若地下水埋深回升到两米左右，则有可能将土壤中的盐分携带提升至地表附近，"太阳一晒，水分蒸发了，只留下盐分，农民的土地就盐碱化了。"

为此，水文总站正与北京市多部门合作建立全市地下水监测信息共享机制，每日监控记录地下水埋深，并每月一次与其他单位共享、分析数据。另外，结合地形、地貌等因素，北京市平原区地下水位可恢复阈值也被确立下来。

"综合地基防水问题，地下水埋深应该控制在 10 至 15 米；从地下水水质来看，埋深应该控制在 10 米左右；从防控盐碱化的角度考虑，北京市平原区的地下水埋深应该控制在 3 米左右。结合目前的北京市地下水水位来看，水位回升的空间还是很大的。"白国营说。

直到今天，位于北小营镇、陪伴他成长的那条河流仍然没有复流。不过，不远处的潮白河岸边，原有的数个平均深度 40 米的砂石坑，逐渐被渗出的水灌满了，形成了 600 多亩的水面，俨然是几片小湖。连带着潮白河两岸绿意盎然，鲫鱼、桂鱼、马口鱼，还有白鹭、白骨顶鸡等也都回来了。

现在，郭希良再去潮白河边散步，恍惚觉得"像在江南"。这片他曾形容为"火星之域"的地方，重新生出了绿洲。

（冯雨昕 《新京报》 2022 年 12 月 7 日）

为 2023 年春灌储备水源，巩固河北地区地下水压采效果

南水北调东线北延工程冬季调水入冀

12 月 11 日上午，南水北调东线一期北延应急供水工程 2022—2023 年度调水水头进入河北境内。

笔者从省水利厅了解到，12 月 9 日，南水北调东线一期北延应急供水工程 2022—2023 年度调水工作正式启动，这是北延工程常态化供水以来，首次实施冬季调水，也是为冀津地区 2023 年春灌储备水源确保粮食安全，巩固河北地区地下水压采效果的重要举措。12 月 10 日上午，调水水头经四女寺枢

纽（山东）进入南运河。

本次调水线路从南水北调东线一期工程山东穿黄工程出口起，经东线北延输水工程，沿南运河输送到天津市静海区北大港水库，全长 450.6 公里。本年度调水将持续至 2023 年 5 月底，入河北省界水量约 2.16 亿立方米，其中，河北受水区沧州、衡水两市计划引水量分别约为 9700 万立方米和 3600 万立方米。

为确保冬季输水安全，按照水利部统一安排部署，省水利厅提前谋划、精心组织，制定了水量分配计划及冬季输水实施方案。同时，确定冰期采用高水位低流速输水，前期通过沿线各节制闸，抬高河道水位，采用先下后上调度顺序。

（苑立立 任树春 《河北日报》 2022 年 12 月 12 日）

南水北调中线 8 年调水超 530 亿立方米

106 项指标达到国家 I 类水质标准

南水北调中线工程 2014 年 12 月 12 日通水至今，累计从丹江口水库调水超 530 亿立方米，惠及我国 24 座大中城市、200 多个县市区，直接受益人口达 8500 万人，极大缓解了华北地区水资源严重短缺局面。12 月 12 日，十堰市政府召开新闻发布会，宣布了这一消息。

十堰是我国南水北调中线控制性工程丹江口水库大坝所在地、主要库区、移民集中安置区和核心水源区。近年来，该市把确保"一库碧水永续北送"作为最大的政治责任，全域推进水污染防治，坚决当好"守井人"。

迄今，该市一直严禁涉水重污染工业项目落户，拒批不符合环保政策的项目 145 个，先后关闭转产规模以上企业 560 家，并多次开展专项整治行动，严厉查处环境违法行为。

2012 年起，十堰在财政持续紧张的情况下，自筹资金 30 亿元，全力推进区域"五河"治理（神定河、泗河、犟河、官山河、剑河，在 2012 年以前均属劣 V 类水体）。经过不懈努力，2018 年起，官山河、犟河、剑河水质持续稳定达到地表水Ⅲ类以上标准；神定河、泗河主要污染浓度降低 70% 以上，水质实现了跨类提升。

同期，该市还整治入河排污口 374 个，先后投入 11.4 亿元在 10 个县市区 1641 个行政村开展环境综合整治，覆盖面达 87%。

至目前，丹江口水库水质常年保持国家地表水Ⅱ类及以上标准，109 项水质监测指标中，有 106 项达到了国家Ⅰ类水质标准，2015 年入选首批"中国好水"水源地。

（夏永辉　龚慧　刘晨鑫　《湖北日报》　2022 年 12 月 13 日）

清渠北上润华夏

——写在南水北调中线一期工程通水 8 周年之际

丹江口库区青山如黛，绿树成荫，水流清澈，风景宜人，
美不胜收（谭勇　曲帅超　摄）

60 年前，林县人民不认命不服输，在太行山上建起一座不朽的精神丰碑——红旗渠。就在这个月，南水北调中线配套安阳市西部调水工程将南水提上太行，一渠好水接续润泽红旗渠故乡。

南水北调中线一期工程正式通水 8 年来，华北大地上形成了一张张大小不一的区域水网，受水区水资源统筹调配能力、供水保障能力、战略储备能力进一步增强，南水北调中线工程已经成为沿线 24 座大中城市 200 多个县

（市、区）的"生命线"。

区域水网主骨架初步形成

依托南水北调国家水网主骨架和大动脉，沿线受水区不断完善配套工程，区域水网加速构建。即依托中线一期工程之"纲"，初步织就优化水资源配置的区域骨干水网之"目"，以重点调蓄工程和水源工程为"结"，不断编织出我国从南到北，从城市辐射乡村的两条带状水网。

北京市建成了一个沿着北五环、东五环、南五环及西四环的输水环路，拥有向城市东部和西部输水的支线工程，以及密云水库调蓄工程，累计受水84亿立方米，1500万人受益。

82亿立方米南水北调水源源不断输入天津后，1400万人受益，天津市逐步形成了一个以中线一期工程、引滦输水工程一横一纵为骨架横卧的"十"字形水网，五座水库互联互通、互为补充、统筹运用。

中线总干渠与邢清干渠、石津干渠、保沧干渠和廊涿干渠等配套工程相连，在河北省形成了一个梳子状的水网。河北省3200万人受益，500多万群众告别了长期饮用高氟水和苦咸水的历史。

中线总干渠与南水北调配套工程在河南省形成了南北一纵线、东西多横线的供水水网，形状像一个鱼骨架，供水范围覆盖11个省辖市市区、44个县（市）城区和101个乡镇，直接受益人口2600万人，"八横六纵、四域贯通"的河南现代水网雏形已显。

持续扩大调水综合效益

禹州市神垕镇是"钧瓷之都"。2015年1月12日，南水北调中线一期工程向禹州市和神垕镇正式供水，年平均供水396万立方米，彻底解决了古镇缺水问题。

截至今年11月底，神垕镇累计使用南水北调水2004.48万立方米，让神垕镇钧瓷产业实现了规模化发展。神垕镇目前拥有260家钧陶瓷企业，年产钧瓷150万件以上，各类陶瓷衍生产品年产值达28亿元。

中线一期工程促进了产业结构优化调整，沿线经济社会实现可持续发展，同时长期助力华北地下水压采和河湖生态环境复苏，有力推进了沿线生态环境治理。南水北调中线一期工程累计向北方 50 余条河流实施生态补水，补水总量 90 多亿立方米。华北地区地下水位下降和漏斗面积增大的趋势得到有效遏制，部分区域地下水位开始止跌回升。

不仅如此，南水北调输水干线、支线河道成为风景秀美的城市景观河道。"如今，不仅我们能喝上甘甜的丹江水，我们这里的龙源湖公园通过生态补水，也变得更美了。"焦作市民史文生由衷地感叹。

确保"一泓清水永续北送"

"作为南水北调中线工程的核心水源地和渠首所在地，河南将从三个方面持续发力，扛牢'一泓清水永续北送'重大政治责任，确保南水北调中线工程工程安全、供水安全、水质安全。"省水利厅党组书记刘正才说。

深入推进水源、水权、水利、水工、水务"五水综改"，进一步建立健全南水北调中线工程运行管理及工程维修养护等保障机制，确保南水北调工程中线良性运行。

统筹推进山水林田湖草沙一体化保护和系统治理，开展水土流失小流域综合治理，加快重点区域地下水超采综合治理，切实助力水生态环境保护修复。

加快实施南水北调中线工程防洪影响处理工程和有序推进观音寺、鱼泉、沙陀湖调蓄工程，我省水利系统会同省直有关部门和地方政府加快新增供水项目建设，推进 60 个县（市、区）的饮用水置换，进一步优化水资源配置体系、完善流域防洪减灾体系，推进南水北调后续工程高质量发展新成效。

"我省谋划建设 174 座南水北调水厂、新建 2000 余公里供水管道、新增 9 座调蓄工程，形成以总干渠为纽带，以供水线路、生态补水河道为脉络，以调蓄水库为保障，辐射水厂及配套管网、河湖库网的供配水体系，增强南水北调来水丰枯调节能力，确保'一泓清水永续北送'。"刘正才说。

（谭勇 许安强 《河南日报》 2022 年 12 月 13 日）

南水北调中线河北段通水 8 年

河北累计引调江水 167 亿立方米

一渠通南北，江水润燕赵。到今年 12 月 18 日，南水北调中线干线一期工程河北段全面通水满 8 年。笔者从省水利厅获悉，自 2014 年 12 月该工程正式通水以来，河北累计引调江水 167 亿立方米，其中，向城镇生活和工业供水 104.7 亿立方米，向河湖生态补水 62.3 亿立方米。稳定供应的引江水，为河北破解资源型缺水困局，助推经济社会实现绿色转型高质量发展奠定了坚实基础。

河北省南水北调中线受水区总面积 6.21 万平方公里，占全省总面积的 33％。8 年来，南水北调中线水质始终保持或优于地表水 II 类标准，总干渠在河北境内形成了一条 465 公里长、几十米宽的绿色长廊、清水走廊，相当于增加了 1 条人工河，形成了 1 条生态景观带。

8 年来，河北不断完善和提升南水北调配套工程，持续实施城乡水源置换项目，推动供水管网不断延伸扩展。江水利用量从通水后首个调水年度的不足 1 亿立方米，陆续提升到 20 多亿立方米、30 多亿立方米，供水目标达 160 多个，全省 3700 多万城乡居民喝上了引江水，人民群众的饮水安全和身体健康得到了有力保障。

8 年来，河北省利用南水北调中线干线及配套工程的分水口门和本地水等水源，持续向滹沱河、滏阳河、七里河、白洋淀等约 30 条（个）河湖实施生态补水，有效助力华北地区地下水超采综合治理和生态环境复苏。同时，白洋淀水质从 2017 年的劣 V 类全面提升至 2021 年的 III 类，首次步入全国良好湖泊行列。

围绕保障南水北调防汛安全、工程安全、水质安全，今年 2 月，河北在南水北调工程全面推行河长制，健全强化南水北调工程长效管护机制，推动解决一批南水北调遗留突出问题。截至目前，省、市、县、乡、村五级 1502 名河长积极履职，已累计巡河超过 53000 余次。

（苑立立　任树春　《河北日报》　2022 年 12 月 19 日）

一江清水向北送　千里长波润万家

——江苏南水北调东线工程开工二十周年记

南水北调东线一期工程 2002 年开工，2013 年建成投运，截至 2022 年，已累计调水出省 56 亿立方米，6000 多万群众受益，助力大运河近百年来首次全线贯通。润泽齐鲁，泽被冀津，东线一期江苏境内工程担负着东线源头使命，实现着优化水资源配置、保障群众饮水安全、复苏河湖生态环境、畅通南北经济循环的生命线重任。

输水之最！第十次年度调水启动

2022 年 11 月 13 日 10 时，随着一声令下，江都站、宝应站等 10 座南水北调新建泵站及沿线江水北调工程陆续投入运行，新的年度向省外调水工作正式启动，一江清水开启新的征程。

此次全线调水为南水北调东线一期工程第十年。与以往历年相比，本年度向省外调水，具有十分鲜明的特点。其一，本年度计划调出省的水量为 12.63 亿立方米，为工程通水以来最多的一次，整个调水过程预计持续 139 天，从 2022 年 11 月到 2023 年 5 月底前结束，也是历年时间最长的一次，彰显江苏南水北调工程效益的日趋显著。其二，本次调水过程正值江苏省内遭遇罕见的多季节连续气象干旱，淮河上游来水锐减、长江持续枯水，而省内抗旱供水运行与南水北调向省外调水运行相重合，凸显江苏南水北调工程调度运用的复杂性、重要性。其三，被评为"2021 年智慧江苏十大标志性工程"的南水北调江苏智能调度系统，自 2021 年建成以来，首次投入全线路、全周期、长历程运行，标志着江苏南水北调工程迈入智能运行、智慧管理的新阶段。

十年建设，打造世纪工程

2002 年 12 月，在三阳河潼河宝应站工地上，南水北调工程开工典礼隆重举行，拉开了这一世纪工程的建设帷幕。

巍巍华夏，东低西高，夏汛冬枯，北缺南丰。早在 1952 年 10 月，毛泽东同志指点江山，提出："南方水多，北方水少，如有可能，借一点来是可以的"，擘画了南水北调的伟大构想。

新中国成立之初，在淮河流域洪水治理刚刚取得成效不久，为解决苏北地区周期性、季节性的干旱缺水问题，江苏提出"扎根长江、运河为纲、江水北调、搞活苏北"的构想，于 1961 年开始，自主规划、自主设计、自主施工、自主安装，历经 40 多年辛勤耕耘、艰苦卓绝的奋斗，建成了江水北调工程体系，基本解决了苏北供水需求。

2002 年 12 月 23 日，经过长达 50 年的勘测、规划、设计、论证，国务院正式批复《南水北调工程总体规划》，明确了"四横三纵，南北调配，东西互济"的水资源总体格局。2002 年 12 月 27 日，举世瞩目的南水北调工程建设正式拉开序幕。南水北调工程开工仪式在北京人民大会堂和江苏省三阳河潼河宝应站工程、山东省济平干渠施工现场同时举行。

南水北调东线一期江苏境内工程由调水工程和治污工程两部分组成。调水工程分为 40 个设计单元工程，主要是依托江水北调已形成的 9 个梯级，通过新建和改建 18 座泵站、新挖和拓浚约 100 千米河道，完善运河线和运河西线双线调水北送格局；治污工程主要是为保障输水水质，由江苏自筹资金分两轮建设，目前也已全部建成投运。

南水北调东线一期工程，在江水北调工程基础上扩大规模、向北延伸，一方面将滔滔长江水调往更加缺水的北方地区，另一方面也补强、完善了江水北调原有工程体系，具备多年平均向江苏省内增加供水近 20 亿立方米的工程能力，大大提高了干旱年份、农业灌溉高峰期的供水保证率。

在党中央、国务院、国家有关部委和江苏省委省政府的正确领导下，在省有关部门和工程沿线地方党委政府的支持配合下，历时十年，江苏妥善安置 2 万多名搬迁群众生活，工程按设计工期如期完建，全部 40 个设计单元工程提前通过设计单元工程完工（竣工）验收；江苏依法依规做好招标投标与合同管理，各单项工程投资均控制在初设批复概算范围内，实现"工程安全、资金安全和干部安全"；江苏严把工程质量和安全关口，单位工程优良率超 80%，未发生一起等级以上安全事故，已先后有 10 项工程获水利建设领域最高奖项"大禹奖"，并取得了一批国际领先、国内一流的科研成果。

2013 年 11 月 15 日，南水北调东线一期工程正式通水。依托江苏积 40 年之功建成的江水北调工程基础，依靠 9 大梯级、20 多座大型泵站组成的世界最大的调水泵站群，运河线、运西线两条强劲的动脉，洪泽湖、骆马湖、南四湖三座巨型水盆，在江淮大地上蜿蜒交织、浩荡奔涌，汩汩清流，碧透苏皖，泽润齐鲁，浸滋津冀。江苏实现"工程率先建成通水、水质率先稳定达标"的承诺，获得有关专家和领导给予的"进度最快、投资最省、质量最好"的高度评价。

壮士断腕，打造清水工程

为有源头活水来。对于调水工程而言，水，是资源，亦是产品。是产品，就不能只考虑"量"的需求，还得有"质"的标准。

2003 年 10 月 15 日，国务院南水北调办公室分别与江苏、山东两省政府签订《南水北调东线工程治污目标责任书》。江苏，以前所未有的决心，开启东线水污染治理征程：

全面完成 596 个长江岸线清理整治项目，关停沿江化工企业 3100 多家，长江自然岸线比例提高到 73.2%，划定源头保护区，有力保证调水源头水质保持在Ⅱ类水平；

通过"政府主导、部门协作、社会参与"，多方筹措资金分两轮实施城镇污水处理、雨污管网、农业面源污染治理、尾水资源化利用和导流等共计 305 项治污项目，调水沿线主要污染物排放总量削减达 80% 以上；

加强港口、船闸和水上服务区环境整治，打造绿色现代航运示范区，营运货船实现生活污水"零排放"、污染物应收尽收……

从 2003 年到 2013 年，江苏十年破局，完成东线治污规划确定的全部目标，调水期间各考核断面水质稳定达到国家Ⅲ类水标准，顺利通过国务院南水北调工程建设委员会专家委员会的专项评估。自 2013 年以来，江苏再举十年之力，深化推动产业生态化集聚改造，全面推进山水林田湖草系统修复，着力打造江淮生态大走廊，确保一泓清水永续北送。

水污染治理好了，水质改善了，生态环境逐步复苏，人民生活感受也越来越幸福：徐州，从"半城煤灰一城土"到"一城青山半城湖"，完成华丽蝶变。曾经的采煤塌陷区贾汪潘安湖成为国家级生态湿地和水利风景区，十万群众告别高氟水。淮安、宿迁，将古黄河、大运河、里运河打造成了城区景观河道，环绕洪泽湖、骆马湖、白马湖建设绿色画廊，曾经人们避之不及的黑水河、臭水沟，再度引人相近，与人相亲。

2021年6月，江苏省委省政府发布省总河长令，在全国率先开启新时代幸福河湖建设，"河安湖晏、水清岸绿、鱼翔浅底、文昌人和"的幸福河湖景象，在南水北调沿线，正优美铺展。

精细守护，打造智慧工程

艰辛而光荣的建设历程，至今让参与其中的江苏水利人心怀激荡、自豪不已。然而，工程建设得再好再快，最终还要通过工程运行管理来展现功能、发挥效益。

2013年，南水北调东线一期工程正式通水之际，习近平总书记在向工程建设者们表示慰问和祝贺的同时，作出重要指示，要求总结经验，加强管理，再接再厉，确保工程运行平稳、水质稳定达标，优质高效完成后续工程任务，促进科学发展，造福人民群众。

早在20世纪，随着江水北调工程的逐步建设完善，江苏在没有多少管理标准、管理经验可以借鉴的情况下，在长期实践中不断摸索积累。大型泵站、水闸和河道的管理制度日臻完善，管理技术不断成熟，管理队伍不断壮大，不仅保障了江水北调工程安全、平稳、高效运行，而且为国内泵站、水闸和河道等水利工程运行管理、维修养护、设备安装培养了一大批人才。2017年以来，江苏水利系统按照"精细管护、高效运行、本质安全"的水利工程管理现代化目标，不断提高东线工程管理水平。

把握"安"的底线，夯实本底安全基础。健全工程安全生产控制管理责任体系，构建横向到边、纵向到底的运行安全检查和风险隐患排查机制，采用"四不两直"、飞行检查、安全竞赛、专项核查、应急演练等形式，筛扫安全死角。运行9年来，保持安全生产无事故良好记录。新建工程管理主体南水北调江苏水源公司成功创建国家水利工程管理安全生产标准化一级单位，新建工程全部融入所在地防汛应急体系。在抗御淮河、沂沭泗流域超规模洪水，在应对超强台风带来的短时强气流强降雨时，江苏南水北调新建工程如山屹立，安然无虞。

坚持"精"的标准，推动运管提档升级。坚持比学赶超，对标江水北调等省内工程管理先进范本，借鉴成功经验，梳理自身特点，明晰提升路径。5年时间完成新建工程运行管理"规范化、制度化"建设，又用 3 年时间全面完成 14 座新建大型泵站、15 座大中型水闸和沿线河道的运行管理"标准化"创建，形成具有江苏特色又有调水工程示范性的运行管理"10S"系列标准，并开始向精细化管理起步迈进。有关专家实地检查后评价，南水北调新建泵站工程的管理水平，已不亚于江水北调工程中的一流水准。水利部专家惊叹"可为典范，值得向全国推广"。坚持技术引领，利用江苏南水北调形成的世界最大泵站群、全类型"水泵博物馆"的平台，围绕工程设备"管、养、修、用"全过程，开展科技创新攻关，引进转化先进技术，形成多项国际一流科研成果，实现机组效率国内领先的同时，推动国内水泵和机电设备制造业提档升级。

融合"智"的技术，探索智慧管理方向。面对以信息化、数字化、网络化为代表的"第四次工业革命"浪潮，融合大数据、云计算、物联网等现代技术，开展调水工程智能管理、智慧运行探索。通过采用先进的传感技术，使用可靠的智能化电力设备、智能仪表和现场总线技术，将设备状态信息和控制信息数字化，总体实现泵站设备数字化；通过建设标准统一的数据信息网络平台，构建各自动化系统之间、系统与数据采集之间的互联，使生产自动化系统、管理信息化系统等应用系统之间的数据统一交换与存储共享，基本实现应用数据网络化；通过在线仿真、工程数字孪生、智能趋势报警、远程监控等技术途径，智能应用信息，对标风险可预测、状态可控制、故障自修复，力争达到安全、经济、高效的运行目标，初步实现运行管理智能化。2017 年到 2021 年，江苏建成兼容江水北调、南水北调、江水东引等跨流域调水工程的"一江、三湖、九梯级"的智能化调度运行系统，江苏南水北调集控中心上线运行，南水北调一期全部新建泵站工程具备"远程开机，少人值守"能力，南水北调江苏智能调度系统荣获 2021 年智慧江苏重点工程和十大标志性工程。智能调度系统已在 2022 年北延供水、省内抗旱运行和 2022—2023 年度向省外调水中充分应用。目前，江苏又在全国率先开启南水北调泵站工程数字孪生试点建设。江苏，正为南水北调工程这一国之重器，装上"智慧"新核。

牢记嘱托，打造效益工程

2020 年 11 月 13 日，习近平总书记视察江苏期间，专程赴江都水利枢纽工程视察南水北调东线工程，充分肯定了南水北调东线工程的建设和运行成就，要求确保南水北调东线工程成为优化水资源配置、保障群众饮水安全、复苏河湖生态环境、畅通南北经济循环的生命线。

2021年5月14日，习近平总书记在河南南阳主持召开推进南水北调后续工程高质量发展座谈会，指出南水北调工程事关战略全局、事关长远发展、事关人民福祉，要求坚持系统观念，坚持遵循规律，坚持节水优先，坚持经济合理，加强生态环境保护，加快构建国家水网。

2013年至2022年，9年间，江苏通过南水北调工程，总计向山东、河北、天津调水56亿立方米，相当于将6个骆马湖搬运到北方地区，6000多万群众受益，济南再现百泉争涌景观，聊城重整江北水城风姿，青岛上合组织峰会水幕炫彩……

2022年4月至5月，水利部组织启动京杭大运河全线贯通补水行动，江苏迅速行动，多措并举，南水北调工程快速投入运行，调水7000万立方米沿运河北送。近百年来，大运河首次实现全线通水，千年运河迎来了世纪复苏，重现往日盛景，重回历史舞台中央，唱响时代的华章。

南水北调这一世界规模最大的调水工程，源于1952年一代伟人毛泽东同志的宏伟构想，又在中国特色社会主义新时代发展成支撑中华民族永续发展的国之重器，构造中华水网壮阔蓝图的主骨架。从21世纪初到党的十八大召开，十年之间，江苏水利人栉风沐雨、艰辛开拓，又好又快建成南水北调东线一期工程；党的十八大以来的十年，江苏水利人遵循习近平总书记殷殷嘱托，深入贯彻落实新时代治水思路，管好工程、用好工程，确保一江清水北送，取得良好成绩；当前，江苏正坚决扛起南水北调东线源头省份的使命与担当，全面开启新一轮淮河、长江、太湖治理，全域推进幸福河湖建设，全情守护南水北调东线工程生命线价值，全力深化南水北调后续工程规划论证和建设准备，以实际行动贯彻落实党的二十大精神，为中华水网建设和南水北调后续工程高质量发展，为全面建设社会主义现代化国家、全面推进中华民族伟大复兴作出新的更大贡献！

（《新华日报》 2022年12月27日）

"南水"进京8周年，84亿立方米水源惠京城

12月27日，南水北调工程迎来水源进京8周年。8年间，已有84.08亿立方米的"南水"自丹江口水库一路奔涌，跋涉1276公里惠泽京城。"南水"为加强北京城市供水保障、提高水资源战略储备、涵养回补地下水源以及改善生态环境作出了重要贡献。

"南水"成为北京城市用水主力水源

北京市累计建成南水北调中线干线80公里、市内配套输水管线约265公里。重点建设完成了南干渠、东干渠、团城湖至第九水厂输水管线一期二期、南水北调来水向密云水库调蓄工程、东水西调改造工程、通州支线、河西支线、大兴支线、大宁调蓄工程、团城湖调节池、亦庄调节池一期二期等重点配套项目。

同时，北京市还新建和改造自来水厂11座。目前，北京市内已有13座水厂接纳"南水"，处理能力达468万立方米/日，并在全市范围内开展自备井置换等重要民生工程。

经过多年持续建设，安全、优质的"南水"已经深入京城千家万户，约七成"南水"被用于北京城区自来水供水，成为保障北京城市用水的主力水源，北京水资源紧缺形势得到有效缓解，全市直接受益人口超1500万。

"多源共济"水资源保障体系基本建立

以"南水"为基，北京市全面实施水资源统筹调度、精细配置，"多源共济"的首都水资源保障体系基本建立起来。

以"节、喝、存、补"的用水原则为指导，在确保北京市自来水厂"喝饱水""喝好水"的前提下，市水务局积极研究谋划，采取多种措施向密云、怀柔、大宁等大中型水库存蓄南水北调水源，统筹多水源实施流域性生态补水，适时加大地下水源回补力度，逐渐补充多年来由于极度缺水导致地下水源超采的历史欠账。

水资源战略储备大幅增加

在"南水"的"助攻"下，北京市的水资源战略储备大幅增加，密云水库蓄水量最高达 35.79 亿立方米，创建库以来最高纪录，并持续稳定在 30 亿立方米左右高水位运行。全市平原区地下水位连续 7 年累计回升 10.11 米、增加储量 51.8 亿立方米。永定河连续两年全线通水，全市五大河流时隔 26 年全部重现"流动的河"并贯通入海。相比 2014 年同期，全市新增有水河道 44 条、有水河长 852 公里。

"南水"进京 8 年间，北京市河湖生态环境全面复苏，水生态功能大幅提升，健康水体比例从不足 60% 提升到 87.2%，很多河流、湖库成为鸟类迁徙驿站和栖息乐园，黑鹳、白鹭、桃花水母等珍稀物种成为常客，河湖水系清新明亮、生机勃勃。

"精打细算"用好每一滴水

北京市"精打细算"用好每一滴水，建设节水型社会。北京市全面实施水资源"取供用排"全过程统筹协同监管，《北京市节水条例》首创"大节水"立法，出台生产生活用水总量管控制度，推动建立水要素管控规划和区域水影响评价体系。同时，实施新一轮节水行动，完成百项节水标准规范提升工程，创建节水型载体 5000 余个。

在全市经济总量增长 44% 的情况下，全市生产生活用水总量严格控制在 28 亿立方米以内，万元地区生产总值用水量、万元工业增加值用水量均显著下降。

（吴婷婷 《新京报》 2022 年 12 月 27 日）